OceanBase 数据库源码解析

彭煜玮　杨传辉　杨志丰　编著

机 械 工 业 出 版 社

OceanBase 作为当今最先进的分布式关系型数据库之一，在开源之后受到了业界的广泛关注。为了帮助数据库内核研发人员、科研工作者、数据库技术爱好者理解 OceanBase 内核，本书从 OceanBase 开源版的源代码出发，介绍其实现机制和技术细节。

本书的主要内容包括：OceanBase 概述、OceanBase 的架构、OBServer、存储引擎、SQL 引擎、事务引擎、高可用、多租户、安全管理等。本书尽可能沿着 SQL 语句的执行路径对上述主题进行详细介绍，以使读者对 OceanBase 的内部运作机理能有全面和深入的认识。

本书适合从事数据库领域相关研发的人员、高等院校相关专业研究生或高年级本科生阅读，也可以作为数据库特别是分布式数据库相关课程的补充读物。

图书在版编目（CIP）数据

OceanBase 数据库源码解析/彭煜玮，杨传辉，杨志丰编著. —北京：机械工业出版社，2023.3（2023.11 重印）
ISBN 978-7-111-72338-7

Ⅰ.①O… Ⅱ.①彭… ②杨… ③杨… Ⅲ.①关系数据库系统-高等学校-教材 Ⅳ.①TP311.138

中国国家版本馆 CIP 数据核字（2023）第 025610 号

机械工业出版社（北京市百万庄大街 22 号　邮政编码 100037）
策划编辑：路乙达　　　　　责任编辑：路乙达
责任校对：韩佳欣　王明欣　　封面设计：王　旭
责任印制：李　昂
北京捷迅佳彩印刷有限公司印刷
2023 年 11 月第 1 版第 2 次印刷
184mm×260mm・17.75 印张・438 千字
标准书号：ISBN 978-7-111-72338-7
定价：69.00 元

电话服务　　　　　　　　　网络服务
客服电话：010-88361066　　机　工　官　网：www.cmpbook.com
　　　　　010-88379833　　机　工　官　博：weibo.com/cmp1952
　　　　　010-68326294　　金　书　网：www.golden-book.com
封底无防伪标均为盗版　　机工教育服务网：www.cmpedu.com

前　言

随着处理规模和数据规模的日益增长，传统集中式数据库的扩展能力几乎已达到极限，在这类场景中，人们越来越多地开始使用分布式数据库系统。

在开源数据库世界中，可供选择的成熟分布式数据库系统并不多，OceanBase 正是其中极具代表性的一种。OceanBase 开源版（社区版）源自在支付宝、阿里巴巴集团内久经考验的 OceanBase，同时在性能上也通过 TPC-C 和 TPC-H 基准测试得到过验证，因而受到了很多企业用户以及数据库爱好者的关注。

为了帮助来自不同领域的企业和个人开发者更好地加入到 OceanBase 社区版的演进过程中，我们决定写一本技术性书籍，从源码级别分析 OceanBase，用该书介绍 OceanBase 内部的实现细节，揭示一个分布式数据库系统的内部奥秘。我们希望本书能够帮助分布式数据库系统研发人员、开源数据库技术爱好者、数据库用户、科研人员更好地理解 OceanBase，进而能够为 OceanBase 贡献特性或者更好地将 OceanBase 应用于各种不同的场景中。

读者定位

本书面向 OceanBase 内核开发人员、分布式数据库技术爱好者、数据库运维人员、高校学生、教师以及其他希望了解 OceanBase 数据库内部实现方法的读者。

为了更好地理解本书的内容，我们希望读者能具备以下基础：

- 有一定 C++语言开发经验。
- 了解数据库系统（特别是分布式数据库系统）的基本概念和常用术语。
- 学习过有关数据库管理系统实现原理的书籍或者课程。

本书组织

本书的组织如下：

第 1 章介绍 OceanBase 的发展历程、特性、应用案例以及基于源代码的编译和部署等内容。

第 2 章介绍 OceanBase 的架构、源码结构和安装目录结构，并且专门介绍了 OceanBase 的专用代理服务器 ODP。

第 3 章介绍 OceanBase 集群中每个节点上的总控进程 OBServer，对其中的网络子系统、多租户环境、线程结构、连接和会话管理、总控服务以及配置子系统进行了专门的分析。

第 4 章介绍 OceanBase 的存储引擎，对元数据存储、数据的物理存储、内存数据与磁盘数据之间的转储和合并、多级缓存等内外存管理机制进行详细分析。

第 5 章介绍 OceanBase 的 SQL 引擎，以 SQL 语句的处理过程为主线逐一分析其中的词法和语法分析、计划缓存、语义分析、重写、优化、执行等步骤。

第 6 章介绍 OceanBase 的事务引擎，给出了 OceanBase 中本地事务和分布式事务的呈现和管理方式以及保存点的实现原理，并对其重做日志、多版本并发控制等机制的实现进行了分析。

第 7 章介绍 OceanBase 的高可用机制，首先解释了高可用机制的基础理论 Paxos 协议，然后对分布式选举和以其为基础的多副本容错进行分析，最后详细解析了数据库对象闪回机制和备份恢复措施的实现方式。

第 8 章介绍 OceanBase 中用于资源隔离的多租户机制，对租户和各种资源限制的定义和存储方式进行分析，并详细分析了租户之间的资源隔离和自动资源均衡机制的实现细节。

第 9 章介绍 OceanBase 中的安全管理，分析了用户身份鉴别、访问控制、安全审计等安全机制的具体实现方法。

源代码版本

本书对 OceanBase 社区版的分析工作基于 OceanBase 社区版的 3.1.0 版本，该版本的源代码可以从以下地址下载：https://github.com/oceanbase/oceanbase/tree/3.1。

错误

由于作者的水平有限，本书难免存在差错或遗漏等，若您在阅读时发现任何问题以及想对本书提出批评和建议，都可以发送电子邮件到 ywpeng@whu.edu.cn，作者不胜感激。由于时间有限，作者可能无法一一回答所有的电子邮件，但我们会将发现的错误和收到的建议整理后公布在作者个人网站（http://www.pengyuwei.net/obbook/）上本书的页面中。

致谢

感谢我的妻女。在写作本书的近一年时间里，她们从精神上给予了巨大的支持，使我能没有后顾之忧地埋头啃读代码和写作。

感谢两位合作者以及 OceanBase 团队的泽寰、羡林等技术专家。理解一个 253 万行代码的庞大数据库系统是一项艰难的任务，正是他们的帮助和及时解答，才使得我能在相对可控的时间内完成本书。

感谢 OceanBase 团队张婷婷女士为本书付出的努力和耗费的心血。

感谢每一位阅读本书的读者，你们给予了作者莫大的鼓励，也是作者继续前行的动力，希望本书能对你们有所帮助。

彭煜玮

目 录

第 1 章

OceanBase 概述

数据库系统是人们数字生活的幕后英雄，互联网、物联网等环境下产生的大量数据都通过各种类型的数据库系统管理着，为人们提供了各种高质量、高效率的信息服务。

随着各类互联网应用、信息系统的规模不断扩大，需要管理的数据不管是数量上还是种类上都快速增加，而单一的机器由于硬件扩展能力的限制已经无法适应这种快速增长的数据管理需求，因此人们对于可以灵活扩展系统规模的分布式数据库系统越来越重视。

分布式数据库（或者严格来说：分布式数据库管理系统）是一种由多个机器共同构成的系统，这些机器（称为节点）上各自都运行着某种数据库系统软件（本地数据库），它们一起合作形成一个统一的数据库系统（全局数据库）对用户提供服务。对于分布式数据库来说，其"分布"性可能会体现在数据的分布或者功能的分布两个方面，即整个系统中的数据和功能都可能会分散在系统的各个节点上，分布式数据库的用户并不清楚自己正在访问的数据放在哪个节点上或者自己正在使用的功能是由哪个（哪些）节点执行的。

一般来说，人们更加关心分布式数据库系统的这些方面：

1）可扩展性：人们通常希望所使用的分布式数据库能够通过灵活地增加节点（机器）来增加系统的处理能力。不过，可扩展性并不是简单的能或者不能的问题，更重要的是扩展的灵活性如何，例如扩展节点之后系统中的数据是否需要进行大规模的重新分布等。

2）处理能力：分布式数据库的根本仍然是性能，扩展节点的最终目的还是增强系统对于数据规模和处理压力的承载能力，人们希望分布式数据库系统中增加的硬件资源能够"无损地"转换为用户可见的并发处理能力，不过目前的分布式数据库系统都无法实现这一点。

3）可用性：相对于单节点数据库的"一损俱损"，分布式数据库系统中多个相对独立的节点为高可用性提供了天然的基础，但不同的系统对于这种基础的利用程度并不相同，这也导致了它们对系统故障程度耐受能力的差异。

分布式数据库并不是一个新鲜事物，早在 20 世纪 70 年代，学术界就已经在开始探讨分布式数据管理技术的可能性。经过近 50 年的发展，业界逐渐形成了一些相对比较成熟的分布式数据库系统，由蚂蚁集团研发并开源的 OceanBase 就是其中一个优秀的代表。

1.1 OceanBase 简介及发展历程

OceanBase 数据库是蚂蚁集团完全自主研发的原生分布式关系数据库软件。它在普通服务器集群上实现金融级稳定性和极致高可用，首创"三地五中心"城市级故障自动无损容灾新标准，具备基于原生分布式的卓越的水平扩展能力。OceanBase 是全球首家通过 TPC-C 标准测试的分布式数据库，单集群规模超过 1500 节点。OceanBase 目前承担蚂蚁集团支付宝 100%核心链路，在国内几十家银行、保险公司等金融客户的核心系统中稳定运行。

OceanBase 数据库是随着阿里巴巴电商业务的发展孕育而生，随着蚂蚁集团移动支付业务的发展而壮大，经过十多年各类业务的使用和打磨才终于破茧成蝶，推向了外部市场。图 1.1 简述了 OceanBase 数据库发展过程中一些具有里程碑意义的事件。

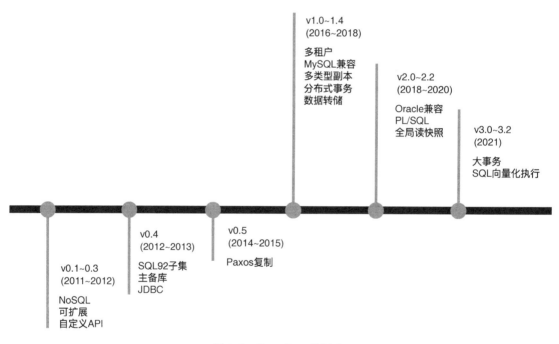

图 1.1　OceanBase 发展史

（1）诞生

2010 年，OceanBase 创始人阳振坤博士带领初创团队启动了 OceanBase 项目。第一个应用是淘宝的收藏夹业务，如今收藏夹依然是 OceanBase 的客户。收藏夹单表数据量非常大，OceanBase 用独创的方法解决了并发的两张大表连接的需求问题。

（2）关系数据库

早期的版本中，应用通过定制的 API 库访问 OceanBase 数据库。2012 年，OceanBase 数据库发布了支持 SQL 的版本，初步成为一个功能完整的通用关系数据库。

（3）初试金融业务

OceanBase 进入支付宝（后来的蚂蚁集团），开始应用于金融级的业务场景。2014 年

"双 11"大促活动，OceanBase 开始承担交易库部分流量。此后，新成立的网商银行把所有核心交易库都运行在 OceanBase 数据库上。

（4）金融级核心库

2016 年，OceanBase 数据库发布了架构重新设计后的 1.0 版本，支持了分布式事务，提升了高并发写业务中的扩展，同时实现了多租户架构，这个整体架构延续至今。同时，2016年"双 11"时，支付宝全部核心库的业务流量 100% 运行在 OceanBase 数据库上，包括交易、支付、会员和最重要的账务库。

（5）走向外部市场

2017 年，OceanBase 数据库开始试点外部业务，成功应用于南京银行。

（6）商业化加速

2018 年，OceanBase 数据库发布 2.0 版本，开始支持 Oracle 兼容模式。这一特性降低应用改造适配成本，在外部客户中快速推广开来。

（7）勇攀高峰

2019 年，OceanBase 数据库 2.2 版本参加代表 OLTP 数据库最权威的 TPC-C 评测，以6000 万 tpmC（transactions per minute，每分钟事务数，详见 1.5 节）的成绩登顶世界第一。随后，在 2020 年，又以 7 亿 tpmC 刷新纪录，截至目前依然稳居第一。这充分证明了OceanBase 数据库优秀的扩展性和稳定性。OceanBase 数据库是第一个也是截止目前唯一一个上榜 TPC-C 的中国数据库产品。

（8）HTAP 混合负载

2021 年，OceanBase 数据库 3.0 版本基于全新的向量化执行引擎，在数据库规模为30TB 的 TPC-H 评测中以 1526 万 QphH（Queries per hour，每小时查询数，详见 1.5 节）的成绩刷新了评测榜单。这标志着 OceanBase 数据库一套引擎处理 OLAP 和 OLTP 混合负载的能力取得了基础性的突破。

（9）开源开放

2021 年六一儿童节，OceanBase 数据库宣布全面开源，开放合作，共建生态。

开源之后，为了与商业版的 OceanBase 相区分，开源版被称为 OceanBase 社区版（简称OceanBase-CE）。作为一本解析源码的书籍，本书的内容是以 OceanBase-CE 为基础。鉴于此，如非必要，后文中将不再特别地区分 OceanBase-CE 和 OceanBase 这两个名称。

1.2　OceanBase 的特性

OceanBase 数据库是一个原生的分布式关系数据库，它是完全由阿里巴巴和蚂蚁集团自主研发的项目。OceanBase 数据库构建在通用服务器集群上，基于 Paxos 协议和分布式架构，提供金融级高可用和线性伸缩能力，不依赖特定硬件架构，具备高可用、线性扩展、高性能、低成本等核心技术优势。

（1）透明可扩展

OceanBase 数据库独创的总控服务和分区级负载均衡能力使系统具有极强的可扩展性，可以在线进行平滑扩容或缩容，并且在扩容后自动实现系统负载均衡，对应用透明，确保系统的持续运行。

此外，OceanBase 数据库支持超大规模集群（节点超过 1500 台，最大单集群数据量超过 3PB，单表数量达到万亿行级别）动态扩展，在 TPC-C 场景中，系统扩展比可以达到 1∶0.9，使用户投资的硬件成本被最大化地利用。

（2）极致高可用

OceanBase 数据库采用基于无共享集群的分布式架构，通过 Paxos 共识协议实现数据多副本的一致性。整个系统没有任何单点故障，保证系统的持续可用。支持单机、机房、城市级别的高可用和容灾，可以进行单机房、双机房、两地三中心、三地五中心部署。经过实际测试，可以做到城市级故障 RPO＝0，RTO<30s（见第 7 章 7.1.3 节），达到国际标准灾难恢复能力最高级别 6 级。OceanBase 数据库还提供了基于日志复制技术的主备库特性，为客户提供更加灵活的高可用和容灾能力。

（3）混合事务和分析处理

OceanBase 数据库独创的分布式计算引擎，能够让系统中多个计算节点同时运行 OLTP 类型的应用和复杂的 OLAP 类型的应用。OceanBase 数据库真正实现了用一套计算引擎同时支持混合负载，让用户通过一套系统解决 80% 的问题，最大化利用集群的计算能力。

（4）多租户

OceanBase 数据库采用了单集群多租户设计，天然支持云时代多租户业务的需求，支持公有云、私有云、混合云等多种部署形式。OceanBase 数据库通过租户实现资源隔离，让每个数据库服务的实例不感知其他实例的存在，并通过权限控制确保不同租户数据的安全性，配合 OceanBase 数据库强大的可扩展性，能够提供安全、灵活的 DBaaS（Database as a Service）服务。

（5）高兼容性

OceanBase 数据库针对 Oracle、MySQL 这两种应用最为广泛的数据库生态都给予了很好的支持。对于 MySQL 数据库，OceanBase 数据库支持 MySQL 5.6 版本全部语法，可以做到 MySQL 业务无缝切换。

对于 Oracle 数据库，OceanBase 数据库能够支持绝大部分的 Oracle 语法和几乎全部过程性语言功能，可以做到大部分的 Oracle 业务进行少量修改后自动迁移。在蚂蚁集团内部和多家金融行业客户的业务中成功完成平滑迁移。

（6）完整自主知识产权

OceanBase 数据库由蚂蚁集团完全自主研发，不基于 MySQL 或 PostgreSQL 等任何一种开源数据库，能够做到完全自主可控，不会存在基于开源数据库二次开发引起的产品技术限制问题。完全自研，也使得 OceanBase 能够快速响应客户需求和解决客户问题，没有技术障碍。

（7）高性能

OceanBase 数据库作为准内存数据库，通常只需要操作内存中的数据，并且采用了独创的基于 LSM-Tree 结构的存储引擎，充分利用新存储硬件特性，读写性能均远超传统关系型数据库。

OceanBase 数据库的分布式事务引擎严格支持事务的 ACID 属性，并且在整个集群内严格支持数据强一致性，是全球唯一一家通过了标准 TPC-C 测试的原生分布式关系型数据库产品。在保证分布式事务对应用透明的同时，进行了大量性能优化。

（8）安全性

OceanBase 数据库在调研了大量企业对于数据库软件的安全需求，并参考了各种安全标准之后，实现了企业需要的绝大部分安全功能，支持完备的权限与角色体系，支持 SSL、数据透明加密、审计、Label Security、IP 白名单等功能，并通过了等保三级标准测试。

1.3　OceanBase 的应用案例

跟其他开源数据库不一样的地方是，OceanBase 先有企业版后再有社区版，先有大企业商业版案例再有社区版案例。社区版和企业版的核心功能是一样的。

各行业代表性客户如下：

1）自用：蚂蚁集团（包括支付宝）、网商银行、阿里巴巴集团（包括淘宝、天猫、高德、菜鸟等）。

2）银行：中国工商银行、南京银行、东莞银行、天津银行、苏州银行、云南红塔银行、西安银行、常熟农商银行、四川农村信用社等。

3）保险：中国人寿、中国人保、中华保险等。

4）证券：招商证券、浙商证券、广发证券、上投摩根等。

5）非金融行业：浙江移动、山东移动、江苏移动、福建移动、数字江西、中国石化、中国福彩、江西人社、深圳公积金、智慧油客等。

OceanBase 本质上是个单进程软件，独立部署，跟硬件、云平台没有绑定关系。OceanBase 可以部署在各个云厂商的云服务器上，在阿里云也有公有云数据库服务。OceanBase 在公有云上（包括在 ECS 上独立部署的）客户案例有：

1）国内：中华联合财险、理想汽车、携程、海底捞、哈啰出行、客如云、二维火、成都有惠等。

2）海外：菲律宾版支付 GCash、印度尼西亚电子钱包 DANA、巴基斯坦支付 Easypasia 等。

1.4　OceanBase 的编译和部署

阅读和分析源代码过程中，需要有一套 OceanBase 系统用于观察和验证其各种功能和行为表现。因此，在开始解析 OceanBase 的源代码之前，可以先从源代码编译 OceanBase 的可执行程序并将其部署起来。

1.4.1　环境依赖

目前的 OceanBase 社区版（v3.1）仅支持 Linux 操作系统，同时对硬件环境也有一定要求，见表 1.1。

表 1.1　OceanBase 社区版软硬件要求

最低硬件配置	CPU	4 核 8 线程
	内存	16GB
	存储	空闲空间≥50GB

（续）

推荐硬件配置	CPU	24 核 48 线程
	内存	96GB
	存储	空闲空间≥50GB
软件要求	操作系统	CentOS 7/8（x86 架构）
	rpm	推荐版本 4.14.1（最低版本 4.11）
	cpio	推荐版本 2.11
	make	推荐版本 3.8.2
	glibc-devel/ glibc-headers	推荐版本 2.17
	cmake	推荐版本 3.20.0
	gcc	推荐版本 5.2.0
	llvm/clang/lld	推荐版本 11.0.1（最低版本 7.1.0）
	binutils	推荐版本 2.30
	flex	推荐版本 2.5.35
	python2	推荐版本 2.7（最低版本 2.6）
	bison	推荐版本 2.4.1
	ccache	推荐版本 3.7.12
	isa-l	推荐版本 2.22.0
	libaio	推荐版本 0.3.112（最低版本 0.3.109）
	libcurl	推荐版本 7.29.0
	libunwind	推荐版本 1.5.0
	mariadb-connector-c	推荐版本 3.1.12
	openssl-static	推荐版本 1.0.1e
	oss-c-sdk	推荐版本 3.9.2

构建软件依赖环境最简单的方法是利用 yum 仓库，构建 OceanBase 完整的软件包依赖需要用到两部分 yum 仓库。

（1）CentOS 的 yum 仓库

OceanBase 依赖的软件包中，rpm 和 make 等可以通过 CentOS 的官方 yum 仓库或者第三方镜像仓库获得。可以用以下命令批量安装：

```
yum install wget rpm * cpio make glibc-devel glibc-headers
```

（2）OceanBase 的官方 yum 仓库

OceanBase 依赖的其他软件包都可以从 OceanBase 的官方 yum 仓库中获得，该仓库的配置文件位于 http://mirrors.aliyun.com/oceanbase/OceanBase.repo。

如果能够访问 OceanBase 的官方 yum 仓库，则可以在 OceanBase 源码目录下执行 build.sh 脚本进行初始化，该脚本将会从官方 yum 仓库下载安装所需的其他软件包：

```
sh build.sh init
```

1.4.2　构建/打包 OceanBase 数据库

OceanBase 使用 CMake 作为构建工具，可以直接使用 CMake 命令自行创建目录进行构建，但是用源码根目录下提供的 build.sh 脚本进行构建会更简单一点。build.sh 脚本会根据要构建的类型创建目标目录，然后为 CMake 命令创建一个 CMAKE_BUILD_TYPE 缓存项表示构建类型（Release/Debug/RelWithDebInfo），最后进入创建的目录中用 CMake 完成构建。

（1）RELEASE 构建

如果只希望从外部观察 OceanBase 的功能和效果，构建时可以采用 RELEASE 模式，这样构建出的 OceanBase 可执行程序中不包含调试所需的记号，体积相对也小一些。RELEASE 构建采用以下步骤：

1）在源码目录下执行 build.sh 脚本：

```
sh build.sh release
```

2）进入生成的 RELEASE 构建目录：

```
cd build_release
```

3）开始构建：

```
make -j{N} observer
```

其中的 N 表示并行任务的数量，可根据机器性能调整，建议将 N 设置为 min（核心数×2，内存 GB 数/2）。

4）查看构建产物：

```
stat src/observer/observer
```

OceanBase 编译之后仅有一个单一的可执行程序 observer。

（2）DEBUG 构建

如果希望通过调试工具观察和跟踪 OceanBase 的内部运行过程，则需要用 DEBUG 构建模式生成带有调试信息的可执行程序。

DEBUG 构建和 RELEASE 构建的步骤基本一致，只需要把传递给 build.sh 脚本的 release 选项改成 debug 即可。

（3）创建 RPM 包

不管是 RELEASE 还是 DEBUG 构建，得到的都是单一的 OBServer 可执行程序。真正要让构建出的 OceanBase 运行起来，最便捷的方式是用 OceanBase Deployer 工具（简称为 OBD）将构建成果部署到目标机器上，或者将 OBServer 文件替换到已部署好的 OceanBase 集群中去。而 OBD 的部署工作依赖于 rpm 包形式的 OceanBase，可以利用 RPM 构建方式来构建 OceanBase 并且将构建成果打包成 rpm 包。

RPM 构建也和 RELEASE 构建的步骤基本一致，只需要把传递给 build.sh 脚本的 release 选项改成 rpm 即可。在 RPM 构建中，build.sh 会将 CMAKE_BUILD_TYPE 缓存项设置为

RelWithDebInfo，表示构建带有调试信息的发行版。同时 build. sh 还会将 OB_BUILD_RPM 缓存项设置为 ON，这样 CMake 会根据 CMakeLists. txt 中的规则打包编译好的 OBServer 可执行程序。

RPM 构建方式得到的 rpm 文件位于 build. sh 脚本创建的 build_rpm 子目录中。

1.4.3 部署 OceanBase

部署 OceanBase 最方便的方式是使用 OceanBase Deployer 工具。OBD⊖是 OceanBase 系列开源软件的通用部署工具，它提供了对于包括 OceanBase 在内的多种软件的部署、管理功能。

（1）安装 OBD

OBD 可以使用 yum 包管理器安装或者自行编译安装。

1）用 yum 安装 OBD。

使用 yum 包管理器安装 OBD 时，首先要添加 OceanBase 的官方 yum 仓库⊖：

```
sudo  yum-config-manager --add-repo https://mirrors. aliyun. com/ocean-
base/OceanBase. repo
```

配置好官方 yum 仓库之后，直接利用 yum 安装 ob-deploy 包即可得到 OBD。

在使用 OBD 进行软件部署、管理之前，需要先执行下面的命令引用 OBD 的一些设置：

```
source /etc/profile. d/obd. sh
```

2）从源码编译 OBD。

在用源码编译 OBD 之前，需要确保安装有以下软件包：

- gcc
- wget
- python-devel
- openssl-devel
- xz-devel
- mysql-devel

如果系统中安装的是 Python 2.7，则使用以下命令安装：

```
sh rpm/build. sh build
```

如果希望使用 Python 3.8，则首先在 Python 2.7 环境下执行以下命令：

```
sh rpm/build. sh executer
```

然后在 Python3.8 环境执行以下命令：

```
rpm/build. sh build_obd
```

⊖ 本书中使用的是 2022 年 2 月 6 日的 OBD 版本。
⊖ 如果缺少 yum-config-manager 命令，则需要用 yum 先安装 yum-utils 包。

安装完成后，在使用 OBD 之前仍然需要执行 obd.sh 脚本来引入 OBD 的设置。

（2）用 OBD 部署和管理 OceanBase

用 OBD 进行 OceanBase 部署的命令如下：

```
obd cluster deploy <deploy_name> -c <deploy_config_path>
```

这个命令会以 deploy_name 为名称部署一个 OceanBase 集群，集群将采用 deploy_config_path 指定的文件中的配置信息。一个简单的集群配置文件如代码 1.1 所示。

代码 1.1　集群配置文件

```
oceanbase-ce:
  tag: my-oceanbase
  servers:
    - 127.0.0.1
  global:
    home_path: /root/OBServer
    devname: lo
    mysql_port: 2881
    rpc_port: 2882
    zone: zone1
    cluster_id: 1
    memory_limit: 8G
    system_memory: 4G
    stack_size: 512K
    cpu_count: 16
    cache_wash_threshold: 1G
    __min_full_resource_pool_memory: 268435456
    workers_per_cpu_quota: 10
    schema_history_expire_time: 1d
    net_thread_count: 4
    sys_bkgd_migration_retry_num: 3
    minor_freeze_times: 10
    enable_separate_sys_clog: 0
    enable_merge_by_turn: FALSE
    datafile_disk_percentage: 20
    syslog_level: INFO
    enable_syslog_recycle: true
    max_syslog_file_count: 4
    root_password:
```

OBD 默认会从 OceanBase 的官方 yum 仓库下载安装要部署的软件，然后根据配置文件的要求对其进行各类初始化。

部署完成后使用 OBD 的 cluster start 选项启动 OceanBase 集群：

```
obd cluster start <deploy_name>
```

除了 deploy 选项，obd 命令可以通过组合以下选项完成对 OceanBase 等软件的各类管理

9

动作：

    1）cluster：对于 OceanBase 集群的操作。

    ① deploy：部署一个集群。

    ② destroy：销毁一个已部署的集群。

    ③ display：显示一个集群的信息。

    ④ edit-config：编辑一个集群的配置。

    ⑤ list：列出所有已部署的集群。

    ⑥ redeploy：重新部署一个已经启动的集群。

    ⑦ reload：让已经启动的集群重新装载配置。

    ⑧ restart/start/stop：重启/启动/停止一个集群。

    ⑨ upgrade：升级一个集群。

    2）mirror：对 OBD 所能部署的软件仓库的操作，OBD 进行部署时会从软件仓库下载并安装所需软件。

    ① clone：从一个仓库或者 rpm 文件克隆一个本地镜像。

    ② create：利用本地二进制文件创建一个本地镜像。

    ③ list：列出所有本地镜像。

    ④ update：更新远程镜像信息。

    3）test：对已部署的软件镜像测试。

mysqltest：对一个部署运行 mysqltest。

    4）update：更新 OBD 本身。

（3）用 OBD 部署自行编译的 OceanBase

OBD 默认会从 OceanBase 的官方 yum 仓库下载安装要部署的软件，如果需要从自行编译的 OceanBase 部署集群，则需要先用 OBD 从编译生成的 OceanBase 建立一个本地镜像。

有两种办法创建 OBD 的本地仓库：

1）利用编译好的二进制文件创建镜像仓库。

首先在 RELEASE 或 DEBUG 构建模式的目标目录中执行 make install，这会将编译好的二进制文件安装在默认目录/usr/local 中。

执行以下命令从/usr/local 中抽取二进制文件创建本地镜像仓库：

```
obd mirror create -n <repo_name> -V <ver> -t <repo_tag> -f -p /usr/local
```

其中 ver、repo_tag 分别代表可以自定义的版本和标签，但 repo_name 中的仓库名字需要符合 OBD 所支持的软件之一，否则会报告"找不到合适插件"⊖的错误。对于 OceanBase 来说，repo_name 用"oceanbase-ce"最为合适。

以这种方式创建的本地镜像仓库，无法使用 obd mirror list local 命令查看其详细信息，但在没有配置远程仓库的情况下会从本地镜像仓库提取软件进行部署。

如果想要确认本地镜像仓库是否创建成功，可以检查当前用户主目录下 .obd/repository 子目录中是否有名为 repo_tag 的目录。

⊖　OBD 本身只是一个部署管理器，具体的部署动作（脚本）由被部署的软件提供，OBD 把这类脚本称为插件。

2）利用生成的 rpm 文件克隆镜像仓库。

在使用 RPM 模式构建 OceanBase 之后，执行以下命令根据生成的 rpm 文件克隆一个本地镜像仓库：

```
obd mirror clone <rpm_file_path>
```

其中 rpm_file_path 是 rpm 文件的路径。

之后可以使用 obd mirror list local 命令来查看克隆得到的本地镜像仓库，命令的效果如图 1.2 所示。

```
[root@centos-linux-7 ~]# obd mirror list local
+-------------------------------------------------------------------------------------+
|                                 local Package List                                  |
+------------------+---------+---------+--------+-------------------------------------+
| name             | version | release | arch   | md5                                 |
+------------------+---------+---------+--------+-------------------------------------+
| oceanbase-ce     | 3.1.2   | 1.el7   | x86_64 | 2004e5088db6aa9264766d2c79967cebf732bdea |
| oceanbase-ce-devel | 3.1.2 | 1.el7   | x86_64 | 6fa2da4d337c7572f536b256d30cf22f22de3c81 |
| oceanbase-ce-libs  | 3.1.2 | 1.el7   | x86_64 | 4a9f20e3e0e5228aa6047b7166ed2edb740e35d6 |
| oceanbase-ce-utils | 3.1.2 | 1.el7   | x86_64 | f45b458b9f96822e5adfba3b0d40a8d9fe7ee80c |
+------------------+---------+---------+--------+-------------------------------------+
[root@centos-linux-7 ~]#
```

图 1.2　本地镜像仓库列表

由于 OBD 默认是优先从远程仓库下载安装软件，因此在创建了本地仓库之后，还需要在 OBD 管理的仓库中删除远程仓库的信息，这样 OBD 才会退而求其次地采用本地仓库进行部署。远程仓库的信息保存在当前用户根目录下的 .obd/mirror/remote/OceanBase.repo 文件中，可以将该文件直接删除。

此后就可以使用 OBD 的 mirror deploy 选项来部署新的 OceanBase 集群了。

1.5　OceanBase 的性能

对于数据库系统来说，性能一直是最受人关注的方面之一，进行数据库系统的性能测试自然也就成为数据库用户、研发人员经常会执行的一项动作。本节将介绍几种常用的数据库系统测试和工具，同时展示 OceanBase 在其中取得的测试结果。

为了评价数据库系统的性能，人们设计了多种测试基准（Benchmark）。所谓测试基准，直观来说是提供一种标准的场景，规定了对于数据库系统所施加的负载、数据库中装载数据的体量和结构、评价数据库性能的指标等，有些测试基准还提供了标准的测试工具。测试基准的目的是为数据库系统提供一个相对公平的性能比较环境，目前在数据库系统测试中应用比较广泛的是由 TPC 发布的一系列测试基准。

事务处理性能委员会（Transaction Processing Performance Council，TPC）是一个由数十家成员公司（包括阿里巴巴集团等）参与的非营利性组织，总部设在美国。TPC 的成员基本上都是计算机软硬件厂商或者互联网企业，也有少数几家咨询机构（如 Gartner）和研究机构（如中国信息通信研究院）参与其中。TPC 的主要工作是制定和发布测试基准的规范，并管理测试结果的发布。

TPC 的本意是面向整个计算机行业，它仅制定测试基准的规范，但不提供测试软件。任何组织都可以依据这些规范实现自己的测试环境（包括测试平台和测试软件），然后完成对自家系统的测试。如果某个组织希望将测试结果通过 TPC 发布，它需要向 TPC 提交一套完整的报告，包括被测系统的详细配置、分类价格和包含五年维护费用在内的总价格。TPC 授权的审核员（TPC 自身不做审核）对报告进行核实（可能会对系统中的数据进行核验）后才会将结果发布在 TPC 的官网上，并依据测试结果进行排名。由于 TPC 测试基准的开放性，也存在一些商业版或者开源的测试软件，数据库系统的用户或者研发人员可以用这些软件完成自己的测试和对比，为系统选型或者性能改进提供参考。

被数据库业界使用的 TPC 测试基准主要有 TPC-C 和 TPC-H 两种。

（1）TPC-C

TPC-C 是 TPC 针对联机事务处理（On-Line Transaction Processing，OLTP）场景制定的测试基准，它模拟了一个批发供应商的活动。这个公司拥有若干分布各处的销售区域和相应的仓库，随着该公司业务的扩张，新的仓库和相关的销售区域会被建立。按照 TPC-C 的规定，每一个区域性的仓库覆盖十个销售区域，每个区域服务于 3000 位客户。所有的仓库都维持着该公司销售的 100000 种货物的库存。客户会向该公司下新订单或者请求现有订单的状态，每个订单平均由十个订单项（货物）组成。所有订单项中的 1% 是针对不在当地仓库中的货物，因此需要从其他仓库供货。该公司还需要录入来自客户的付款、处理订单所购货物的递送并且检查库存量来发现潜在的供应短缺。

TPC-C 采用了九个逻辑表来表达上述场景所涉及的数据：

1）WAREHOUSE：仓库数据，记仓库数量为 W。

2）DISTRICT：销售地区数据，其中包含 W×10 个地区（每个仓库覆盖 10 个地区）。

3）CUSTOMER：客户数据，其中包含 W×10×3000 个客户（每个地区有 3000 个客户）。

4）ITEM：货物数据，其中包含固定的 100000 种货物。

5）STOCK：货物的库存数据，其中包含 W×100000 个货物库存记录（每种货物在每个仓库都有一个库存记录）。

6）NEW-ORDER：新订单数据，包含最新的 900 个订单。

7）ORDER：历史订单数据，包含 W×10×3000 个订单（每个客户一个订单）。

8）ORDER-LINE：订单项数据，总数随机，每个订单会随机生成 5~15 个订单项。

9）HISTORY：客户付款数据，包含 W×10×3000 个记录（每个客户一个付款信息）。

TPC-C 主要考察系统对各种事务的处理能力，为此设计了五类事务：

1）NewOrder：模拟客户下新订单。

2）Payment：模拟客户为订单付款。

3）OrderStatus：模拟客户对近期订单的查询。

4）Delivery：模拟公司系统对客户订单进行配送。

5）StockLevel：模拟公司对库存缺货状态分析。

其中的每一个事务都包含了多个对九个逻辑表的读或者写操作，TPC-C 把每一个地区（DISTRICT）看成一个终端（Terminal），该地区所服务的客户以及客户发起的上述各类事务都通过该终端来完成。TPC-C 要求在终端中随机执行事务时，除 NewOrder 之外的事务的占比不能低于一定的限制（Payment 至少 43%，其他三种事务各占至少 4%）。终端执行事务时会模拟客户对查询结果的查看和思考，在等待一个思考时间（Thinking Time）后就会开始执行下一个事务。

TPC-C 采用每分钟事务数（transactions per minute，tpmC）来衡量系统的性能，而计算 tpmC 时只采用 NewOrder 事务的数量。TPC 在其官网[⊖]上公布了经过其认可的各类基准测试结果，截至 2022 年 2 月 6 日的 TPC-C 测试结果排名情况如图 1.3 所示。

Hardware Vendor	System	v tpmC	Price/tpmC	Watts/KtpmC	System Availability	Database	Operating System	TP Monitor	Date Submitted
ANT FINANCIAL	Alibaba Cloud Elastic Compute Service Cluster	707,351,007	3.98 CNY	NR	06/08/20	OceanBase v2.2 Enterprise Edition with Partitioning, Horizontal Scalability and Advanced Compression	Alibaba Aliyun Linux 2	Nginx 1.15.8	05/18/20
ANT FINANCIAL	Alibaba Cloud Elastic Compute Service Cluster	60,880,800	6.25 CNY	NR	10/02/19	OceanBase v2.2 Enterprise Edition with Partitioning, Horizontal Scalability and Advanced Compression	Alibaba Aliyun Linux 2	Nginx 1.15.8	10/01/19
ORACLE	SPARC SuperCluster with T3-4 Servers	30,249,688	1.01 USD	NR	06/01/11	Oracle Database 11g R2 Enterprise Edition w/RAC w/Partitioning	Oracle Solaris 10 09/10	Oracle Tuxedo CFSR	12/02/10
IBM	IBM Power 780 Server Model 9179-MHB	10,366,254	1.38 USD	NR	10/13/10	IBM DB2 9.7	IBM AIX Version 6.1	Microsoft COM+	08/17/10
ORACLE	SPARC T5-8 Server	8,552,523	.55 USD	NR	09/25/13	Oracle 11g Release 2 Enterprise Edition with Oracle Partitioning	Oracle Solaris 11.1	Oracle Tuxedo CFSR	03/26/13
ORACLE	Sun SPARC Enterprise T5440 Server Cluster	7,646,486	2.36 USD	NR	03/19/10	Oracle Database 11g Enterprise Edition w/RAC w/Partitioning	Sun Solaris 10 10/09	Oracle Tuxedo CFSR	11/03/09
IBM	IBM Power 595 Server Model 9119-FHA	6,085,166	2.81 USD	NR	12/10/08	IBM DB2 9.5	IBM AIX 5L V5.3	Microsoft COM+	06/10/08

图 1.3　TPC-C 测试结果排名

OceanBase 分别于 2019 和 2020 两年向 TPC 提交了 TPC-C 基准测试的结果并被认可，最终以 707351007 的 tpmC 指标被列在性能排行的第一位。更值得一提的是，2020 年的测试中，OceanBase 的单事务价格（Price/tpmC）也非常低，相比已公布的其他测试的单价也有比较大的优势，这也说明了该次测试结果不仅仅是堆积高性能硬件就能得到的。

对于数据库的爱好者来说，也可以利用一些开源测试工具自行对数据库系统进行 TPC-C 测试，常用的测试工具有 BenchmarkSQL[⊖]等。

（2）TPC-H

作为一种支持混合事务和分析处理（Hybrid Transaction and Analytical Processing，HTAP）的分布式数据库系统，OceanBase 同样也具备较强的联机分析处理（On-Line Analytical Processing，OLAP）的能力。TPC 针对 OLAP 场景也制定了代号为 TPC-H 的测试基准，TPC-H 模拟的是决策支持类应用。目前，学术界和工业界普遍采用 TPC-H 来评价决策支持技术方面应用的性能。TPC-H 可以全方位评测系统的整体商业计算综合能力，对厂商的要求更高，同时也具有普遍的商业实用意义，目前在银行信贷分析和信用卡分析、电信运营分析、税收分析、烟草行业决策分析中都有广泛的应用。

TPC-H 由 TPC-D（由 TPC 于 1994 年制定的标准，用于决策支持系统方面的测试基准）发展而来。TPC-H 用 3NF（关系理论中的第 3 范式）实现了一个数据仓库，共包含八个基本关系。TPC-H 考察的是被测系统对于各种复杂查询的响应时间，即从提交查询到结果返回所需时间。TPC-H 的评价指标是每小时执行的查询数 QphH@ size，其中 H 表示每小时系统执行复杂查询的平均次数，size 表示数据库规模的大小，它能够反映出系统在处理查询时的能力。TPC-H 是根据真实的生产运行环境来建模的，这使得它可以评估一些其他测试所

⊖　http://www.tpc.org

⊖　https://sourceforge.net/projects/benchmarksql/

不能评估的关键性能参数。总而言之，TPC 组织颁布的 TPC-H 标准满足了数据仓库领域的测试需求，并且促使各个厂商以及研究机构将该项技术推向极限。和 TPC-C 一样，TPC 也负责管理 TPC-H 测试结果的发布，任何组织都可以将自己的测试结果形成报告提交给 TPC，TPC 会将其认可的测试结果公布在其官网之上。截至 2022 年 2 月 6 日的 TPC-H 部分测试结果[○]如图 1.4 所示。

Rank	Company	System	QphH	Price/kQphH	Watts/KQphH	System Availability	Database	Operating System	Date Submitted	Cluster
\multicolumn{11}{l}{10,000 GB Results}
1	DELL	Dell PowerEdge R6525	22,756.594	68.79 USD	NR	07/01/21	EXASOL 7.1	Ubuntu 20.04.2 LTS	05/26/21	Y
2	DELL	Dell PowerEdge R6415	8,667.578	93.37 USD	NR	07/09/19	EXASOL 6.2	CentOS 7.6	07/09/19	Y
3	Hewlett Packard Enterprise	HPE ProLiant DL385 Gen10 Plus V2	1,883.497	555.40 USD	NR	04/19/21	Microsoft SQL Server 2019 Enterprise Edition	Red Hat Enterprise Linux 8	03/02/21	N
4	CISCO	Cisco UCS C480 M5 Server	1,651.514	700.73 USD	NR	04/02/19	Microsoft SQL Server 2017 Enterprise Edition	Red Hat Enterprise Linux 7.5	04/02/19	N
5	DELL	PowerEdge R940xa Server	1,426.550	664.37 USD	NR	09/02/20	Microsoft SQL Server 2019 Enterprise Edition 64 bit	Microsoft Windows Server 2019 Standard Edition	09/02/20	N
6	DELL	PowerEdge R7525 Server	960.362	394.79 USD	NR	12/21/21	Microsoft SQL Server 2019 Enterprise Edition 64 bit	Red Hat Enterprise Linux 8.3	12/21/21	N
7	Hewlett Packard Enterprise	HPE ProLiant DL380 Gen10 Plus Server	956.701	438.11 USD	NR	08/31/21	Microsoft SQL Server 2019 Enterprise Edition	Microsoft Windows Server 2022 Standard Edition	05/29/21	N

Rank	Company	System	QphH	Price/kQphH	Watts/KQphH	System Availability	Database	Operating System	Date Submitted	Cluster
\multicolumn{11}{l}{30,000 GB Results}
1	DELL	Dell PowerEdge R6525	22,664.825	84.95 USD	NR	06/01/21	EXASOL 7.1	Ubuntu 20.04.2 LTS	05/26/21	Y
2	OCEANBASE	Cloud OceanBase	15,265.305	4,542.13 CNY	NR	07/31/21	OceanBase V3.2	Alibaba Cloud Linux Server 2.19	05/19/21	Y
3	Hewlett Packard Enterprise	HPE Superdome Flex 280 Server	1,446.701	744.13 USD	NR	03/25/21	Microsoft SQL Server 2019 Enterprise Edition 64 bit	Red Hat Enterprise Linux 8	03/25/21	N
4	CISCO	Cisco UCS C480 M5 Server	1,278.277	936.73 USD	NR	11/04/19	Microsoft SQL Server 2019 Enterprise Edition 64 bit	Red Hat Enterprise Linux 8	11/01/19	N

Rank	Company	System	QphH	Price/kQphH	Watts/KQphH	System Availability	Database	Operating System	Date Submitted	Cluster
\multicolumn{11}{l}{100,000 GB Results}
1	DELL	Dell PowerEdge R6525	22,297.225	178.86 USD	NR	06/01/21	EXASOL 7.1	Ubuntu 20.04.2 LTS	05/26/21	Y

图 1.4　TPC-H 部分测试结果排名

从 TPC-H 的排名页面[○]上可以看到，TPC-H 的测试结果按照其所基于的测试数据集尺寸进行了分组比较，其原因在于："TPC 认为把在不同数据库尺寸上测得的 TPC-H 结果进行比较是有误导性的，并且 TPC 不鼓励这种比较"。同时，TPC 对于性价比（Price/kQphH）也给出了自己的看法："TPC 认为无法比较不同货币单位下的价格或者性价比（Price/Performance）"。因此，TPC-H 的排名目前仅以相同数据集尺寸下的 QphH 指标作为排名依据。

OceanBase 也于 2021 年 5 月向 TPC 提交了自己的 TPC-H 测试报告，该次测试采用的数据集大小为 30TB，以 15265305 的 QphH 值排名第二。

相对于 TPC-C 来说，在 TPC-H 基准上尚没有直接可用的开源测试工具，不过 TPC 为

○　完整结果见于 http://tpc.org/tpch/results/tpch_perf_results5.asp？resulttype＝all&version＝3

TPC-H 发布了一套用于生成测试数据（DBGen）和查询（QGen）的工具[⊖]，但如何针对生成的数据执行生成的查询则需要测试人员自行解决。

1.6　小结

本章首先从总体上介绍了 OceanBase 社区版的基本情况，然后给出了 OceanBase-CE 的源码编译及部署方法。读者可以根据本章的内容建立起调试 OceanBase 的基本环境，配合后续章节的代码解析来更直观深入地理解 OceanBase 内部的实现原理。

下一章将介绍 OceanBase 的架构和源码结构等。

⊖　http：//tpc. org/TPC＿Documents＿Current＿Versions/download＿programs/tools-download-request5. asp？ bm＿type＝TPC-H&bm＿vers＝3. 0. 0&mode＝CURRENT-ONLY

第 2 章

OceanBase 的架构

总体上，OceanBase 采用了无共享（Shared-Nothing）的集群架构，集群由若干完全对等的计算机（称为节点）组成，每个节点都有其私有的物理资源（包括 CPU、内存、硬盘等），并且在这些物理资源上运行着独立的存储引擎、SQL 引擎、事务引擎等。集群中各个节点之间相互独立，但通过连接彼此的网络设备相互协调，共同作为一个整体完成用户的各种请求。由于节点之间的独立性，使得 OceanBase 具备可扩展、高可用、高性能、低成本等核心特性。

2.1 架构概述

一个 OceanBase 集群的规模可大可小，大型的集群部署可以跨越多个城市，小型的集群可能只有一台服务器。为了组织好集群中的数据库，OceanBase 集群采用了多个不同粒度的逻辑概念。

（1）分区（Partition）

OceanBase 中数据分布的基本单元是分区，这里的分区和数据库领域常用的分区概念相同，即表中一部分元组所构成的集合。分区也是 OceanBase 中数据的物理存储单位，每一个分区都有自己的标识和存储设置。OceanBase 支持多种分区策略：①范围（Range）分区；②Hash 分区和 Key 分区；③列表（List）分区；④组合分区。

（2）副本（Replica）

为了提高可靠性以及并行性，OceanBase 数据库中会以分区为单位建立副本并分散在整个集群中，同一个分区的多个副本一起组成一个 Paxos 复制组。其中每时每刻有一个副本作为主副本（Leader），所有对该分区的写请求都会在主副本上进行，其他副本通过 Paxos 协议复制主副本上的日志来保持同步，这些副本被称为 Follower。

（3）OBServer

OBServer 可以视为"逻辑"服务器，一台物理服务器上可以部署一个或者多个 OBServer。每台 OBServer 都包含 SQL 引擎、事务引擎和存储引擎，并管理多个数据分区，用户的 SQL 查询经过 SQL 引擎解析优化后转化为事务引擎和存储引擎的内部调用，最终作用在 OBServer 上的数据分区上。在 OceanBase 内部，OBServer 由其所在物理服务器的 IP 地址和 OBServer 的服务端口唯一标识。

（4）可用区/区（Zone）

Zone 是可用区（Availability Zone）的简称。一个 OceanBase 集群，由若干个可用区组成，每个可用区又包括多台 OBServer，如图 2.1 所示。为了数据安全性和高可用性，一般会把分区的多个副本分布在不同的可用区中，从而使得单个可用区故障不影响数据库服务。OceanBase 集群中可以指定主可用区（Primary Zone），分区的主副本（Leader）会部署在主可用区上，如果没有指定的主可用区，则集群会自动为各分区选择 Leader。整个集群的正常运行离不开总控服务，它负责整个集群的资源调度、资源分配、数据分布信息管理以及模式服务等功能。为了提高总控服务的可用性，在集群中会有若干可用区（通常是三个）提供总控服务（RootService），整个集群中的多个总控服务呈现为一主多备的配置：集群中每一时刻仅有一个总控服务（可称为活跃总控服务）生效，其他总控服务在活跃总控服务失效时会选出一个接替其工作。运行着活跃总控服务的 OBServer 也被称为 RootServer。

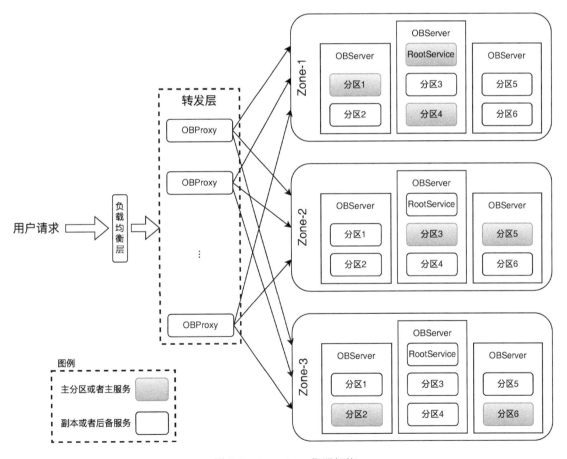

图 2.1　OceanBase 集群架构

（5）地域（Region）

Region 指一个地域或者城市（例如杭州、上海、深圳等），一个 Region 包含一个或者多个可用区，不同 Region 通常距离较远。通过 Region 的概念，OceanBase 可以支持集群跨城市部署，城市之间距离通常比较远，从而支持多城市级别的容灾。图 2.2 给出了一种两地三中心五副本的部署方式，两个城市分别作为主城市和备城市。主城市包含两个机房，每个机房两个副本；备城市只包含一个机房，其中也只有一个副本。这五个副本之间同样采用 Paxos协议进行同步，五个副本中只要有三个能够达到强同步即可。如果数据中心 2 整体故障，那么集群通过 Paxos 协议会将数据中心 2 的两个副本从成员列表中剔除，成员组由五副本降级为三副本，之后只需要强同步两个副本即可。大部分情况下，强同步操作可以在数据中心 1内完成，避免跨城市同步。类似地，如果数据中心 1 整体故障，只需要将主副本切换到数据中心 2 即可。如果数据中心 3 失效，两地三中心五副本的部署方式同样也能保证集群的可用性。

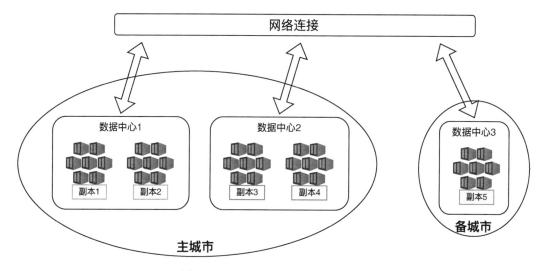

图 2.2　两地三中心五副本部署方式

事实上，集群中的每一台 OBServer 都能接收客户端（例如 obclient）的直接连接。OBServer 都能感知到集群中其他 OBServer 的存在以及它们各自的身份（例如分区的 Leader等），且 OBServer 都有完整的 SQL、存储、事务引擎，因此每一台 OBServer 都可以通过协调其他 OBServer 共同完成收到的客户端 SQL 请求。

1）如果收到的是查询等 DML 请求，那么收到请求的 OBServer 会完成 SQL 的解析、执行计划确定等动作，在执行数据操作时通过 OBServer 间的 RPC 调用让目标数据（分区）所在的 OBServer 协助完成数据的操作，然后将结果汇聚到接收请求的 OBServer 上，最后由它返回给客户端。

2）如果收到的是 DDL 请求，则收到请求的 OBServer 会将请求最终交给 RootService 所在的 OBServer，由它调用模式服务组件提供的功能完成 DDL 操作。

显然，一个集群中有很多台 OBServer，让客户端去选择连接其中哪一台的方案缺乏灵活性且不利于整个集群的负载均衡。因此，如图 2.1 所示，在 OceanBase 集群的前端会配置一个由 OBProxy 组成的转发层和一个负载均衡层，通过这两者配合将客户端的请求路由到最合适的 OBServer，从而实现全集群的负载均衡。

2.2　源码结构

OceanBase 的代码完全采用 C++语言编写而成。截至 2022 年 2 月 6 日，OceanBase 数据库（不包括 OBProxy、OBD 等工具）大约包括 6000 个源码文件以及 253 万行源码。OceanBase 数据库内核源码结构如图 2.3 所示。

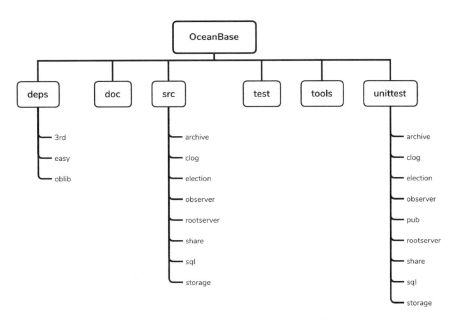

图 2.3　OceanBase 数据库内核源码结构

2.2.1　依赖库

deps 子目录比较特别，它包含 OceanBase 内核代码的依赖库，deps 子目录的目的是尽可能让 OceanBase 源码包能够形成一个自包含的软件包，使用者只需要从 OceanBase 源码包编译部署就能让 OceanBase 集群运行起来，而不需要手工下载安装各种依赖库。

1）3rd 子目录包含一组工具，用来下载和编译第三方库。这些第三方库以预编译的 Linux 软件包（RPM 包）形式发布在阿里云的镜像仓库中，3rd 用 deps 后缀的文本文件记录了该仓库的 URL 地址以及需要的第三方库名称。使用 build.sh 脚本进行 OceanBase 编译时会自动根据 deps 文件从镜像仓库中下载这些 RPM 包并且安装在编译环境中。

2）easy 子目录实现的是名为 libeasy[⊖] 的 RPC 框架，它是在 libev 基础上修改形成，OceanBase 集群的节点间交互完全依赖于这套 RPC 机制。

3）oblib 子目录包括最核心的基础库，它没有外部依赖，包含了错误码定义、容器类、内存分配器等大量基础类，以及最基础的头文件 ob_define.h。一般情况下，oblib 子目录下的代码（特别是 oblib/src/lib 下的代码）是与 OceanBase 内核的业务代码无关的。此外，由

⊖　由阿里巴巴的多隆（花名）开发。

于 OceanBase 的编码规范要求不使用 STL 容器，因此 oblib 中自行实现了很多 STL 容器提供的功能。

2.2.2 内核源码

src 子目录中是 OceanBase 数据库内核代码：

1）election 子目录实现的是分布式选举模块，典型的用途是在多个副本之间选举一个作为 Leader，当 Leader 失效时同样需要从剩余的副本中选出新的 Leader。其具体实现分析见第 7 章。

2）clog 子目录包含事务日志的实现。clog 的原意是指提交日志（Commit Log），由于历史原因现在实际表示的是事务的重做日志。OceanBase 中用于副本同步的 Paxos 协议也实现在这个目录中。

3）archive 子目录中是日志归档组件，事务日志接收的数据流量会很大，这会使得存放事务日志的存储空间承受很大的压力。因此这个存储位置上只保留最近一段时间的日志（活跃事务日志），更老旧的日志（归档事务日志）被归档组件转移到其他安全的存储位置。需要事务日志进行数据库恢复时，归档组件也负责将归档日志提供给恢复子系统。

4）rootserver 子目录是 OceanBase 集群总控服务（Root Service）。如 2.1 节所述，准确来说，总控服务是运行在某个 OBServer 上的一组服务，这台 OBServer 就是 RootServer。集群管理和自动容灾、系统自举、分区副本管理和负载均衡以及 DDL 的执行都由总控服务提供。

5）share 子目录包括 OceanBase 中一些公共组件，例如线程池、各种"管理器"、系统配置参数操作等都位于这个目录中。

6）sql 中实现有 OceanBase 的 SQL 引擎部分，其下用子目录清晰地组织了 SQL 引擎的各个组件，包括解析器、重写器、优化器、代码生成器、执行器等，具体见第 5 章。

7）storage 子目录实现了存储引擎，负责数据在内存和外存中的组织和访问，事务管理也位于其 transaction 子目录下。

8）observer 中实现的是 OBServer 的主干过程，OBServer 作为一个守护进程运行，通过所支持的通信协议（MySQL 协议）或 RPC 接收集群内外的请求，然后调动其他内核组件完成对请求的服务。

2.2.3 其他子目录

图 2.3 中的 unittest 目录包含有 OceanBase 的单元测试代码，其下各个子目录与 src 目录下的子目录一一对应，而每一个子目录中的源码文件也就是内核相应组件源码文件的单元测试。例如，src/sql/abc.cpp 对应的单元测试文件是 unittest/sql/test_abc.cpp。单元测试使用 gtest 和 gmock 框架实现，unittest 中也包含一些重要组件的集成测试。

而 test 目录下是 OceanBase 的回归测试脚本，用来在对 OceanBase 系统进行修改后测试原有功能特性是否仍然正常。本质上，每一个回归测试脚本都由一个 SQL 文件和一个预期结果文件组成，通过执行 SQL 文件得到的实际结果与预期结果之间的对比来判断该功能是否正常。因此，回归测试的实施需要通过 OBD 工具发起，通过其 test 选项以及指定回归测试脚本所在路径的参数来执行 SQL 文件、截获输出结果并与预期结果进行比较形成测试报告。

最后，tools 子目录中包含将操作系统中时区数据转换为 SQL 脚本的工具，所生成的 SQL 脚本被用于在数据库中导入时区信息，以支持数据库中的各种日期、时间相关数据类型的操作和转换。

2.3　安装目录结构

OBServer 工作目录下通常有 admin、bin、etc、etc2、etc3、lib、log、run、store 这九个目录，但这九个目录并非都是必须安装的。在启动 OBServer 时必须要确保存在的是 etc、log、run、store，同时 store 下应该有 clog、ilog、slog、sstable 这四个子目录。

2.3.1　执行文件目录

bin 和 lib 两个目录用于存放形成 OBServer 进程实例的可执行文件以及相关的依赖库文件。如果采用 OBD 部署，bin 目录下的可执行文件 observer 实际上是一个指向 OBD 仓库中 observer 文件的符号链接。

2.3.2　配置文件目录

etc、etc2、etc3 三个目录都是配置文件目录。这三个目录里的内容是完全一致的，其中 etc 是所谓的"活跃"配置文件目录，只有在该目录下修改系统配置才会被 OBServer 读入并应用，etc2 和 etc3 中的配置文件是 etc 中的两个完全相同的备份。当 etc 中的配置被修改并且被 OBServer 重新载入后，OBServer 会把新的配置信息重新备份到 etc2 和 etc3 中。

每个配置文件目录中都有两个文件，其中 observer.config.bin 是配置文件，而 observer.config.bin.history 则是最近一次配置文件修改之前的旧版配置文件。虽然 etc2 和 etc3 中配置文件的内容和 etc 中一样，但配置文件的名称有所不同，etc2 和 etc3 的配置文件名中不是"config"而是其缩写"conf"。

2.3.3　运行日志目录

log 目录是存放运行日志的目录，里面包含了 OBServer 日志、RootService 日志和选举（Election）日志，节点运行过程中输出的各种过程记录都会分门别类地进入到上述几种日志中，例如系统启动、各种调试信息、执行的 SQL 语句等。

由于运行日志收集的信息庞杂且数量巨大，运行日志文件的膨胀速度会很快。为了更好地利用运行日志，OceanBase 对运行日志采用分段管理，单个日志段文件大小为 256M，每次切换到新的日志段时，会将上一个日志段文件重命名，在其文件名后加上切换的日期时间作为后缀。为了防止运行日志目录过度膨胀，OceanBase 提供了 enable_syslog_recycle 和 max_syslog_file_count 两个配置参数用来回收运行日志所占用的存储空间。其中，enable_syslog_recycle 用于控制运行日志的自动回收，而 max_syslog_file_count 用于设置每种运行日志的最大日志段文件数量。

2.3.4　运行状态目录

run 目录在系统处于运行状态时包含两个文件：mysql.sock 和 observer.pid，前者是 OB-

Server 监听 MySQL 协议端口时需要的套接字文件，后者存着 OBServer 的进程号（PID），系统关闭时通过这个 PID 向 OBServer 发出关闭信号。

2.3.5　数据文件目录

store 目录中保存着当前 OBServer 的数据文件，其中包含 clog、ilog、slog、sstable 这四个子目录。

（1）clog

clog 子目录中包含事务日志 CLog。OceanBase 数据库的 CLog 日志类似于传统数据库的重做（Redo）日志。OceanBase 数据库中的 CLog 日志记录的是对最小逻辑数据单元（行）的各种修改操作，对更大范围数据（例如表文件、分区等）修改的日志则不在 CLog 中记录。CLog 日志起到两方面的作用：①分区的多个副本之间依靠 clog 日志进行同步，即 Leader 将 CLog 流传送给 Follower 们，Follower 们在自己的数据上重放（Redo）收到的 CLog 日志完成对 Leader 上数据的追赶；②系统恢复时需要依靠 CLog、CLog 检查点等进行数据恢复。

（2）ilog

ilog 子目录存储的是日志目录，全称是 Index Log（ILog）。ILog 中记录的是同一个分区中一个已经形成多数派的事务日志（对应于一个 Log ID）的位置信息，因此 ILog 可以看成是 CLog 中日志记录的一个索引，用于优化事务日志的定位和读取。很明显，删除 ILog 中的数据乃至删除整个 ILog 文件都不会影响 clog，当然也不会影响数据持久性，但可能会影响系统的恢复时间。

CLog 和 ILog 都是多个分区混写的，即多个分区上的日志会按照产生的时间写入顺序日志文件中，但不同分区的日志有独立日志编号（Log ID）体系，每个分区的日志编号都是从 1 开始并连续递增。

CLog 和 ILog 会尽量用满分给日志盘的磁盘空间，默认配置达到日志盘空间 80%时开始复用（即覆盖）旧的日志文件。不过，旧的日志文件是否可复用还需要依赖其他的约束，例如日志所对应的数据是否已被归档，因此在某些场景下日志盘的空间占用会高于 80%。

CLog 和 ILog 的文件没有对应关系，由于 ILog 仅记录日志的位置，因此同样数量的事务日志在 ILog 中的空间占用会比 CLog 中小很多，自然一般情况下 ILog 的文件数目也比 CLog 文件数目少很多。

（3）slog

slog 中存放的是存储日志 SLog（Storage Log）。虽说 SLog 在名称上是与存储有关的日志，但正如前文对 CLog 的介绍，与行相关的日志并不属于 SLog 而是由 CLog 管理，SLog 中管理的是除行操作之外的其他存储相关的日志，例如新增租户、分区创建和新增 SSTable 等。

一个 OBServer 只拥有一个全局的 SLog，也就是说同一台 OBServer 上具有不同资源池的不同租户并不具有单独的 SLog 文件，所有租户的 SLog 写入请求最后都会汇入这个 SLog 文件中。

准确来说，只有把 SLog 和 CLog 结合在一起才算是完整的存储日志。

（4）sstable

sstable 是基线数据目录。sstable 目录下只有一个名为 block_file 的文件，这个文件在

OBServer 启动后就会被创建，文件的大小由配置参数 datafile_size（绝对大小）或 datafile_disk_percentage（占可用空间的百分比）控制，整个 OBServer 上所有的基线数据（不管是哪个表或者分区的数据）都保存在这个唯一的数据文件中。sstable 中数据的具体组织见 4.2.4 节。

2.4　ODP

OceanBase Database Proxy（ODP）是 OceanBase 数据库专用的代理服务器，因此 ODP 也被称为 OBProxy。OceanBase 数据库的用户数据以多副本的形式存放在各个 OBServer 上，ODP 接收用户发出的 SQL 请求，并将 SQL 请求转发至最佳目标 OBServer，最后将执行结果返回给用户。

作为 OceanBase 数据库的关键组件，ODP 具有以下特性：

1）高性能转发：ODP 完整兼容 MySQL 协议，并支持 OceanBase 自研协议，采用多线程异步框架和透明流式转发的设计，保证了数据的高性能转发，同时确保了 ODP 对机器资源的最小消耗。

2）最佳路由：ODP 充分考虑用户请求涉及的副本位置、用户配置的读写分离路由策略、OceanBase 多地部署的最优链路，以及 OceanBase 各机器的状态及负载情况，将用户的请求路由到最佳的 OBServer，最大程度保证了 OceanBase 整体的高性能运转。

3）连接管理：针对一个客户端的物理连接，ODP 采用会话变量的多版本管理来维护其到后端多个 OBServer 的连接，采用增量同步方案保障和每个 OBServer 连接的会话一致性，保证了客户端高效访问各个 OBServer。

4）易运维：无状态的 ODP 支持无限水平扩展，支持同时访问多个 OceanBase 集群。使用者可以通过丰富的内部命令对 ODP 状态进行实时监控，这使得运维简单便利。

2.5　小结

本章从整个集群的角度介绍了 OceanBase 集群的组成结构，以及各主要组成部分之间的互动关系。可以看到，OceanBase 集群的核心功能都隐藏在 OBServer 进程及其组成部件中，接下来将从 OBServer 的总体结构开始，按照存储引擎、SQL 引擎、事务引擎、高可用、多租户、安全管理的顺序深入 OceanBase 的内部，分析各主要功能特性的实现机制。

第3章

OBServer

整个 OceanBase 集群中的核心是运行在各个节点上的 OBServer 进程，根据 2.1 节所述，在每个节点上 OceanBase 都是一种单进程多线程的结构。用户的各种命令请求、整个集群的管理维护都由多个节点上的 OBServer 进程合力完成，而每个 OBServer 的工作则由其下辖的多个线程合作实现。本章将从整体上介绍 OBServer 进程的启动及运行机制。

3.1 OBServer 结构

从 1.4 节可以看出，命令 "obd cluster start <集群名称>" 负责启动整个集群，OBD 会通过 SSH 登录到各个物理节点上逐一启动 OBServer，启动后的 OBServer 会通过参数获知其他 OBServer 的存在，并通过选举机制或者根据 Primary Zone 设置为每个分区选出 Leader，然后集群中各台 OBServer 根据 OBProxy 的调度接收 SQL 请求并合作完成处理。

节点上的 OBServer 进程通过执行可执行程序 observer 形成，OBServer 进程（及其下属的线程）的所有状态信息都汇聚在一个 ObServer 类的实例中，几乎每一种子系统都被表现为某种类的实例，并相应地存放或者链接在 ObServer 实例的某个属性中。自然地，按照面向对象的思想，ObServer 中也包含了大部分属性的 Get 和 Set 方法。图 3.1a 给出了 ObServer 的主要子系统以及各子系统对应的主要属性，而图 3.1b 则展示了各子系统之间的主要互动关系。

作为一个 C++ 编写的程序，OBServer 进程的运行也始于主函数 main（位于 src/observer/main.cpp 中）。main 函数会执行以下几项启动工作：

1）解析命令行参数。

2）创建运行状态、日志、配置目录，即 2.3 节所述的数据目录下 run、log、etc 子目录。

3）调用 start_daemon 函数将 OBServer 进程从一个普通进程转变成守护进程，并将守护进程的 PID（进程号）写入运行状态目录下的 observer.pid 文件。

4）设置运行日志管理器 OB_LOGGER，日志文件是 log 下的 observer.log，还会根据解析

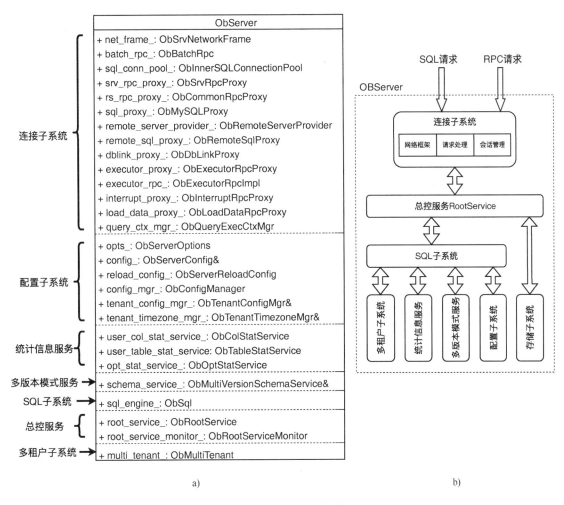

图 3.1　ObServer 主体结构

的命令行参数设置日志级别，日志的最大文件大小为 256×1024×1024，之后便开始记录运行日志。

5）如果守护进程启动成功，则开始启动 OBServer 的实例（线程）。

① 调用 ObServer 类的 get_instance 方法得到一个 ObServer 实例。

② 调用 init 方法根据命令行参数、日志配置初始化 ObServer。

③ 调用 start 方法运行 OBServer 进程。

④ 调用 wait 方法等待停止信号，发现停止信号后调用 stop 方法停止 ObServer 中各个子系统。

⑤ 如果 wait 结束，调用 destroy 方法关闭 OBServer 进程。

OBServer 中各个子系统的生命周期也和 OBServer 本身一样由初始化（init 方法）、启动（start 方法）、等待停止（wait 方法）、停止（stop 方法）组成，它们分别会在 OBServer 的相应阶段被调用。

3.2　网络子系统

　　ObServer 类的 init_network 方法负责进行 OBServer 进程的网络子系统初始化。OBServer 的网络处理总体由 ObSrvNetworkFrame 这个类实现，它提供了 init 方法来初始化网络框架，其过程如图 3.2 所示。

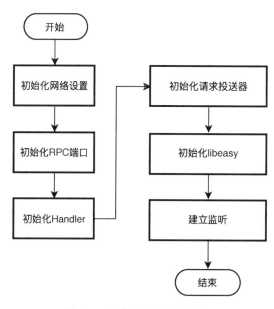

图 3.2　网络框架初始化过程

　　1）获得各种网络设置，将它们集合在一个 ObNetOptions 实例 opts 中，用于后续的初始化工作。opts 中的设置大部分来自配置文件中相应配置项的值，例如 tcp_user_timeout_ 和 high_prio_rpc_io_cnt_ 分别来自配置项 dead_socket_detection_timeout 和 high_priority_net_thread_count，表示 TCP 的用户超时时间和高优先级网络线程的数量。另外，opts 中还有一些像 high_prio_rpc_io_cnt_ 这样的用于设置网络相关线程数量的选项（rpc_io_cnt_、mysql_io_cnt_、batch_rpc_io_cnt_），它们的值来自配置项 net_thread_count，并且在该项未被设置的情况下，会根据节点上的 CPU 核心数计算出来，且不低于 6。

　　2）调用 libeasy 网络层初始化 RPC 端口，在请求投送器 deliver_ 中设置当前节点的 IP 地址。

　　3）调用 request_qhandler_ 的 init 方法初始化 Handler，request_qhandler_ 属性在 ObSrvNetworkFrame 类（见图 3.3）实例化时自动被实例化，其 translater_ 属性中放入的是一个 ObSrvXlator 对象，而 request_qhandler_ 的 init 方法调用的是这个 ObSrvXlator 对象的 init 方法。事实上，目前 ObSrvXlator 的 init 方法几乎是一个空函数，在其中会直接返回成功标志。

　　4）调用 deliver_ 的 init 方法初始化请求投送器，它的工作是几个建立集中式的请求队列，当有请求（MySQL 或者 RPC 请求）到来时，deliver_ 会将请求放入这些队列中的某一个（见 3.5.3 节）。init 方法会创建四个队列：

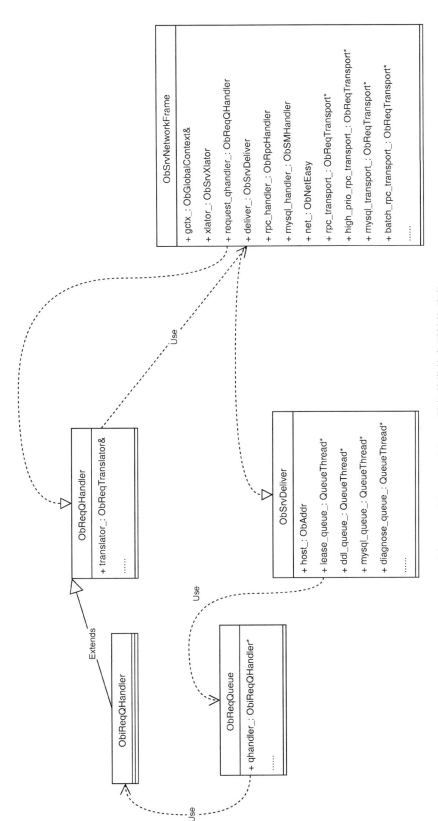

图 3.3　ObSrvNetworkFrame 及相关类的主要结构示意

① 租约队列 lease_queue_：接收租约相关的请求。

② DDL 队列 ddl_queue_：接收 DDL 请求。

③ MySQL 队列 mysql_queue_：接收除 DDL 之外的 MySQL 请求。

④ 诊断队列 diagnose_queue_：接收诊断相关的请求。

这些队列的作用是接收"Auth request"（还没有建立租户但先收到了请求），它们都有一个队列守护线程，线程名分别为：LeaseQueueTh、DDLQueueTh、MysqlQueueTh 和 DiagnoseQueueTh。队列守护线程的工作循环里会不断地弹出队列中的请求，然后用与队列绑定的请求 Handler 来处理请求，事实上这些队列绑定的请求 Handler 就是前述 ObSrvNetworkFrame 实例 request_qhandler_ 属性中保存的 Handler（ObReqQHandler 实例）。处理请求时，Handler 将调用其 handlePacketQueue 方法，该方法采用与 3.5.4 节中类似的方式，利用翻译器获得实际的请求处理器来处理请求。

5）初始化 rpc_handler_，其 init 方法与 request_qhandler_ 的情况类似，即返回成功标志。

6）初始化 libeasy，即网络框架实例的 net_ 属性。libeasy 初始化过程的核心是创建网络层所需要的网络 I/O 线程（数量由 opts_ 中的 rpc_io_cnt_ 等属性决定），在 libeasy 的模型中这些网络 I/O 线程负责从所监听的端口取出网络请求，然后逐步将它们交由请求投送器放入请求队列，最终由工作线程负责处理。

7）最后，网络框架的初始化过程会建立 MySQL 端口和 RPC 端口监听。对于 MySQL 协议，除了在 TCP 网络上监听 MySQL 端口之外，还会监听本地 UNIX 套接字。在建立监听时，同时会注册各个监听端口上的 Handler，这些 Handler 可以看成是符合 libeasy 规范的回调函数集合，如果这些监听的端口上有请求到达，注册的 Handler 中的回调函数会被调用，最后进入 3.5 节中所述的请求处理过程。

3.3　多租户环境

OBServer 进程初始化时会调用其 init_multi_tenant 方法完成多租户环境的初始化，即初始化 OBServer 类中的 multi_tenant_ 属性（ObMultiTenant 类的实例），它被用来表达 OBServer 进程中的多租户环境。

多租户环境的初始化分为两个阶段：

（1）调用 multi_tenant_ 的 init 方法对多租户环境做第一阶段初始化

首先根据系统中可用的 CPU 核心数以及配置中的信息，计算出工作线程的初始数量：（可用的核心数+服务器租户的虚拟核心数）×默认每核心线程数+为系统级租户预留的线程数。

如果是运行在 Mini 模式，工作线程的初始数量还会被减半。

空闲线程数设置为初始的工作线程数。

工作线程的最大数量：在初始数量的基础上加上可用 CPU 核心数的 16 倍，在这个数量和硬上限 4096（宏定义 OB_MAX_THREAD_NUM）之间取较小值，然后再与初始数量取较大值。

用初始工作线程数、空闲工作线程数、最大工作线程数初始化工作线程池（ObWorkerPool 类实例）。如图 3.4 所示，工作线程池的核心实际上是一个名为 workers_ 的队列，线程池的初始化过程就是创建出很多个 ObThWorker 实例并且将它们推入到 workers_队列中。每一个 ObThWorker 都会形成一个线程，初始时这些线程都不服务于任何租户，当多租户环境开始运转（执行 multi_tenant 的 start 方法）后，多租户环境的守护线程 MultiTenant 将会为各个租户从线程池中取得所需的线程，届时工作线程才会与租户关联起来。

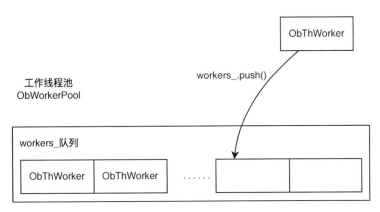

图 3.4　工作线程池结构

（2）在多租户环境中加入系统级的租户

从 OceanBase 外部来看，集群中仅有一个系统级别的租户 sys，其他的租户都属于为用户创建的普通租户。事实上，在 OceanBase 内部，存在着 sys、gts、monitor 等多个用于内部机制的系统级租户。

初始化完成后，当多租户环境进入到运行阶段时会产生一个专用于多租户环境的守护线程，其名称会被设置为"MultiTenant"。在 MultiTenant 的主函数（ObMultiTenant::run1()）中，每隔 10s 会对租户列表进行一次遍历，为每个租户调用其 timeup 方法。在租户的 timeup 方法中，会针对其拥有的工作线程数量进行检查，如果发现数量不足，则会尝试从工作线程池中为该租户取得足够的工作线程（将 ObThWorker 的 tenant_属性设置为该租户）[⊖]。一旦工作线程与某个租户相关联，其线程名称会被设置为"TNT_L#_#"，其中第一个#代表该线程处理的请求的层次号，第二个#代表租户的数字 ID。

3.4　线程架构

OceanBase 是典型的单进程多线程架构，在每个节点的 OBServer 进程中会用到很多种线程，例如多租户环境的守护线程 MultiTenant 和处理请求的 TNT 类线程。总体上可以把 OBServer 中的线程分成 I/O 线程、工作线程和后台线程。

1）I/O 线程用在网络子系统中，用于取下 MySQL 或 RPC 端口上到达的包，然后包装成内部的请求形式供工作线程消费（详见 3.5 节），I/O 线程及其管理机制在网络子系统初始化时建立。

⊖　由于第一次遍历时，各个租户处于刚初始化且并不用于任何工作线程的状态，因此第一次遍历时才是各个租户真正获取到所需工作线程的时机。

2) 工作线程代表各租户处理各种请求，例如 SQL 请求和 RPC 请求（详见 3.5 节），工作线程及其管理机制在多租户环境初始化时建立。

3) 后台线程是各个子系统执行特定任务的代理，例如用于分区的转储、合并、迁移等任务的 DAG 线程，它们随着各个子系统的初始化而产生。

为了便于操纵线程，OceanBase 封装了一个 Thread 类（oceanbase.lib.Thread），直观来看，一个线程就可以用一个 Thread 类的实例来表达。Thread 属性的关键属性和方法包括：

1) start()：启动线程的方法，在这个方法中会调用 pthread_create 函数创建这个对象所代表的线程，同时将现成的入口函数指向 __th_start 方法。

2) __th_start()：所属线程的入口函数，在其中会通过系统调用获取当前进程的进程 ID 以及线程 ID 并保存在 pid_ 和 tid_ 两个属性中，最后会调用 runnable_ 属性中对象的 run 接口来执行线程的自定义主函数。

3) get_pid()：从 pid_ 属性中返回当前线程进程 ID 的方法。

4) get_tid()：从 tid_ 属性中返回当前线程 ID 的方法。

5) pid_：保存已启动线程所属的进程 ID。

6) tid_：保存已启动线程的线程 ID。

7) runnable_：用于嵌入一个 Runnable 对象（也可能是其子类对象），runnable_ 中的对象可以在 Thread 对象实例化或者用 start 方法启动线程时作为参数传入，以实现线程主函数的可定制化。

但事实上，OceanBase 中的绝大部分线程都没有直接利用 Thread 类来表示，而是利用协程化的线程 CoKThread 类。例如用于处理用户或者 RPC 请求的工作线程 ObThWorker 就是从 CoKThread 继承而来。

CoKThread 是 CoXThread 的别名，而 CoXThread 又是 CoKThreadTemp<CoUserThread>模板类的别名，CoKThreadTemp 中会把模板参数（CoUserThread 类）当作一种表示线程的类，在自己的 create_thread 方法中启动线程。CoUserThread 又是 CoUserThreadTemp<CoSetSched>模板类的别名，CoUserThreadTemp 实际上会把模板参数（CoSetSched 类）当作其父类。在启动一个 CoKThread 实例（例如一个 ObThWorker）时，其 start 方法会启动一个 CoSetSched 实例，它对应一个线程，其执行入口指向 CoKThreadTemp 对象的 run 方法，由于这个 run 方法是一个虚函数（virtual），因此线程实际执行的是 CoKThreadTemp 类继承对象的 run 方法，例如 ObThWorker 的 run 方法。

3.5 连接和会话管理

OceanBase 中的网络分为两个部分：对外网络和对内网络。对外网络用于接收用户或者客户端的连接及后续的 SQL 语句等，目前 OceanBase 社区版中对外网络部分实现的是 MySQL 的通信协议。对内网络则负责集群中节点之间的通信（例如心跳监测等），OceanBase 将这些通信（操作）实现为 RPC 调用。虽然这两部分网络的服务对象和服务内容大相径庭，但本质上都需要在当前节点上建立网络监听，然后当连接请求到来时触发相应的操作。事实上，OceanBase 在 libeasy 网络框架的基础上实现了对上述两种网络的统一。

libeasy 提供一个处理 TCP 连接的事件驱动的网络框架。框架本身封装好了底层的网络操作，只需要开发者处理其中的各种事件。libeasy 的基本概念有：easy_connection_t（连接）、easy_message_t（消息）和 easy_request_t（请求）。每个连接上可以有多个消息，通过链表连起来，每个消息可以由多个请求组成，也通过链表连起来。

easy_request_t 就相当于应用层的一个具体的包，多个请求组合起来形成一个完整的消息。在一次长连接中，用户可以接收多次消息。每个 request 只属于一个 connection。libeasy 是基于 epoll 的事件模型，程序收到事件后，回调注册的事件函数。调用回调函数的线程被称为 I/O 线程，线程的个数在创建 easy 事件时指定。

libeasy 框架之上的开发者需要注册一系列回调函数，供 libeasy 在接受请求时回调。按照回调的顺序，回调函数包括：

1）on_connect：接受 TCP 连接时，回调该函数，可以在该事件中做密码验证等事情。

2）decode：从网络上读取一段字节流，并且按照定义的协议，解析成数据结构，供之后处理。

3）process：处理从 decode 中解析出的结构，可以是同步处理，也可以是异步处理。

4）encode：把 process 的结果转化成字节流（如果 process 的结果是要输出的结果，则不需要转化），然后把结果挂载到 request 的输出上。

5）clean_up：在连接断开前执行的操作，如果在之前的操作中分配了一些内存，需要在这里释放。

6）on_disconnect：连接断开时的操作。

OceanBase 将这一整套回调函数称为 Handler（处理者），在比较高的抽象层次上，Handler 被封装为类 ObReqHandler，见代码 3.1。

代码 3.1　Handler 被封装为类 ObReqHandler

```
class ObReqHandler : public ObIEasyPacketHandler {
public:
  ObReqHandler() : ez_handler_()
  {
    memset(&ez_handler_, 0, sizeof(ez_handler_));
    ez_handler_.user_data = this;
  }
  virtual ~ObReqHandler()
  {}

  inline easy_io_handler_pt * ez_handler()
  {
    return &ez_handler_;
  }

  void * decode(easy_message_t * m);
  int encode(easy_request_t * r, void * packet);
  int process(easy_request_t * r);
```

```
int batch_process(easy_message_t * m);
int on_connect(easy_connection_t * c);
int on_disconnect(easy_connection_t * c);
int new_packet(easy_connection_t * c);
uint64_t get_packet_id(easy_connection_t * c, void * packet);
void set_trace_time(easy_request_t * r, void * packet);
int on_idle(easy_connection_t * c);
void send_buf_done(easy_request_t * r);
void sending_data(easy_connection_t * c);
int send_data_done(easy_connection_t * c);
int on_redispatch(easy_connection_t * c);
int on_close(easy_connection_t * c);
int cleanup(easy_request_t * r, void * apacket);

public:
  static const uint8_t API_VERSION = 1;
  static const uint8_t MAGIC_HEADER_FLAG[4];
  static const uint8_t MAGIC_COMPRESS_HEADER_FLAG[4];

protected:
  easy_io_handler_pt ez_handler_;
};
```

在这样的设计中，可以认为一种 Handler 用于处理一种网络通信协议（当然是应用层面的），那么针对前述 OceanBase 中对外和对内的两种网络，每一种网络都有其专用的 Handler：ObMySQLHandler 和 ObRpcHandler。这两种具体化的 Handler 都是 ObReqHandler 的子类。

3.5.1　ObMySQLHandler

对 OceanBase-CE 来说，ObMySQLHandler 扮演着门户的角色：所有从集群外部进入的请求都由 ObMySQLHandler 负责处理，而核心的处理过程则在其 process 方法中。

由于 OceanBase-CE 可以兼容 MySQL 协议以及 OceanBase 自定义的协议，因此 process 方法需要对不同的协议版本采用不同的处理机制，这种区分体现在协议处理器（Protocol Processor，父类都为 ObVirtualCSProtocolProcessor）上。在 process 方法中会根据连接建立时识别的协议，采用相应的协议处理器来处理当前收到的请求：

1）普通 MySQL 协议（非加密）：采用 ObMysqlProtocolProcessor 类作为协议处理器。

2）加密 MySQL 协议：采用 ObMysqlCompressProtocolProcessor 类作为协议处理器。

3）OB 2.0 协议：采用 Ob20ProtocolProcessor 类作为协议处理器。

这些协议处理器的作用是将从网络接收到的数据按照相应的协议解析成数据包，如图 3.5 所示，OceanBase 中将数据包表示成以 ObPacket 为顶层类的一系列子类。其中 ObMySQLPacket 的子类分别服务于以上三种协议，ObRpcPacket 则服务于 OceanBase 内部节点之间的 RPC 通信。

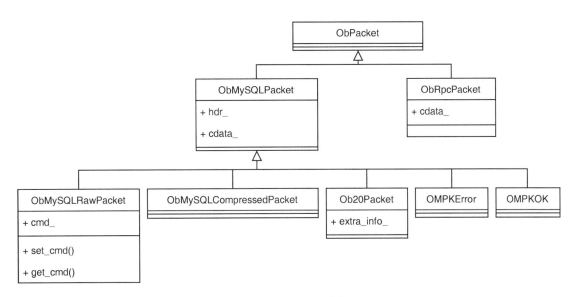

图 3.5　数据包相关类

　　协议处理器会把收到的网络包中的载荷（Payload）抽取出来放在数据包的 cdata_ 属性（字符串类型）中，这其中就包含着外部的请求内容，对于普通 MySQL 协议来说，cdata_ 属性里存放的就是 SQL 命令，ObMySQLRawPacket 中还定义了一个枚举类型的属性 cmd_ 来标识 SQL 命令的类型（查询、创建数据库等）。

　　在请求管理上，OceanBase 采用的是典型的"生产者-消费者"模式。解析得到的数据包会与接收时间戳、连接信息等一起被包装成由 ObRequest 类表示的请求，然后利用投送器（Deliver）送到请求队列中，之后租户的工作线程再从请求队列中取出请求并真正执行。

3.5.2　ObRpcHandler

　　OBServer 收到的所有内部请求（即 RPC 请求）都会被分发给 ObRpcHandler，它对 RPC 请求的处理同样实现在其 process 方法中。和 ObMySQLHandler 一样，ObRpcHandler 也将待处理的请求交给 ObSrvDeliver，投送到请求队列中，最终被工作线程取出处理。

3.5.3　请求投送

　　目前 OceanBase 用 ObSrvDeliver 类同时承担了外部请求和内部 RPC 请求的投送工作，其 deliver 方法中会根据被投送请求的类型来进一步调用 deliver_mysql_request 或 deliver_rpc_request 方法将请求投送到合适的请求队列中。

　　如图 3.6 所示，deliver_mysql_request 将从请求中获得会话信息，其中包括租户信息（ObTenant 类）和分组 ID（group_id_），然后根据租户信息将请求放入租户的请求队列中。

　　在租户的实现 ObTenant 中，将队列划分成快速队列和普通队列两大类，而每一类队列中又分别有三个具有不同优先级（高、中、低/普通）的队列。OceanBase 中收到的请求会按照请求的类型和特征被分别放入上述这些队列中，然后由工作线程根据优先级以一对一的

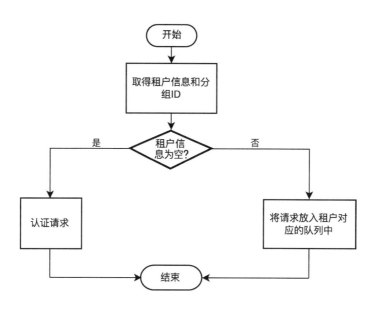

图 3.6　deliver_mysql_request 流程

方式"消费"这些请求。

　　在将 RPC 请求放入租户的请求队列中时,有一种特殊的情况需要考虑:嵌套请求。例如处理一个 RPC 请求时又发出了其他的 RPC 请求(RPC 请求嵌套),如果让这些 RPC 请求共享同一组工作线程,在高并发时会导致工作线程耗尽而死锁。OceanBase 引入了嵌套层级队列来解决这种问题:将用户发出的 RPC 请求作为第 0 层,由其引发的 RPC 请求依次作为第 1 层、第 2 层、…、第 n 层,然后为 0 层以上的每一层 RPC 请求单独建立一个队列,且为每一个这样的队列分配一些工作线程。这样,各层的 RPC 请求使用的是不同的工作线程集合,进而避免死锁问题。当然,这种嵌套层次也不能无限制地延伸下去,OceanBase 中设置了一个硬上限为 8 层(由宏 MAX_REQUEST_LEVEL 定义),超过这个嵌套深度的 RPC 请求会被放在最高层的队列中。

　　具体的投送工作通过租户的 recv_request 方法完成:

　　1)如果租户已停止,报错。

　　2)用请求中的分组 ID 在租户的资源组地图(租户的 group_map 属性)中查找对应的资源组(ObResourceGroup 类),如果之前不存在则创建一个新的资源组并且插入在资源组地图中,最后将请求插入该资源组的队列中。

　　3)如果租户没有初始化资源组地图,则按照下面的规则将请求分配到相应的队列中:

　　① 将具有高或者普通优先级的 RPC 请求放入快速队列。

　　② 将低优先级的 RPC 请求(通常是无关痛痒的请求)放入普通队列。

　　③ SQL 类型的请求(从 MySQL 协议进入的请求)以普通优先级放入普通队列。

　　④ 服务器任务以及会话关闭任务以高优先级放入普通队列。

3.5.4　请求处理

　　根据 3.3 节和 3.4 节中所述,多租户环境下的工作线程在启动之后就会运行自己的 run

方法，进而用一个无效的租户 ID 进入其 worker 方法中。worker 方法内部实际是一个以线程的停止标志（继承自 CoKThreadTemp 的布尔属性 stop_）值为循环条件的循环，在循环中会根据工作线程所服务的租户 ID⊖找到该租户的请求队列，然后从中取下待处理的请求，交由线程（ObThWorker）的 process_request 方法进行处理。

process_request 方式中会调用 procor_ 中的工作线程处理器（ObIWorkerProcessor 类）的 process 方法对请求进行处理。procor_ 属性的值是通过实例化时构造器的参数等方式获得，其值的源头来自 ObServer 实例的同名属性（类型是 ObWorkerProcessor，它是接口类 ObIWorkerProcessor 的一种实现）。构造 ObServer 实例时，会自动调用 ObWorkerProcessor 的构造器构造出 procor_ 属性中的对象，该构造器会以一个 ObSrvXlator 对象（从 net_frame_ 属性中 ObSrvNetworkFrame 实例的 xlator_ 属性得到）为参数。最终构造的效果是将 procor_ 属性的translator_属性指向这个得到的 ObSrvXlator 对象。

在 process 方法中首先会调用 translator_ 的 translate 方法为要处理的请求得到一个请求处理器（ObReqProcessor），然后调用请求处理器的 run 方法完成对请求的处理。translator_ 的 translate 方法继承自其父类 ObReqTranslator，其核心是调用 get_processor 方法获得一个请求处理器。被调用的 get_processor 方法是 ObSrvXlator 类中的实现，它会根据请求的类型（MySQL 或 RPC）返回一个正确的请求处理器。

（1）MySQL 请求处理

如果收到的是 MySQL 请求，ObSrvXlator::get_processor 方法中会调用其 mysql_xlator_ 属性（是一个 ObSrvMySQLXlator 对象）的 translate 方法，它会根据 MySQL 请求的进一步细分确定 MySQL 请求处理器：

1）OB_MYSQL_COM_FIELD_LIST 命令：

① 连接使用了 obproxy：

a）obproxy 版本比较低：采用 ObMPDefault 类对象作为处理器。

b）obproxy 版本比较高：使用 ObMPQuery 类对象作为处理器。

② 连接未使用 obproxy：使用 ObMPQuery 类对象作为处理器。

2）其他命令：采用 ObMPDefault 类对象作为处理器。

MySQL 请求处理器的 run 方法中又会调用该类的 process 方法，由于 ObMPDefault 处理器实际上对应着不支持的版本或命令，它的 process 方法只会简单地报告"不支持的 MySQL 命令"这一错误。因此，我们仅介绍 ObMPQuery 这种 MySQL 请求处理器，其 process 方法承担了执行请求的主要工作：

1）调用 ObThWorker 的 check_rate_limiter 方法检查对应租户的 SQL 到达率是否过快，如果过快则会放弃执行这个请求，该请求也不会从请求队列中取走，而是等着再次被分配给该租户的工作线程取出。

2）调用 ObThWorker 的 check_qtime_throttle 方法检查该请求在队列中的等待时间是否超限，如果超限同样会放弃执行这个请求。

3）取得请求对象（ObRequest）中的锁等待节点（lock_wait_node_ 属性）。

⊖　工作线程刚开始运行时租户 ID 是-1，因此 worker 的循环中什么事情也不会做，等到 MultiTenant 线程为工作线程赋予了有效的租户 ID 后，worker 的循环中才会取出并处理请求。

4）构建一个解析器（ObParser）对 SQL 请求进行查询解析：

① 先调用解析器的 pre_parse 方法对查询进行预解析。

② 调用解析器的 split_multiple_stmt 方法尝试从 SQL 字符串中切分出多个查询语句，得到的结果放入一个字符串数组 queries 中。

③ 调用请求处理器的 try_batched_multi_stmt_optimization 方法尝试把多个更新查询作为一个单一查询来执行，这样可以优化 RPC 开销。

④ 如果上面的尝试没有成功，则针对 queries 中的每一个查询进行处理：

a）将查询包装成一个 ObMultiStmtItem 对象。

b）用 process_single_stmt 方法处理得到的 ObMultiStmtItem 对象。

ObMPQuery 的 process_single_stmt 方法实际上蕴含了 OceanBase 的 SQL 引擎入口，具体见第 5 章。

process_single_stmt 方法主要完成以下两个任务：

1）检查和刷新本地模式：通过调用 check_and_refresh_schema 方法来完成，为了在集群的各个节点上都能快速地访问模式信息，OceanBase 中的模式信息在每个节点上都会有一份拷贝。这样自然会产生模式信息同步的问题，check_and_refresh_schema 方法会比较本地模式信息的版本和全局最新的模式版本，如果发现本地模式信息的版本较低，该方法会进行模式信息的更新。模式的存储在 4.1 节中有更多分析。

2）处理 SQL 请求，且在必要时进行重试：在处理 SQL 请求时，可能会因为所在节点的表副本不是最新版本导致需要重新在该表的 Leader 副本上进行重试，而且同样的现象在重试的时候还可能会发生。为了控制这种场景，ObMPQuery 中有一个重试控制器，它被用于在请求执行过程和会话环境之间传递重试的类型，同时还记录重试的次数。

process_single_stmt 方法中调用 do_process 方法来执行 SQL 请求，do_process 在准备好执行环境之后会将请求的处理移交给 SQL 引擎（ObSql）的 stmt_query 方法，然后根据 stmt_query 的执行反馈来完成后续的处理。

（2）RPC 请求处理

如果收到的请求是一个 RPC 请求，ObSrvXlator::get_processor 方法中会调用其 rpc_xlator_属性（是一个 ObSrvRpcXlator 对象）的 translate 方法：以请求中的 RPC 请求代码（pcode，代表请求类型）为下标在该对象的 funcs_数组中找到相应的 RPCProcessFunc 类型函数指针，调用该函数获得实际的 RPC 请求处理器。

funcs_数组中的 RPCProcessFunc 函数指针通过 RPC_PROCESSOR 宏（见 src/observer/ob_srv_xlator.h）注册在该数组中，它在 funcs_数组中的下标决定它所服务的 RPC 请求代码（见 deps/oblib/src/rpc/obrpc/ob_rpc_packet_list.h），每一个 RPCProcessFunc 函数指针所指向的函数的功能是返回一个用于处理相应 RPC 请求的请求处理器对象。RPC 请求处理器都由名为 ObRpc###P[⊖] 的类表达，它们通过 DEFINE_DDL_RS_RPC_PROCESSOR、OB_DEFINE_SQL_CMD_PROCESSOR 之类的宏定义。这些 RPC 处理器类对 RPC 请求的处理

⊖ ###对应 RPC 请求的类型，例如创建表（CREATE TABLE）的 RPC 请求代码是 OB_CREATE_TABLE，其请求处理器的类名为 ObRpcCreateTableP。

有两种实现方法：

1）在请求处理的类定义中实现 process 方法，其中含有 RPC 请求的处理流程，例如 OB_TASK_KILL 的最终处理过程由 ObRpcTaskKillP::process() 方法实现。

2）RPC 请求处理器继承某个父类（如 ObRootServerRPCProcessor），通过父类的 process 根据 RPC 请求代码将处理流程导向 ObRootService 类的某个方法，该方法会含有相应 RPC 请求的处理流程，例如 OB_CREATE_TABLE 的最终处理过程由 ObRootService::create_table() 方法实现。

3.5.5　会话管理

通常来说，客户端连接到数据库服务器后就形成了一次会话（Session）。在该次连接断开之前，通过该连接执行的命令及其产生的效果都属于该会话。一个典型的例子是，在同一个连接中，第一个命令对某个参数（例如字符集编码）进行了修改，后续的命令都将会受到该次修改的影响，直至连接断开。因此，会话也可以被看成是客户端在数据库服务器端的一个临时工作环境。

对于所谓"专用服务器"模式，即服务器端自始至终都用专门的一个进程或者线程服务一个连接，维持会话很容易，只需要把会话信息保存在该进程或线程的内存空间里即可。但在 OceanBase 的客户端请求处理模式下，一个客户端（会话）的多个命令可能会由服务器端的不同线程处理，因此会话的维持要略显复杂。

OceanBase 对会话的管理基于以下思路：

1）每一个会话都会得到一个全局唯一的会话 ID，客户端将保持该会话 ID。

2）会话信息保存在服务器端，并以会话 ID 为标识。

3）客户端发送请求时会携带其会话 ID，OBServer 根据请求中的会话 ID 将请求在相应的会话"环境"中执行。

在实现上，OceanBase 采用了两个类来管理会话，其主要构成部分如图 3.7 所示。其中 ObSQLSessionInfo 对应着会话本身的信息，而 ObSQLSessionMgr 是会话的管理器。

ObSQLSessionMgr 主要提供以下接口：

1）create_session 接口：为会话创建新的 ObSQLSessionInfo，同时会给该 ObSQLSessionInfo 增加引用计数。在 OBServer 建立与客户端连接时一定会调用这个接口，如果客户端是第一次连接集群则会新建会话，否则会根据会话 ID 调用 get_session 接口获取之前已经创建的会话。

2）get_session 接口：获取已经创建的 ObSQLSessionInfo，同时会给该 ObSQLSessionInfo 增加引用计数。

ObSQLSessionMgr 最重要的任务是为每一个连接分配会话 ID，并保证会话 ID 的全局唯一。但有一种特例，即在集群前端部署有 OBProxy 层时，客户端连接到 OBProxy 以后，在连接不断开的情况下，该 OBProxy 与集群中所有 OBServer 的连接都会采用相同的会话 ID，而这一会话 ID 是由 OBProxy 来分配。为了实现这一特性，OBServer 在处理连接请求时如果发现请求来自 OBProxy，则会放弃当前新分配的会话 ID，同时使用请求包中携带的会话 ID 来标识该连接。

会话 ID 是一个 32 位无符号整数（uint32_t），为了保证会话 ID 在集群中全局唯一，这

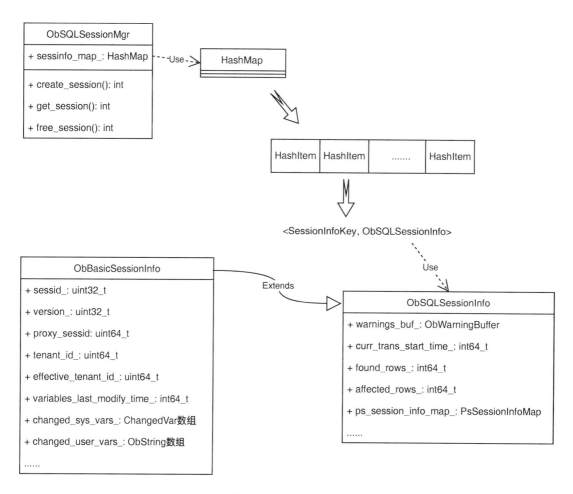

图 3.7　会话管理器

32 位被划分为三段:

1) 第 0~17 位: 这一段在内部也称为 sessid_seq, 它是创建会话 ID 的 OBServer 为会话分配的 18 位顺序号。OBServer 重启后, sessid_seq 从 0 开始分配, 每到来一个新连接 sessid_seq 会增加 1。显然, sessid_seq 的位宽使得一台 OBServer 能承受的并发连接数上限为 2^{18}, 对于一个配置有负载均衡的集群来说, 单台 OBServer 上的并发连接数远不会达到这一限制。

2) 第 18~30 位: 内部称为 server_id, 即 OBServer 启动从总控服务获得的服务器 ID, 将 server_id 和 sessid_seq 组合形成的会话 ID 就能保证全局唯一性[⊖]。

3) 第 31 位: 用来区分会话 ID 的来源, 此位为 1 表示会话 ID 是 OBServer 新分配, 为 0 则表示会话 ID 是由 OBProxy 传来。

⊖　从开始启动到获得服务器 ID 之间, OBServer 会有一小段时间处于没有服务器 ID 的状态, 此时服务器 ID 为 0, 这种状态下仅允许系统租户登陆, 其他租户的连接将会得到 OB_SERVER_IS_INITING 错误。

3.6　总控服务

RootService（简称 RS）即总控服务，RS 不是独立的进程，是启动于一号表 __all_core_table（只有一个分区）的 Leader 所在的 OBServer 上的一组服务，当此 Leader 变为 Follower 时，会停止其上的 RS 模块，保证全局只有一个 RS 在工作。__all_core_table 是整个集群启动时生成的第一张表，存储了 RS 启动需要的一些信息，通过 __all_core_table 可以逐级索引到所有其他分区。RS 以系统租户作为载体，系统租户包含全部系统表及各种后台服务。RS 承担元数据管理、集群资源管理、版本合并管理、执行管理命令等功能。

（1）元数据管理

RS 通过心跳机制监控集群中各个 OBServer 的存活状态，并同步更新系统表，以及进行异常处理。同时也通过心跳向其他 OBServer 传输配置变更、模式变化等多种信息。__all_root_table 存放所有系统表的分区信息，__all_tenant_meta_table 存放所有用户表的分区信息，这些信息也由 RS 统一管理，其他 OBServer 执行请求时可以通过 RS 服务获取这些信息来定位要操纵的数据。RS 通过 RPC 主动获取及定时任务维护元数据的准确性，通过位置缓存（Location Cache）模块对内部其他模块及外部 OBProxy 提供位置信息及副本级元信息的查询服务。为了避免队列线程池模型造成多个 OBServer 出现循环依赖问题，为每一级系统表使用单独队列，例如 __all_core_table、__all_root_table、普通系统表、用户表分别有各自独立队列及工作线程。

（2）集群资源管理

集群资源管理包括 Leader 管理、分区负载均衡、资源单元（Resource Unit）负载均衡等任务。Leader 管理包括将分区组中所有分区的 Leader 切到一起、将 Leader 切到主可用区（Primary Zone）、轮转合并及隔离切主等场景。分区负载均衡是指在租户的多个资源单元内调整分区组的分布，使得单元的负载比较均衡。资源单元负载均衡是指在多个 OBServer 间调度资源单元，使得 OBServer 的负载比较均衡。

（3）版本合并管理

不同于小版本冻结（转储）由各个 OBServer 自行处理，大版本冻结（合并）由 RS 协调发起，是一个由 RS 和所有分区 Leader 组成的两阶段分布式事务。某个分区无主会导致大版本冻结失败。合并可以由业务写入（转储达到一定的次数，由全局参数控制）触发，也可以定时触发（例如每日合并，一般设置于业务低峰期）或手动触发。RS 还可以控制轮转合并，从而减少合并对业务的影响。

（4）执行管理命令

RS 是管理命令执行的入口，包括 BOOTSTRAP 命令、ALTER SYSTEM 命令和其他 DDL 命令。BOOTSTRAP 是系统的自举过程，主要用于创建系统表、初始化系统配置等。DDL 是指创建表、创建索引、删除表等动作，DDL 不会被优化器处理，而是作为命令直接发送到 RS，DDL 产生的模式变更保存于系统表并更新到内存，然后产生新的版本号通知所有在线的 OBServer，OBServer 再刷新获得新版本的模式。

虽然有多副本机制保证 RS 可以容忍少数 OBServer 故障，但 RS 看起来依然是 OceanBase

集群中的一个单点，不过由于用户的查询和 DML 执行并不依赖于 RS，因此即使 RS 短暂下线也不会影响用户的工作。此外，OceanBase 采用了多项措施来保证 RS 的健壮性，RS 异常后也能有副本来接替其工作，因此不会影响 OceanBase 集群的可用性。

OceanBase 支持了一套检测机制，通过该机制发现 RS 的异常，并通过运维命令强制切换 RS 来恢复。RS 异常包括 RS 无主、RS 上任失败、RS 线程卡住、快照点回收异常、配置项异常、工作线程满、DDL 线程满等，主要分为两类：一类是 RS 可以正常服务请求；另一类是 RS 不可服务。前一类可以通过停服的方式隔离异常 RS 并将 RS 切到其他机器来解决；后一类包括 RS 上任失败、队列满等异常，可以通过外部工具来强制切换 RS 服务，新 RS 上任后再隔离原来的异常机器。

RS 承担了命令入口的功能，从而可以采集系统状态，并执行运维命令和应急命令，但 RS 异常后会导致该通道失效。为此 OceanBase 支持了诊断租户的功能，诊断租户是一个独立的租户，预留专用资源，包括登录线程、工作线程和内存，保障异常情况下可以查询监控及简单运维 SQL 的执行，从而规避系统租户和用户租户线程异常及内存异常。

3.7 配置子系统

OceanBase 的配置子系统由配置管理器类 ObConfigManager 和配置信息类 ObServerConfig 组成。配置管理器类对外提供针对配置项的各种管理操作，例如获取某个配置项（get_config 方法）、重载配置文件（reload_config 方法），配置管理器体现为 ObServer 实例的 config_mgr_ 属性。配置信息类用于表达 OBServer 中所有的配置项，它体现为 ObServer 实例的 config_ 属性。

config_ 属性中的配置项来自 OceanBase 的配置文件，在启动时或者运行过程中也可能会通过 SQL 命令或者其他途径被修改。OceanBase 的各个配置项都被定义为 ObServerConfig 类的属性，配置项的定义被写在 src/share/parameter/ob_parameter_seed.ipp 中，然后通过 include 方法引入到 ObServerConfig 类的定义中。在该文件中，每个配置项都用一个 DEF_* 这样的宏来定义，其中 * 表示数据类型的缩写，例如 DBL 表示 Double 类型。配置项的定义包括以下几项：

1）配置项名称。
2）适用范围：范围有两类，CLUSTER（集群范围）和 TENANT（租户范围）。
3）配置项值：值的字符串表达。
4）取值范围：不同的数据类型有不同的表示方式，例如整数会给出取值范围的上下界。
5）注释：用于解释配置项作用的字符串。
6）配置项属性：配置项有多个子属性。
① 所属小节：按照功能，配置项被分成不同的小节，例如 OBSERVER 和 ROOT_SERVICE 等。
② 值的来源：这个属性表明配置项的值来自何种渠道，例如 DEFAULT（默认值）、FILE（配置文件）和 CMDLINE（命令行）等。
③ 生效方式：指定配置项的生效时机，分为 READONLY（不可修改）、DYNAMIC_EFFECTIVE

（立即生效）和 STATIC_EFFECTIVE[⊖]（重启生效）三种。

　　config_属性由 ObServer 的 init_config 方法负责初始化，但其主要工作是由配置管理器（ObConfigManager 实例）的 load_config 方法完成，在该方法中会打开配置文件（默认是 etc/observer. config. bin），将其内容读出为一个字符串，然后用反序列化方法（ObServerConfig::deserialize_with_compat 方法）还原到 config_中。在完成从配置文件中读取默认配置项后，init_config 方法还会从 ObServer 的 opts_属性中读取 RPC 端口等项的值用于覆盖相应配置项的值，然后会设置并启动一些定时器，最后还会初始化配置管理器和租户配置管理器。

　　配置管理器启动的定时器会定时执行配置项更新动作，该动作会把内存中的配置项转储到配置文件中，同时将旧版本的配置文件增加".history"后缀后放在同一目录下。

3.8　小结

　　本章介绍了 OceanBase 集群的核心 OBServer 的主要结构，包括接收客户端或者其他 OBServer 发起连接的网络子系统，以及用于合作处理请求的 I/O 线程、工作线程等线程的启动、工作、调度方式，还有为各节点提供全局服务的总控服务子系统。此外，本章还分析了工作线程的工作环境，多租户环境和配置子系统。不过，由于多租户环境、总控服务等子系统的很多功能分散在其他诸如存储引擎、SQL 引擎等子系统的流程中，我们将在分析各个子系统的章节中再给出相应的介绍。

　　⊖　这些值都以宏定义的方式定义在 src/share/parameter/ob_parameter_attr. h 中。

第 4 章

存储引擎

从全局来看，OceanBase 的存储引擎是分布在各个 OBServer 上的，即每台 OBServer 负责管理全局数据中的一部分，OBServer 上发生的数据修改通过日志复制到具有相同副本的其他 OBServer 上。因此从局部来看，每台 OBServer 上也拥有一个完整的存储引擎，其总体架构如图 4.1 所示。

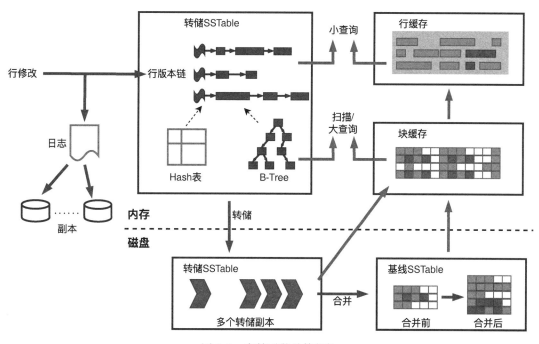

图 4.1 存储引擎总体架构

OceanBase 的存储引擎采用了基于 LSM-Tree 的架构，把基线数据（SSTable）和增量数据（MemTable）分别保存在持久化存储（SSD 或者磁盘）和内存中。OBServer 中对数据的修改都作为增量数据写入内存中，因此数据的增、删、改全都是内存操作，使得操作性能很好。当然仅将数据修改放在内存中是无法达到持久化的，因此 OceanBase 结合集群中的多副本以及事务日志共同保证了数据修改的持久化。需要读取数据时，由于内存中只有增量修改，要获得完整的数据还需要从基线数据中拿到目标数据的基础版本，并在其上加上增量之后才能得到该数据的最新版本。对于某个数据（元组），内存中会存有该数据被多次修改形成的多个增量数据，这些增量数据配合基线数据自然而然地形成了该数据的多个版本，可以用来支撑系统中的多版本并发控制（Multi-Version Concurrency Control，MVCC）。

为了提高对数据的访问速度，OceanBase 存储引擎构建了两种缓存：行缓存（Row Cache）和块缓存（Block Cache）。基线数据的 I/O 单位是块（Block），存储引擎采用块缓存提高 I/O 利用率。对于行的操作会利用块缓存中的块和增量数据构造出"行"形式的数据，为了避免重复施行这种构造，构造形成的行会被放在行缓存中重复使用。除缓存的数据形式不同之外，两种缓存的使用场景也有所不同。OLTP 业务大部分操作为小查询，存储引擎优先使用行缓存来回答查询，从而避免了解析整个数据块的开销，达到了接近内存数据库的性能。而对于涉及数据量很大的 OLAP 业务，则优先使用块缓存。

当增量数据达到一定规模的时候，存储引擎会触发增量数据和基线数据的合并，把增量数据持久化为基线数据的一部分。同时每天晚上的空闲时刻，系统也会启动每日合并。另外，由于基线是只读数据，而且内部采用连续存储的方式，存储引擎可以根据不同特点的数据采用不同的压缩算法，既能做到高压缩比，又不影响查询性能。

4.1　元数据存储

数据库系统的正常运转离不开元数据（Meta Data），例如表的模式（结构）信息、系统中数据的统计信息、系统的运行状态信息等，OceanBase 当然也不例外。OceanBase 中将元数据也按照表的形式进行组织和管理，这些存放元数据的表被称为系统表[⊖]。系统表本质上也和普通的用户表一样，可以通过 SQL 语句进行增删改查等操作，但系统表的操作只能由特殊的通道完成。

4.1.1　系统表

OceanBase 的系统表统一存放在系统（SYS）租户中，未区分不同租户产生的元数据，这些系统表中都有一个 tenant_id 列用来标识该条元数据的归属，这些系统表的名称都以"__all"为前缀。同时，为了方便各租户使用自己的元数据，在各租户中也定义有一些从系统表导出的视图，这些视图的名称都以"__tenant"为前缀。很明显，这些视图都是系统表的简单行列子集视图，可以直接在其上进行修改操作，因此它们也被归入到"系统表"的类别之中。此外，为了方便对元数据的查看，OceanBase 还提供了一些比较复杂的只读视图，它们被称为"虚拟表"，其名称以"__all_virtual"或者"__tenant_virtual"为前缀。

1. 核心系统表

在众多的系统表中，有一类"一等公民"，它们是其他系统表能够存在的前提，因此可

⊖　系统表也被称为内部表（Inner Table）。

以称为核心系统表。由于系统表本身也需要有元数据来描述其结构，因此存放表结构信息的系统表地位自然会超然于普通系统表之上。

（1）__all_core_table

__all_core_table 记载着系统中核心系统表的元数据，其结构如表 4.1 所示。这些信息是 RootService 启动所需的必要信息，例如其中表名为__all_table_v2 且行号为 5 的行共有 73 个，每一行都描述了系统表__all_table_v2 中的一个列和列值，而其中列"table_name"的值正好是"__all_table_v2"，说明这 73 行描述的是系统表__all_table_v2 作为一个表的基本元数据。只有获得了这些信息，系统的各个模块才能用它们去解释从__all_table_v2 获得的信息，从而得到普通表的模式。由于__all_core_table 在元数据中的基础地位，OceanBase 内部也把它称为"一号表"（THE ONE）。

表 4.1　__all_core_table 系统表结构

列名	数据类型	允许为空	主键	默认值	用途
gmt_create	timestamp(6)	Y		CURRENT_TIMESTAMP(6)	创建时间
gmt_modified	timestamp(6)	Y		CURRENT_TIMESTAMP(6)	修改时间
table_name	varchar(128)	N	Y		系统表名
row_id	bigint(20)	N	Y		系统表中的行号
column_name	varchar(128)	N	Y		列名
column_value	varchar(65536)	Y			列值

（2）__all_root_table

__all_root_table 记载了表的分区和副本信息，其结构如表 4.2 所示。

表 4.2　__all_root_table 系统表结构（局部）

列名	数据类型	允许为空	主键	默认值	用途
gmt_create	timestamp(6)	Y		CURRENT_TIMESTAMP(6)	创建时间
gmt_modified	timestamp(6)	Y		CURRENT_TIMESTAMP(6)	修改时间
tenant_id	bigint(20)	N	Y		所属租户 ID
table_id	bigint(20)	N	Y		所属表 ID
partition_id	bigint(20)	N	Y		分区 ID
svr_ip	varchar(46)	N	Y		所在节点 IP
svr_port	bigint(20)	N	Y		所在节点端口
sql_port	bigint(20)	N			SQL 服务端口
unit_id	bigint(20)	N			
partition_cnt	bigint(20)	N			分区数

（续）

列名	数据类型	允许为空	主键	默认值	用途
zone	varchar(128)	N			Zone 名称
role	bigint(20)	N			分区层次中的角色
member_list	varchar(4480)	N			成员言列表
row_count	bigint(20)	N			包含的行数
data_size	bigint(20)	N			数据大小
data_version	bigint(20)	N			数据版本
data_checksum	bigint(20)	N			数据校验和
data_file_id	bigint(20)	N		0	数据文件 ID

（3）__all_table

__all_table 中记载着所有表（__all_core_table、__all_root_table、__all_table 本身不包括在内）的表级元数据，其结构如表 4.3 所示。为了保持向下兼容，OceanBase 系统中还可能会出现另一个版本的__all_table，即__all_table_v2，当集群的版本低于 2.2.1 时，表的元数据放在__all_table 中，对于 2.2.1 及以上的版本则使用__all_table_v2。

表 4.3　__all_table 系统表结构（局部）

列名	数据类型	允许为空	主键	默认值	用途
gmt_create	timestamp(6)	Y		CURRENT_TIMESTAMP(6)	创建时间
gmt_modified	timestamp(6)	Y		CURRENT_TIMESTAMP(6)	修改时间
tenant_id	bigint(20)	N	Y		所属租户 ID
table_id	bigint(20)	N	Y		表 ID
table_name	varchar(256)	N			表名
database_id	bigint(20)	N			所属数据库 ID
table_type	bigint(20)	N			表类型
load_type	bigint(20)	N			
rowkey_column_num	bigint(20)	N			主键列数
index_column_num	bigint(20)	N			索引列数

（4）__all_column

一个表的元数据不仅仅是表自身的描述信息，还应包括表中各列的描述数据，这些数据存放在系统表__all_column 中，表中的每一列在__all_column 中都有一行，其结构如表 4.4 所示。

表 4.4 　__all_column 系统表结构（局部）

列名	数据类型	允许为空	主键	默认值	用途
gmt_create	timestamp(6)	Y		CURRENT_TIMESTAMP(6)	创建时间
gmt_modified	timestamp(6)	Y		CURRENT_TIMESTAMP(6)	修改时间
tenant_id	bigint(20)	N	Y		所属租户 ID
table_id	bigint(20)	N	Y		表 ID
column_id	bigint(20)	N	Y		列 ID
column_name	varchar(128)	N			列名
rowkey_position	bigint(20)	N		0	在主键中的位置
index_position	bigint(20)	N			在索引中的位置
order_in_rowkey	bigint(20)	N			
partition_key_position	bigint(20)	N			在分区键中的位置
data_type	bigint(20)	N			数据类型
data_length	bigint(20)	N			数据长度
data_precision	bigint(20)	Y			数据精度
data_scale	bigint(20)	Y			小数点后位数
zero_fill	bigint(20)	N			是否用零填充
nullable	bigint(20)	N			可否为空
autoincrement	bigint(20)	N			是否自增列
is_hidden	bigint(20)	N		0	是否隐藏列
collation_type	bigint(20)	N			排序规则

事实上，表的全部元数据不仅有__all_table 和__all_column 中的部分，还包括若干围绕这两者的系统表中的数据，例如__all_constraint 存放着各种约束，__all_collation 存放着__all_column. collation_type 中引用的排序规则的信息。

（5）__all_database

__all_database 存放着租户中所有方案（Schema）的元数据，每一个方案对应着其中的一行，其结构如表 4.5 所示。值得注意的是，在 OceanBase 中 Schema 的概念和 Database（数据库）等同，因此这个系统表名中包含了 database。

表 4.5 　__all_database 系统表结构

列名	数据类型	允许为空	主键	默认值	用途
gmt_create	timestamp(6)	Y		CURRENT_TIMESTAMP(6)	创建时间
gmt_modified	timestamp(6)	Y		CURRENT_TIMESTAMP(6)	修改时间

（续）

列名	数据类型	允许为空	主键	默认值	用途
tenant_id	bigint(20)	N	Y		所属租户 ID
database_id	bigint(20)	N	Y		方案 ID
database_name	varchar(128)	N			方案名
replica_num	bigint(20)	N			副本数
zone_list	varchar(8192)	N			所属 Zone 列表
primary_zone	varchar(128)	Y			主 Zone
collation_type	bigint(20)	N			方案的排序规则
comment	varchar(2048)	N			注释
read_only	bigint(20)	N			是否只读
default_tablegroup_id	bigint(20)	N		−1	默认表组 ID
in_recyclebin	bigint(20)	N		0	是否在回收站中
drop_schema_version	bigint(20)	N		−1	删除时模式版本

（6）__all_tablegroup

__all_tablegroup 中存储着所有的表组（Table Group）信息，系统中每个表组对应其中一行，其结构如表 4.6 所示。

表 4.6 __all_tablegroup 系统表结构（局部）

列名	数据类型	允许为空	主键	默认值	用途
gmt_create	timestamp(6)	Y		CURRENT_TIMESTAMP(6)	创建时间
gmt_modified	timestamp(6)	Y		CURRENT_TIMESTAMP(6)	修改时间
tenant_id	bigint(20)	N	Y		所属租户 ID
tablegroup_id	bigint(20)	N	Y		表组 ID
tablegroup_name	varchar(128)	N			表组名称
comment	varchar(4096)	N			注释
primary_zone	varchar(128)	Y			主 Zone
locality	varchar(4096)	Y			Locality 名称
part_level	bigint(20)	N			分区级别
part_func_type	bigint(20)	N			分区函数类型
part_func_expr_num	bigint(20)	N			分区函数表达式个数
part_num	bigint(20)	N			分区个数
sub_part_func_type	bigint(20)	N			二级分区函数类型

（7）__all_tenant

__all_tenant 中存储着所有的租户信息，系统中每个租户对应其中一行，其结构如表 4.7 所示。

表 4.7　__all_tenant 系统表结构

列名	数据类型	允许为空	主键	默认值	用途
gmt_create	timestamp（6）	Y		CURRENT_TIMESTAMP（6）	创建时间
gmt_modified	timestamp（6）	Y		CURRENT_TIMESTAMP（6）	修改时间
tenant_id	bigint（20）	N	Y		租户 ID
tenant_name	varchar（128）	N			租户名称
replica_num	bigint（20）	N			副本数量
zone_list	varchar（8192）	N			所在 Zone 列表
primary_zone	varchar（128）	Y			主 Zone
locked	bigint（20）	N			是否被锁定
collation_type	bigint（20）	N			排序规则
info	varchar（4096）	N			
read_only	bigint（20）	N			是否只读
rewrite_merge_version	bigint（20）	N		0	重写合并版本
locality	varchar（4096）	N			
logonly_replica_num	bigint（20）	N		0	
previous_locality	varchar（4096）	N			
storage_format_version	bigint（20）	N		0	存储格式版本
storage_format_work_version	bigint（20）	N		0	
default_tablegroup_id	bigint（20）	N		−1	默认表组
compatibility_mode	bigint（20）	N		0	是否兼容模式
drop_tenant_time	bigint（20）	N		−1	删除次数
status	varchar（64）	N		TENANT_STATUS_NORMAL	状态
in_recyclebin	bigint（20）	N		0	是否在回收站中

（8）__all_ddl_operation

__all_ddl_operation 中收集着所有执行过的 DDL 操作的信息，其结构如表 4.8 所示。该表的 schema_version 是主键，这是因为每一次 DDL 操作都会导致整个集群的模式中发生或多或少的改变（例如列结构或表结构改变），为了让系统中不同时间开始的操作能使用到合适的模式信息，OceanBase 每次成功执行 DDL 操作后都会将模式版本增加，因此可以认为每一个 DDL 操作都有一个唯一的模式版本（Schema Version）。

表 4.8　__all_ddl_operation 系统表结构

列名	数据类型	允许为空	主键	默认值	用途
gmt_create	timestamp(6)	Y		CURRENT_TIMESTAMP(6)	创建时间
gmt_modified	timestamp(6)	Y		CURRENT_TIMESTAMP(6)	修改时间
schema_version	bigint(20)	N	Y		模式版本
tenant_id	bigint(20)	N			受影响的租户 ID
user_id	bigint(20)	N			受影响的用户 ID
database_id	bigint(20)	N			受影响的数据库 ID
database_name	varchar(128)	N			受影响的数据库名
tablegroup_id	bigint(20)	N			受影响的表组 ID
table_id	bigint(20)	N			受影响的表 ID
table_name	varchar(128)	N			受影响的表名
operation_type	bigint(20)	N			操作类型
ddl_stmt_str	longtext	N			DDL 语句字符串
exec_tenant_id	bigint(20)	N		1	执行 DDL 操作的租户 ID

2. 系统表初始化

一个 OceanBase 集群第一次被启动时，需要首先进行自举操作（Bootstrap）形成初始的系统表结构并且将集群中各个服务器节点加入到集群之中，通常这一动作是由 OBD 发起。

OBD 在启动集群时会通过检查节点数据目录的 clog 子目录是否存在来判断是否需要进行自举动作，如果需要进行自举，则 OBD 会向集群发送一系列的 SQL 命令完成自举：

1）OBD 首先会发送一个 BOOTSTRAP 命令进行基本的自举，发送的 BOOTSTRAP 命令示例如下：

```
ALTER SYSTEM BOOTSTRAP ZONE 'zone1' SERVER '192.168.1.16:2882', ZONE
'zone2'SERVER'192.168.1.17:2882', ZONE'zone3'SERVER'192.168.1.18:2882';
```

上述语句中指定的 ZONE 列表也被称为根服务（Root Service，RS）列表。

2）基本自举完成后，OBD 还会发出若干 ADD SERVER 命令将 RS 列表中的多个节点注册到集群中：

```
ALTER SYSTEM ADD SERVER'192.168.1.16:2882'ZONE'zone1';
ALTER SYSTEM ADD SERVER'192.168.1.17:2882'ZONE'zone2';
ALTER SYSTEM ADD SERVER'192.168.1.18:2882'ZONE'zone3';
```

OBD 连接的节点（服务器列表中的第一个）收到 BOOTSTRAP 命令之后，会按照 SQL 引擎中的流程进行 SQL 的解析、执行（见第 5 章），负责执行 BOOTSTRAP 命令的执行器部件是 ObBootstrapExecutor∷execute（）方法，它将会通过 RPC 端口向当前连接节点发送代码为 OB_BOOTSTRAP 的 RPC 请求。

　　自举的 RPC 请求最终会由目标节点上的 ObService∷bootstrap（）方法处理，该方法分为两个阶段：①预备阶段，通过 ObPreBootstrap∷prepare_bootstrap（）为自举工作做准备，其核心任务是创建一号表（_ _all _ core _ table）；②自举阶段，建立其他系统表，由 ObBootstrap∷execute_bootstrap（）接手处理。ObBootstrap∷execute_bootstrap（）的流程如图 4.2 所示。

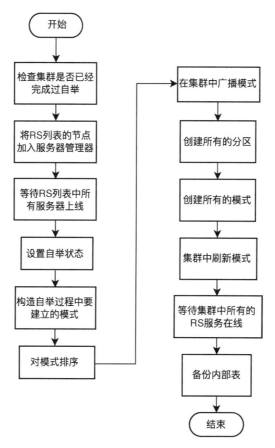

图 4.2　集群自举过程

　　1）复查自举状态：执行自举之前还会再次准确地检查集群是否已经完成过自举，其方法是通过多版本模式服务（见 4.1.2 节）中的模式服务获取集群的模式版本，然后将其与默认版本号 OB_CORE_SCHEMA_VERSION（值为 1）比较，只有相等才表示集群中尚未完成自举。

　　2）RS 列表检查：在多 ZONE 部署模式中，检查 RS 列表中的每一台服务器声明是否有重复的 ZONE 定义。

　　3）检查 RS 列表服务器状态：将传入的 RS 列表加入模式服务中的服务器管理器（Server Manager），然后逐一检查各服务器的活跃情况，事实上这里并不会实时测试服务器是否有响应，而是依赖于服务器管理器中记录的服务器状态进行判断，服务器管理器中的服务器状态则是通过各服务器向 RootService 的心跳报告收集得到。

4）设置自举状态：准确来说，这一步骤的目的是让整个集群处于一种"正在进行自举"的状态，通过将模式服务中的 is_in_bootstrap_属性置为 true 来实现，这期间所有对于模式的访问都会被暂停。

5）构造模式：OceanBase 系统表的模式都被硬编码在 ObInnerTableSchema 类中，其中有多个名称为"XXX_schema"的方法，每一个方法都能构造出系统表 XXX 的模式信息，表示成一个 ObSchemaTable 对象。每一个方法都被分成两个阶段。

① 构造 ObSchemaTable 对象，并填充相应系统表的基本信息，例如所属租户 ID（固定为 SYS 租户）、表类型、表 ID、表名等。

② 用 ADD_COLUMN_SCHEMA_TS_T 逐一把该系统表的列定义加入 ObSchemaTable 对象。

6）模式排序：对上一步构造的众多 ObSchemaTable 对象进行排序，这个过程中采用了 TableIdCompare 类对左右两个 ObSchemaTable 对象进行比较，判断的规则是：

① 左右都不是系统索引，则 ID 小的对象排在前面。

② 左右都是系统索引，则数据表（基表）ID 小的排前面。

③ 只有左边是系统索引，如果左边基表就是右边表，则左边的对象排前面，否则数据表 ID 小的排前面。

④ 只有右边是系统索引，如果右边基表就是左边表，则右边的对象排前面，否则数据表 ID 小的排前面。

7）广播系统模式：系统表对于各节点的操作都起着关键作用，因此每个节点都应该保存有系统表信息，这一步骤将会把整理好的 ObSchemaTable 对象广播给 RS 列表中的每一台服务器。

8）创建模式：这一步骤是真正创建系统表的地方，待创建的系统表将会以 32 个为一批分配创建，最终将通过 ObTableSqlService：：create_table（）方法完成每一个系统表的创建。

4.1.2　多版本模式服务

作为多节点构成的分布式数据库系统，OceanBase 集群中每一个节点上的操作都需要访问模式数据，为了更好地服务各节点上的操作，OceanBase 基于模式的相对稳定性设计了一套多副本的模式管理方案：各节点上都缓存有模式数据的副本，但对于模式的修改则由 RootService 所在的节点实施，在完成模式修改之后由 RootService 将新的模式版本通知其他节点，它们将会刷新各自的模式缓存。

为了便于系统中其他模块使用模式信息，OceanBase 基于节点上的模式副本包装了一套模式服务来为其他模块服务。由于系统运行中会由于 DDL 操作导致模式版本发生变化，不同时刻开始的操作（事务）将会看到（需要）不同版本的模式信息，这套模式服务准确来说应该被称为"多版本模式服务"。

OceanBase 的多版本模式服务被实现为 ObMultiVersionSchemaService 类，在 ObServer 对象初始化过程中会调用 ObServer：：init_schema（）方法初始化一个 ObMultiVersionSchemaService 实例并置于 ObServer 实例的 schema_service_属性中。

多版本模式服务为系统中其他模块提供元数据服务，其他模块可以从模式服务获得两种形态的模式，如图 4.3 所示。

1）完整模式（Full Schema）：包含数据库对象的完整模式信息，由名为"Ob###
Schema"的类表达，其中###是数据库对象的类型名，例如图 4.3 中的 ObDatabaseSchema 表
示数据库（Database）的模式。

2）简单模式（Simple Schema）：仅包括完整模式中的核心部分，由名为"ObSimple###
Schema"的类表达。从图 4.3 可以看到，简单模式中仅保留了数据库对象全局性或者关键
性的信息（如数据库的 ID、名称），而更细致的如字符集、排序规则等信息则仅保留在完整
模式中。

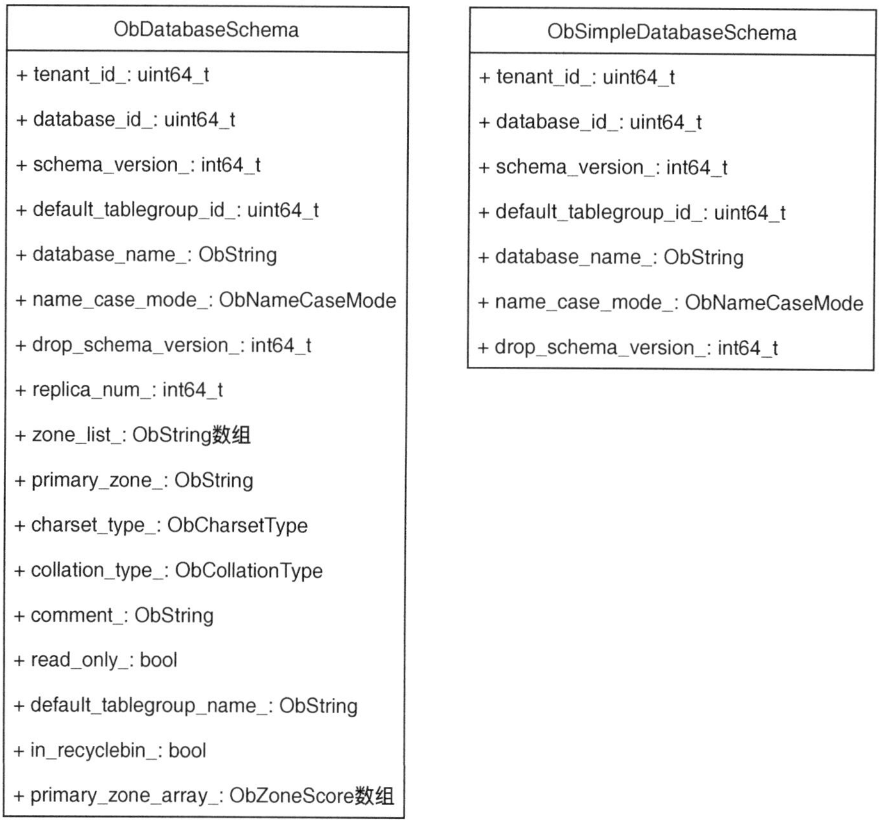

ObDatabaseSchema
+ tenant_id_: uint64_t
+ database_id_: uint64_t
+ schema_version_: int64_t
+ default_tablegroup_id_: uint64_t
+ database_name_: ObString
+ name_case_mode_: ObNameCaseMode
+ drop_schema_version_: int64_t
+ replica_num_: int64_t
+ zone_list_: ObString数组
+ primary_zone_: ObString
+ charset_type_: ObCharsetType
+ collation_type_: ObCollationType
+ comment_: ObString
+ read_only_: bool
+ default_tablegroup_name_: ObString
+ in_recyclebin_: bool
+ primary_zone_array_: ObZoneScore数组

ObSimpleDatabaseSchema
+ tenant_id_: uint64_t
+ database_id_: uint64_t
+ schema_version_: int64_t
+ default_tablegroup_id_: uint64_t
+ database_name_: ObString
+ name_case_mode_: ObNameCaseMode
+ drop_schema_version_: int64_t

图 4.3　完整模式和简单模式

模式信息在系统中会被频繁访问，这样的信息如果能常驻在内存中当然是最理想的情
况。对于完整模式的形式来说，其体量相对较大，如果直接将完整的模式维持在缓存中会耗
费较多内存空间，而且其体量会随着数据库对象数的增加而增长。因此，OceanBase 中采取
的方案是仅将模式信息中最核心的部分（即简单模式）常驻在缓存中，完整版本的模式信
息根据需要载入非常驻内存，当内存不足时完整模式会被自动淘汰。

多版本模式服务提供了 ObSchemaGetterGuard 类作为节点上的其他模块访问模式数据的
入口。

ObSchemaGetterGuard 对各类数据库对象的模式都分别公开了读取接口，命名规则是

"get_###_schema"，其中###是小写形式的数据库对象类型，例如数据库模式的访问接口是 get_database_schema 方法。对于每一种数据库对象，其读取方法通过重载形成了不同的版本，其他模块通过 ObSchemaGetterGuard 可以访问其简单模式或者完整模式，例如 get_database_schema 方法就有两类版本，分别通过 ObSimpleDatabaseSchema 和 ObDatabaseSchema 类型的输出参数向调用者返回数据库的简单模式和完整模式。

外部模块使用 ObSchemaGetterGuard 对象时，可以通过指定其 tenant_id 属性来限定其可访问的模式范围。如果 tenant_id 属性值是一个合法的租户 ID，则 ObSchemaGetterGuard 对象是租户级 Guard，通过该对象只能访问该租户的简单和完整模式，否则 ObSchemaGetterGuard 是集群级 Guard，通过该对象能访问整个集群中全部的模式。

利用 ObSchemaGetterGuard 获得的数据库对象的模式信息都是形如 ObDatabaseSchema 的对象，它们本质上是多版本模式服务管辖的模式缓存（见 4.1.4 节）中某个版本的缓存数据。因此，外部模块不会孤立地修改缓存中的模式，而是在通过 DDL 语句修改数据库对象时同步地在模式缓存中产生新版本的模式。不过，这种动作只会发生在 RootService 所在的节点上，其他节点上需要通过模式刷新（见 4.1.5 节）才能获得新版本的模式。

4.1.3　DDL 服务

为了实现对模式的修改，OceanBase 在多版本模式服务中提供了 ObSchemaService 类作为 DDL 命令操纵模式的接口。ObSchemaService 是一个接口类，目前它仅有一个实现：ObSchemaServiceSQLImpl 类。

ObSchemaServiceSQLImpl 的作用是根据外部模块的调用，返回操纵相应数据库对象的 SQL 服务类（ObDDLSqlService 的子类，如图 4.4 中的 ObDatabaseSqlService）的对象，外部模块再利用 SQL 服务对象的方法完成 DDL 操作。图 4.5 中给出了 CREATE DATABASE 语句执行过程中涉及的 DDL 服务部分：主 RootService 所在节点收到创建数据库的 RPC 请求之后将会交给其 create_database 方法处理，其中关于模式部分的处理最终会进入多版本模式服务的 ObSchemaService（实际是一个 ObSchemaServiceSQLImpl 实例）中，进而通过 get_database_sql_service 方法取得数据库对象的 DDL 服务对象（ObDatabaseSqlService），最后调用其 insert_database 方法将新建数据库的模式信息[○]加入多版本模式服务管辖的模式缓存中。

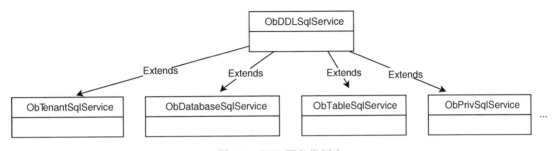

图 4.4　DDL 服务类层次

○　这里仅描述了 CREATE DATABASE 语句执行中涉及模式信息维护的部分。

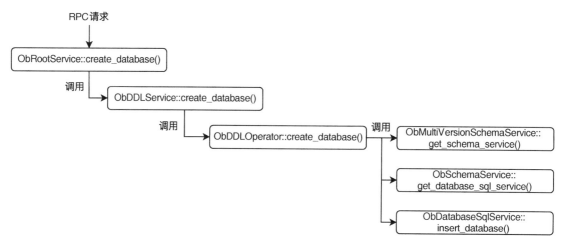

图 4.5　CREATE DATABASE 执行过程中的模式服务

4.1.4　模式缓存

模式数据是整个数据库系统运行期间会频繁访问的信息，为了避免反复地从持久化存储中读出系统表数据，OceanBase 在多版本模式服务中设置了模式缓存，被访问过的模式被驻留在位于内存中的缓存区域用于加速后续的模式访问。由于 OceanBase 的分布式数据库特性，集群中每个节点上都会有访问模式数据的需求，因此每个节点上都有自己的模式缓存。虽然多个节点上的模式缓存形成了多副本，但整个集群中只有 RootService 节点才能通过执行 DDL 语句修改模式信息，这些缓存之间实际是一主多从的关系，非 RootService 节点上的缓存会随着 RootService 节点的缓存变化而刷新，因此不会出现缓存不一致的问题。

模式缓存分为两部分，第一部分是由 ObSchemaCache 描述的完整模式缓存，其逻辑结构如图 4.6 所示。ObSchemaCache 用于管理通过 ObSchemaGetterGuard 产生的完整模式，通过 ObSchemaGetterGuard 取完整模式时会优先在 ObSchemaCache 中查找，如果能命中则直接从缓存中返回完整模式，否则会构造 SQL 从系统表中读取元组并构造所需的完整模式。在 ObSchemaCache 内部又分为两个组成部分：

1）sys_cache_：是一个 ObHashMap 类型的 Hash 表，顾名思义，sys_cache_ 中缓存着系统级的模式数据，例如核心表、系统表等的模式。sys_cache_ 中缓存的信息一直常驻内存，不会因为存储空间而被替换出缓存。

2）cache_：是一个 KVCache 类型的 KV 存储，它管理着非核心数据库对象的模式，或者说 sys_cache_ 以外的所有模式数据都被缓存在 cache_ 中。与 sys_cache_ 不同的是，cache_ 中的模式数据有可能因为存储空间不足的原因被换出缓存。

在 ObSchemaCache 中，每一个模式都由一个 ObSchemaCacheKey 唯一标识，其中包括了模式类型（schema_type_）、模式 ID（schema_id_）以及模式版本（schema_version_）。被缓存的对象是 ObSchema，它根据模式类型可以具体化为 ObTenantSchema、ObDatabaseSchema 等。

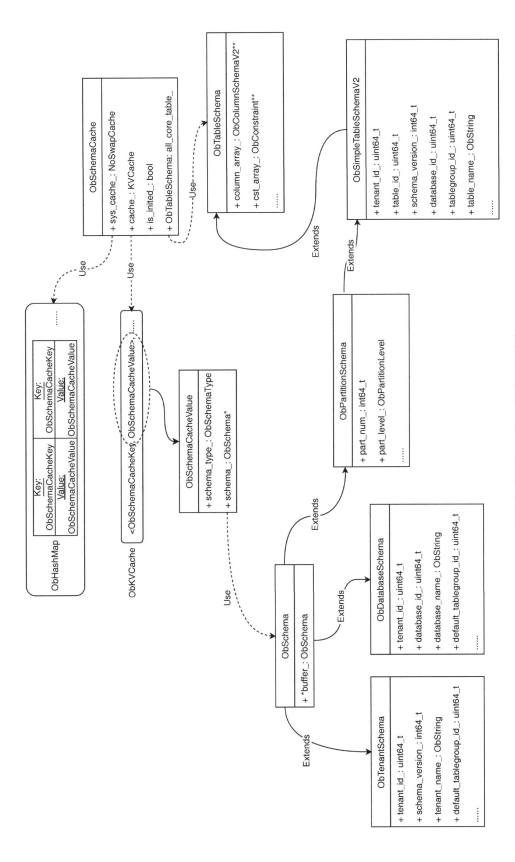

图 4.6 ObSchemaCache 缓存逻辑结构

模式缓存的第二大组成部分由 ObSchemaMgrCache 表达，其逻辑结构如图 4.7 所示。ObSchemaMgrCache 中缓存着 ObSchemaMgr 对象，相较于缓存在 ObSchemaCache 中的模式对象，ObSchemaMgr 更像是从另一个"视角"对模式数据的组织，一个 ObSchemaMgr 对象可以被看成是一个特定租户在特定模式版本下的模式数据，而 ObSchemaCache 则是按照数据库对象来组织模式数据。此外，从图 4.7 中 DatabaseInfos 的定义可以看到，ObSchemaMgr 中仅缓存简单版本的模式。

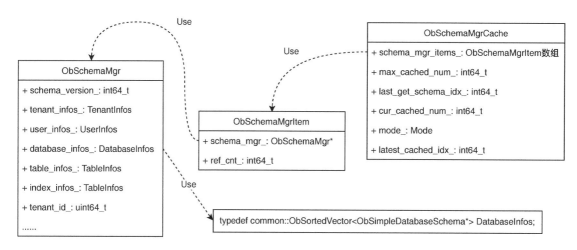

图 4.7　ObSchemaMgrCache 缓存逻辑结构

ObSchemaMgrCache 中对 ObSchemaMgr 对象的管理相对简单粗放：采用了一个 ObSchemaMgrItem 数组（schema_mgr_items_ 属性）管理 ObSchemaMgr 对象及其引用计数。尽管 ObSchemaMgrCache 初始化时传入的参数指定了 schema_mgr_items_ 中缓存的 ObSchemaMgr 对象的最大数量，但该数组实际仍然按最大硬上限（8192 个元素，由常量属性 MAX_SCHEMA_SLOT_NUM 定义）分配空间决定。因此 ObSchemaMgrCache 中缓存的 ObSchemaMgr 数量有限，发生缓存替换时会将引用数为零的 ObSchemaMgr 对象换出。ObSchemaMgrItem 中的引用数记录着 ObSchemaMgr 被使用的次数，通过 ObSchemaGetterGuard 获取模式数据时若能从 ObSchemaMgrCache 找到对应版本的 ObSchemaMgr，则会加引用计数，用完 ObSchemaGetterGuard 析构时反向减少引用计数，其目的是确保使用 ObSchemaGetterGuard 期间对应的 ObSchemaMgr 不会被淘汰。

4.1.5　模式刷新

如 4.1.2 节中所述，OceanBase 数据库集群中各个节点上都有自己的模式缓存，当主 RootService 节点上执行 DDL 操作修改模式之后，其他节点上的模式缓存需要在适当的时机进行刷新。模式缓存的刷新主要分为主动刷新和被动刷新。

1. 主动刷新

RootServer 执行完 DDL 操作并且更新自身的模式缓存时，会产生新的模式版本号。模式版本号可以看成是一种流水号，新的模式版本号是从前一个版本号加 1 形成。产生新的模式版本号之后，RootServer 并不采用广播的方式通知其他节点，而是等待其他节点报告心跳（续租）时随着响应信息返回给这些节点。如图 4.8 所示（箭头上的数字代表步骤序号），集群中的每一个节点上的 OBServer 都会定期向 RootServer 上的主 RootService 发送 RPC 请求更新租约（同时也充当心跳包），RootService 中的 renew_lease 方法会处理续租请求。在完成对该节点的状态更新之后，renew_lease 方法会向发起请求的 OBServer 返回一个响应包 LeaseResponse，响应包中包含有 RootServer 上的最新模式版本号。OBServer 收到租约响应包之后会由 ObHeartBeatProcess 的 do_heartbeat_event 方法处理，其中会根据租约响应包的最新模式版本号尝试调用 ObServerSchemaUpdater∷try_reload_schema() 进行模式重载，即将刷新任务包装成一个类型为 REFRESH 的 ObServerSchemaTask 任务放入任务队列中等待处理线程异步执行，而模式的刷新最终会被路由到该节点的多版本模式服务的 refresh_and_add_schema 方法中。

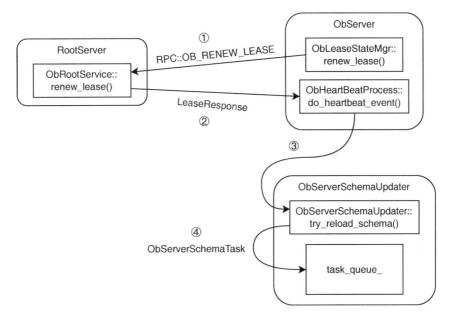

图 4.8 更新租约时主动刷新模式

模式的主动刷新仅为所在节点载入新版本的 SchemaMgr，即简单形式的模式。而完整模式的刷新则要依赖被动刷新方式。

2. 被动刷新

当其他模块想要获取完整模式（会指定其模式版本）时，如果所在节点模式缓存中无法找到对应版本的完整模式，会实时触发 SQL 从系统表构造指定版本的完整模式，并放入到当前节点的模式缓存中。

严格来说，上述模式刷新方式其实并不符合"刷新"一词的语义，因为 OceanBase 采用的是多版本并发控制，模式的变动并不是通过"就地"（In-place）修改的方式体现，而是形成一个新版本的完整模式。因此，所谓的模式"刷新"实际是将之前没有访问过的其他版本的模式加入到模式缓存中。两种不同形式的模式中，由于简单模式的使用会更加频繁，因此对简单模式的"刷新"采用更为激进的主动刷新方式。

4.2　数据的物理存储

OceanBase 在物理上将数据划分成多种粒度层次进行组织。如图 4.9 所示，该层次中最粗的管理粒度是 SSTable，如 2.3.5 节所述，每台 OBServer 上的 SSTable 仅对应一个物理文件 block_file，这意味着 OceanBase 的存储引擎会将当前节点上所有表中的数据都 "塞" 进这个物理文件中。SSTable 由若干宏块（MacroBlock）组成，宏块又由若干体积更小的微块（MicroBlock）构成，微块中则包含着数据行（Row），这也就是关系数据库操纵数据的基本单元。

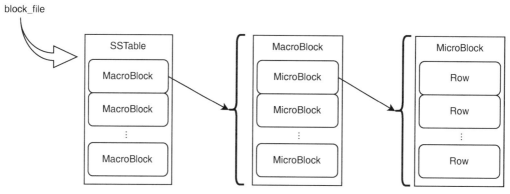

图 4.9　数据的物理组织层次

4.2.1　行存储格式

作为一个关系数据库系统，各种请求对数据的访问通常都是以表中的行为粒度进行。事实上，行还可以被分解成多个列值，系统其他模块的各种操作也能要求单独访问某几个列值，但这些操作的完成都需要先找到完整的元组才能进行列值访问，因此通常认为行是存储引擎管理数据的基本单元。

OceanBase 中对行的存储采用的是模式与数据分离的方式，即将行的结构信息（每个列的数据类型等）单独统一存储，在图 4.9 中所示的行（Row）中仅存放列值。在 OceanBase 中，行有两种组织结构：稀疏格式和平面格式。

1. 行的稀疏格式

稀疏格式的行结构如图 4.10 所示，每个稀疏行由行头部、事务 ID、列值数组、列索引数组以及列 ID 数组四部分构成。稀疏行的形式主要被用在内存中（例如 MemTable），它

图 4.10　稀疏格式的行结构

不一定需要包括行中所有的列值（例如被投影过的行）。

行头部由一个 ObRowHeader 类的实例表达，其中包含了：

1）row_flag_：行标志，可能的值是：

① OP_ROW_DOES_NOT_EXIST：行不存在。

② OP_ROW_EXIST：存在的行。

③ OP_DEL_ROW：被删除的行。

2）column_index_bytes_：列索引数组的起始位置。

3）row_dml_：表示当前行是由何种 DML 操作产生的，值[⊖]可以是 T_DML_INSERT、T_DML_UPDATE、T_DML_DELETE、T_DML_REPLACE 或 T_DML_LOCK 之一。

4）version_：行是否包含事务 ID。

5）row_type_flag_：单字节整数，它是用于多版本并发控制的行类型标志，其中低五位分别表达[⊖]：

① 第 1 位：值为 1 表示当前行是 Magic 行。

② 第 2 位：值为 1 表示当前行是未提交行。

③ 第 3 位：值为 1 表示当前行是同一逻辑行的多个版本中的第一个（最老的那一个）。

④ 第 4 位：值为 1 表示当前行是同一逻辑行的多个版本中的最后一个（最新的那一个）。

⑤ 第 5 位：值为 1 表示当前行是紧凑的多版本行，否则是默认形式的多版本行。

⑥ 其他位：保留位，暂时未使用。

6）column_count_：行中包含的列数。

在物理文件中，行头部的内容是将 ObRowHeader 实例序列化后形成的位串。

稀疏行的第二部分是一个可选的事务 ID，其存在性由行头部的 version_ 属性值决定，值为 1 表示包含事务 ID。

稀疏行的第三部分是列值（Column Value）数组，数组的长度由行头部中的 column_count_ 值决定。这个数组中的列值只是值的"物理"存储形式（可以理解为二进制串），只有配合相应列的模式信息（如数据类型）才能正确解释该值，例如转换成外部（应用或者人）可读的形式。

稀疏行的第四部分是列索引（Column Index）数组，所谓的"列索引"是指列值在整个列值数组中的下标。其他模块需要访问某个列值时，会先找到该列对应的列索引数组元素，将其中的列索引作为下标从列值数组中取得列值。

稀疏行的最后一个部分是列 ID（Column ID）数组，其长度和列索引数组相同，并且两个数组中的元素一一对应。通过列索引找到列值之后，还可以得到该列的 ID。列 ID 可以理解为对应列在表中的编号，通过列编号可以从表的模式中获得有关该列数据类型的信息，然后才能正确解析列值。

2. 行的平面格式

平面格式的行结构如图 4.11 所示，平面格式的行被用于持久化存储即 SSTable 中，可以认为稀疏行被从 MemTable 转存到 SSTable 后就变成了平面格式的行。

图 4.11　平面格式的行结构

相对于稀疏格式，平面格式的行中没有列 ID 数组。这是因为稀疏格式的行中并不一定会保存所有的列值，因此需要附加列 ID 数组来表明行中存放了哪些列值。而平面格式的行中会包含所有的列值，故而不需要用列 ID 数组标记列值的存在性。正因为这种"全部包含"的特性，平面格式的行历史上也被称为稠密行。

⊖　见 src/storage/ob_i_store.h 中枚举类型 ObRowDml 的定义。

⊖　见 src/storage/ob_i_store.h 中 ObMultiVersionRowFlag 结构的定义。

图 4.12 展示了稀疏行和稠密行的示例, 图中的两个行都来自表 R, R 由五个列组成。稀疏行是一个 R 上的 SELECT 语句产生的结果行, 由于进行了投影, 稀疏行中列的顺序变成了 c、a、e, 可以从图中看到, 列索引数组和列 ID 数组中的元素都依次对应着 c、a、e 三个列, 但列 ID 数组中的元素值表示的是相应列在表中的列号。而稠密行是表 R 的一个原始行, 列索引数组中的元素依次对应着表中的各个列, 因此第 N 号列的列索引就在列索引数组的第 N 个元素中, 也就不再需要单独的列 ID 数组了。

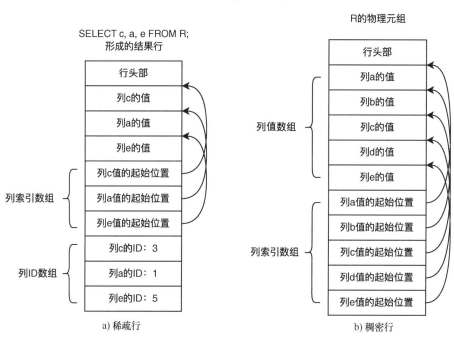

图 4.12　稀疏行和稠密行的示例

两种不同格式的行, 在 OceanBase 内部用同一种数据结构 ObStoreRow 来表示, 两者的区别通过其布尔字段 is_sparse_row_ 来体现。

对于行的查找, OceanBase 内部主要采用行的主键值作为依据, 存储引擎中将行的主键值抽象为 ObRowKey, 并实现了多种用于比较主键的方法。

4.2.2　微块

微块是 OceanBase 进行读取的最小单位, 如图 4.13 所示, 微块由头部信息、行数组和行索引三部分构成。

微块的头部信息实际又可以分为两部分: 通用块头部和微块头部。

1. 通用块头部

通用块头部用于表示微块作为一个"数据块"的整体信息, 它可以表示成一个 ObRecordHeaderV3 实例, 其中包括:

图 4.13　微块的结构

1）header_length_：通用块头部的长度。

2）version_：数据块的版本，值由枚举类型 ObRecordHeaderVersion 定义，包括 RECORD_HEADER_VERSION_V3和 RECORD_HEADER_VERSION_V2 两种，前者用于 ObRecordHeaderV3 类型的实例，后者用于兼容 OceanBase 2.0 格式的数据块（用 ObRecordHeader 类表达）。

3）header_checksum_：通用块头部的校验和。

4）data_length_：数据块中数据的长度，这里的"数据"是指数据块中除通用块头部之外的部分。

5）data_zlength_：数据压缩后的长度。

6）data_checksum_：数据的校验和。

7）data_encoding_length_：数据编码后的长度。

8）row_count_：数据块中的行数。

9）column_cnt_：行中的列数。

10）column_checksums_：列的校验和。

从通用块头部的信息可以了解很多额外的信息，例如比较 data_length_和 data_zlength_的值可以知道块中数据是否被压缩等。此外，由于通用块头部中仅记录了一种列数（column_cnt_），可以知道虽然 OceanBase 将不同表的数据混装在同一个物理文件 block_file 中，但在同一个数据块中仅允许存在同一种模式的行（即来自同一个表的行），宏块和微块都是如此。

2. 微块头部

微块头部反映的是数据块作为微块这种特殊形式的特征，它表示为一个 ObMicroBlockHeader 结构，其中包括：

1）header_size_：微块头部本身的长度。

2）version_：微块的版本。

3）row_count_：微块的行数。

4）column_count_：行中变长列的数量。

5）row_index_offset_：行索引数组在微块中的起始偏移位置。

微块的中间部分是连续的稠密行，其中每一行的具体位置由微块最后的行索引数组确定。行索引数组的第 N 个元素表示微块中第 N 行的起始偏移量，第 N 行的长度可以通过第 N+1 行索引值减去第 N 行索引值得到，因此行索引数组的长度比微块中的行数多一个。

4.2.3　宏块

多个微块进一步组成了宏块，如图 4.14 所示，宏块同样包含头部信息、数据区（多个微块）、微块索引三大部分，不过在宏块的最后还可能存在一段填充区域，用于将宏块的尺寸对齐成固定的 2MB。相对于微块一般不超过 16KB 的大小，宏块显得很大，这是因为 OceanBase 将宏块作为写数据的最小的单元，较大的宏块尺寸有利于更多地累积数据修改，更好地发挥磁盘的吞吐性能。

宏块中包含的头部信息也比微块更复杂，除了和微块类似的通用块头部、宏块头部之外，还包括一些关于行结构的信息。

宏块中的通用块头部由 ObMacroBlockCommonHeader 表示，其中包括：

1）header_size_：通用块头部的尺寸。

2）version_：通用块头部的版本。

3）attr_：宏块的类型，即宏块中存放的是什么数据，可能的类型由枚举类型 MacroBlockType 值描述，例如枚举值 Free 表示宏块空闲，SSTableData 表示宏块中存放的是表行，而 LobData 则表示宏块中存放的是大对象数据。

4）data_version_：SSTable 宏块的版本，当 attr_ 为 SSTableData 时有效，高 48 位是主版本，低 16 位是次版本。

5）previous_block_index_：用于元块（即 attr_ 为 PartitionMeta、MarcoMeta 等时），元块被组织为链表形式。如果这个属性值有效（非 0 和 -1），则它指向当前宏块在链表中的前一块，而链表的入口块的索引存放在上一层的元块（父块）中。

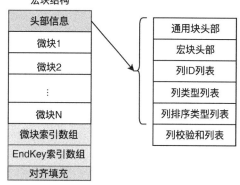

图 4.14　宏块的结构

6）payload_size_：宏块载荷的大小，宏块中除 ObMacroBlockCommonHeader 之外的部分都是载荷。

7）payload_checksum_：载荷的校验和。

宏块头部由 ObSSTableMacroBlockHeader 结构表示，其中包括：

1）header_size_：宏块头部的大小。

2）version_：宏块头部的版本。

3）table_id_：宏块中存放都是同一个表的行，这个字段保存该表的 ID。

4）data_version_：数据的版本。

5）column_count_：表中的列数。

6）rowkey_column_count_：行主键所包含的列数。

7）row_store_type_：宏块中行的类型，值只能为 0，表示稠密行。

8）row_count_：宏块中存放的行数。

9）occupy_size_：整个宏块所占的真实空间大小（包括通用块头部在内，但不包括填充空间）。

10）micro_block_count_：宏块中包含的微块的数量。

11）micro_block_size_：微块的大小。

12）micro_block_data_offset_：宏块中微块数据的起始偏移位置。

13）micro_block_data_size_：宏块中微块数据的大小。

14）micro_block_index_offset_：宏块中微块索引列表的起始偏移位置。

15）micro_block_index_size_：宏块中微块索引的大小，目前并未发挥实际作用。

16）micro_block_endkey_offset_：宏块中微块 EndKey 列表的起始偏移位置，所谓 EndKey 是指微块中最大的 RowKey。

17）micro_block_endkey_size_：微块中 EndKey 的大小，目前并未发挥实际作用。

18）data_checksum_：数据校验和。

19）compressor_name_：宏块所采用的压缩器名称。

20）encrypt_id_：宏块所用的加密方法 ID。

21）master_key_id_：主密钥 ID。

22）encrypt_key_：加密秘钥。

23）data_seq_：数据的序。

24）partition_id_：宏块中数据所属的分区 ID。

实际上，根据宏块中存放的数据类型不同（由通用块头部的 attr_属性指定），宏块头部也会有多种略有不同的具体表现形式，例如存放大对象时宏块头部具体化为 ObLobMacroBlockHeader，存放布隆过滤器时宏块头部具体化为 ObBloomFilterMacroBlockHeader，这两种头部数据结构都继承自 ObSSTableMacroBlockHeader。

头部信息的第三部分与宏块中存放的行数据的模式相关。首先是列 ID 列表，和行中的列 ID 一样，它们对应着宏块中每一列在表中的编号。列 ID 之后是列的类型信息，每个列类型都由一个 ObObjMeta 对象描述，包括列的数据类型编号、排序规则（Collation）信息、数值的标度（Scale）等。接下来的部分是列的排序类型（ObOrderType）列表，描述了每一列中是升序（ASC）还是降序（DESC）排列。最后是列的校验和，用来检查块中每一列的完整性。

头部信息之后就是一个个按 4.2.2 节所述结构组织的微块。

宏块的尾部是微块的索引数组和 EndKey 索引数组，两个数组的长度都是微块数加 1，这样第 N 个微块在宏块中的偏移位置可以由索引数组中第 N+1 和第 N 个元素值之差算出，EndKey 的值也以同样的思路算得。

4.2.4　SSTable 和存储文件

SSTable 由若干个宏块组成，它表示表在某台服务器上的基线数据，也可以理解为表落在这台服务器上的分区（也可能是分区的副本），每个逻辑节点上的 SSTable 和表之间是一对一的关系，但同一个表由于分区的关系可能会在集群中多个节点上都拥有 SSTable。SSTable 仍然是一个对数据进行分组的逻辑单位，最终一个节点上的所有 SSTable（来自不同的表）都集中存放于一个物理文件 block_file 中。SSTable 在存储引擎中由 ObSSTable 类表达，其结构如图 4.15 所示。

从图 4.15 也可以看到，ObSSTable 中有唯一的 file_handle_属性指向存储 ObSSTable 中数据的物理文件句柄，显然这个句柄指向的是该 ObSSTable 所在节点上的唯一的 block_file 文件。此外，SSTable 中"混装"有多个表和多种类型的数据（普通行数据、大对象数据以及布隆过滤器的数据），因此 ObSSTable 中专门用三个数组将三种类型宏块的元数据保留下来，同时也用 Hash（哈希）表 schema_map_保持各个宏块中行的模式信息。SSTable 中的宏块实际被组织在 total_macro_blocks_所对应的宏块数组中。而 ObSSTable 中最后一个属性 dump_memtable_timestamp_则记录了最后一次从 MEMTable 合并数据到 SSTable 时的时间戳。

存储文件 block_file 的第一个块就是超块，它由数据结构 ObSuperBlockV2 表示（见图 4.16）。超块中包含的是整个存储文件的全局描述信息，可以细分为超块头部（ObSuperBlockHeader）和超块内容（SuperBlockContent）两部分。

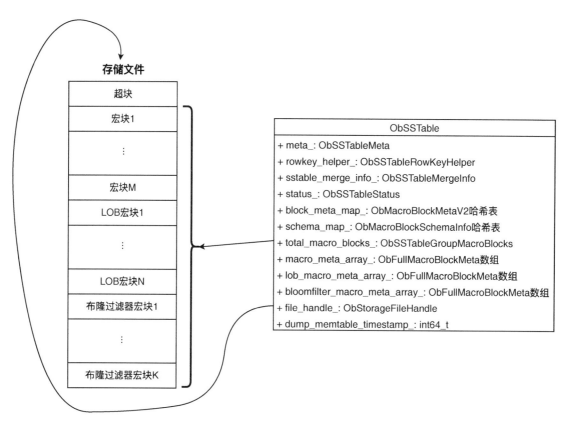

图 4.15 SSTable 结构以及存储文件

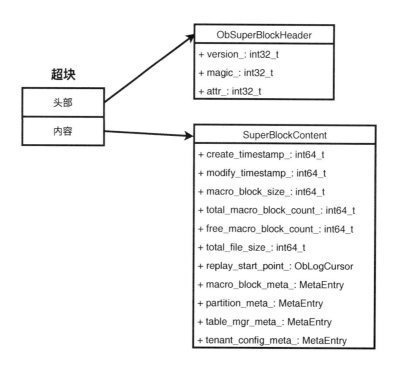

图 4.16 超块结构

4.2.5 MemTable

位于 SSTable 中的是相对静态的数据（称为基线数据），按多版本并发控制（MVCC）的说法，SSTable 中是数据行的旧版本。对数据行进行修改（插入、更新、删除）产生的新版本数据行则会首先被放入 MemTable 中，等到此类修改累积到一定程度后再从 MemTable 中逐渐转移到 SSTable 变成新的基线数据。

由于 SSTable 和 MemTable 的分离式设计，那么很多对数据行的访问就需要两者相配合才能完成。尤其是最近修改过的行，需要在其基线版本（位于 SSTable 中）上融合新版本的修改（位于 MemTable 中）后才能形成其新版本。如图 4.17 所示，为了方便开始时间不同的并发事务能够看到所需数据行的不同版本，MemTable 中并非仅存放被修改行的最新版本，而是将基线版本之后每一次的修改动作按照发生顺序组织起来。这样，不管任何事务需要该行的基线版本之后的任何一个版本，都能够从基线数据和修改数据联合获得。例如图 4.17 中的行 Row1 最近被更新了三次，分别形成 V1 ~ V3 三个新版本存放在 MemTable 中，而 Row1_V0 作为行 Row1 的基线版本则驻留在 SSTable 中。如果某个事务 T 根据 MVCC 的可见性规则应该看到 Row1 的 V2 版本，那么事务 T 需要先取得 V0 版本，然后依次将 V1 和 V2 中保存的修改叠加在 V0 之上形成完整的 Row1_V2：V1 版本中的修改是更新属性 A_{12} 的值，而 V2 版本则在 V1 的基础上更新属性 A_{1m} 的值。

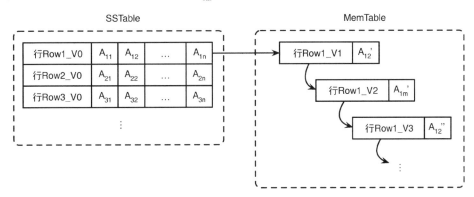

图 4.17　MemTable 组织示例

如其名称所示，MemTable 是纯粹的内存结构，这也使得将修改应用于基线版本的操作性能很高[⊖]，这也体现了 OceanBase 作为一个准内存数据库的特征。如图 4.18 所示，MemTable 由类 ObMemtable 表示。MemTable 主要通过 MVCC 引擎（mvcc_engine_属性）进行操作，而 MVCC 引擎实际上是通过查询引擎（query_engine_属性）来完成行的读取和写入。

MemTable 是与表分区相关的（详见 4.2.6 节），即每个表分区都有一个唯一的 MemTable[⊖]，其中组织着该表分区上产生的多版本数据（行的基线版本被修改后产生的新版本数据）。真正的新版本数据以表为单位被组织在一个 TableIndex 对象（查询引擎的 index_属性）中，该对象的 base_属性可以被视为一个动态数组，其中的每一个元素（TableIndexNode 对象）对应于一个表的新版本数据，而 capacity_属性则记录着 base_数组的长度。

⊖　由于有行缓存和块缓存的存在，取得基线版本的过程很多情况下也是在内存中进行。

⊖　严格来说是一个活动 MemTable（Active MemTable）。

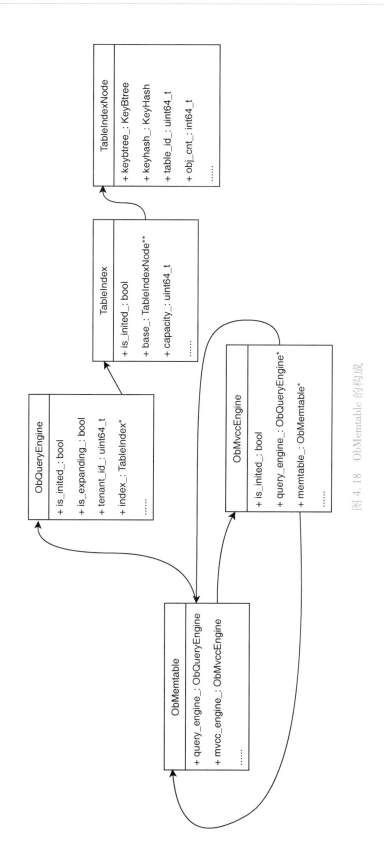

图 4.18 ObMemtable 的构成

从图 4.18 中 TableIndexNode 类的结构可以看到，MemTable 中采用了双索引结构：①keybtree_属性中是一棵 B-Tree；②keyhash_属性中是一个 Hash 表。两种索引中保存的是指向行的新版本数据的指针，如图 4.19 中所示，同一行在 MemTable 中的数据分别会有一个 B-Tree 中的指针和一个 Hash 表中的指针指向。

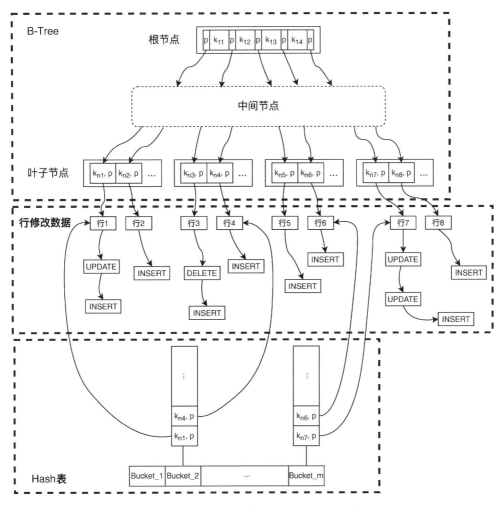

图 4.19　MemTable 中的 B-Tree 和 Hash 表

MemTable 中这两种索引有各自的优势，因此服务于不同的操作：

1）在 B-Tree 中进行查找时需要经历一条从根节点到叶子节点的路径，对于单点查找来说可能代价较高。不过，由于 B-Tree 中索引的数据是有序的，能够提高搜索的局部性，因此只有在进行范围查找时，才会使用 B-Tree 作为支撑。

2）在 Hash 表中的查找需要针对搜索键值计算出 Hash 桶号才能从桶中找到目标数据，因此 Hash 表仅适合等值查询（单点查找）。MemTable 中涉及的操作也有这类查询的用武之地：①插入一行数据的时候，需要先检查此行数据是否已经存在，检查冲突时会使用 Hash 表；②事务在插入或者更新一行数据时，需要找到此行并对其进行上锁，防止其他事务修改此行，此时也会使用 Hash 表。

每次事务执行时，会自动维护两块索引之间的一致性。MemTable 在内存中维护历史版本的事务, 对每一个发生过修改的行, 都会有一个行操作链, 其中按时间从新到旧保留了历史事务对该行的修改操作, 新事务提交时会在行操作链头部追加新的行操作。实际上, MemTable 中 B-Tree 和 Hash 表中的指针指向的并不是真正的 "行", 而是行的操作链。例如图 4.19 中的行 7, 其操作链的头部是 "行 7" 指向的第一个 UPDATE 操作, 尾部则是一个 INSERT 操作, 这表明行 7 最早被 INSERT 操作插入数据库, 然后被 UPDATE 操作更新了两次。

一个行的操作链在 MemTable 中表示为一个 ObMvccRow 对象, 如图 4.20 所示, ObMvccRow 实质上就是一个双向链表。链表中的每一个节点 (ObMvccTransNode 对象) 都对应着一次对相应行的修改操作, 除事务版本 (trans_version_属性)、日志时间戳 (log_timestamp_属性) 等之外, 实际的操作内容在 buf_属性中。buf_属性中的修改操作是一个 ObMemtableDataHeader 对象, 其中记录了 DML 操作的类型 (T_DML_UPDATE 等), 修改操作的具体数据则以一个紧凑的新属性值数组来体现。

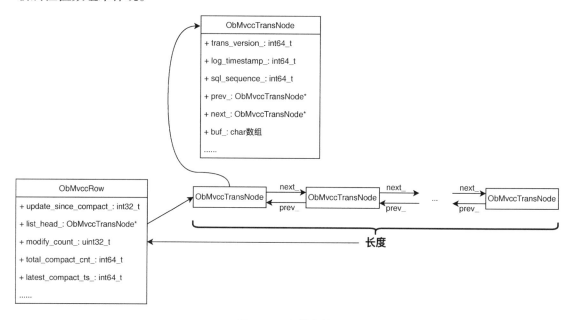

图 4.20　行操作链

不管是 B-Tree 还是 Hash 表, 都采用 ObStoreRowkeyWrapper 类型作为索引键, 该类型本质上是 ObRowKey 类的简单包装, 即若干作为键属性的值数组。

通过 ObMemtable 的 get 和 set 方法, MemTable 对外提供了读取以及写入一个 ObStoreRow 的途径。

MemTable 通过其所属的表组的 MemTable 管理器 (ObPGMemtableMgr 对象) 管理, MemTable 管理器的 memtables_属性是一个 ObMemtable 对象指针的数组, 其中收集了属于该表组的 MemTable 的指针。同时, ObPGMemtableMgr 类还提供了用于创建新 MemTable、冻结 MemTable (见 4.3 节) 等操作的方法。

4.2.6　分区组、表组等

在 SSTable 和 MemTable 的基础之上, OceanBase 的存储引擎还引入一些更高层的存储组织概念: 分区组、表组等, 这些存储组织单位之间的关系如图 4.21 所示。

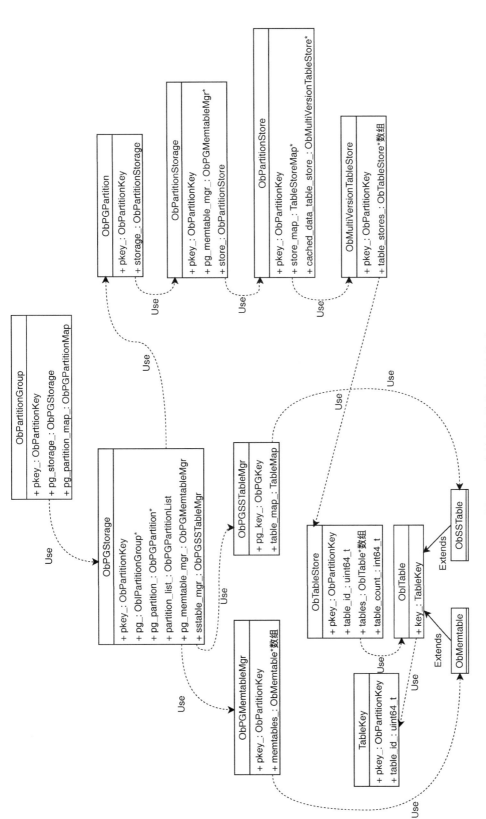

图 4.21　存储组织单位之间的关系

表组（Table Group）是一种介于表的逻辑分组和物理分组之间的组织结构，它被用来将相关联的经常要联合在一起查询的表（例如有外键关联的表）集合起来。之所以说它是一种逻辑分组，是因为表组并没有在物理上用一个文件或者一个目录将表组中的表数据组织在一起，它的存在仅仅表明同一个表组中的表之间存在比较强的关联查询需求。而表组的物理分组特点则体现在它确实会影响表中数据的物理分布位置：由于表组内的表经常会被用来进行关联查询（连接查询），因此为了避免经常进行跨节点的数据交换，会将表组中的表按照统一的分区方式（典型的是按照连接键）进行分区，这样表组内多个表中相关联的行都会存放在位于同一个节点的分区中。

而分区组（Partition Group）则是由表组和节点两个维度交叉产生的一种逻辑分组，即一个表组内的表在同一个节点上的所有分区就形成一个分区组。

图 4.22 中给出了一个表组、分区组、分区及节点之间的关系示例，其中表组 1 由三个表 Tab_A、Tab_B 和 Tab_C 构成，集群中有 n 个节点，每个表都会至少有一个分区落在每个节点上，而这三个表落在节点 i 上的分区的集合就被称为分区组 i。通过图 4.22 也可以看到，每一个表组在每一个节点上都会对应有一个分区组。

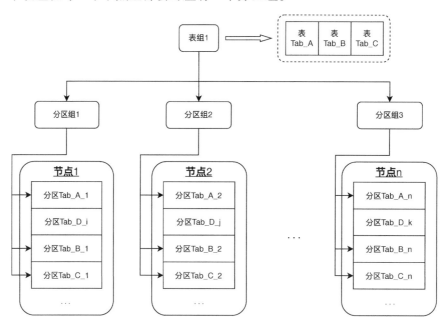

图 4.22　表组、分区组、分区及节点之间的关系示例

OceanBase 中对于表组的使用依赖于分区组，如图 4.21 所示，每一个分区组被表示为一个 ObPartitionGroup 对象，该对象的 pkey_属性中封装了相应的表组的标识以及分区的标识，pkey_属性值也就是分区组的唯一标识符，分区组用一个 Hash 表（pg_partition_map_属性）来索引分区组中的所有分区（ObPGPartition）。分区组的存储信息由其 pg_storage_属性中的 ObPGStorage 对象管理，其中的 partition_list_、pg_memtable_mgr_、sstable_mgr_三个属性分别是分区组中包含的分区（ObPGPartition）列表、MemTable 管理器（ObPGMemtableMgr）、SSTable 管理器（ObPGSSTableMgr）。后两者则分别收集了属于相应分区组的所有表的 MemTable（ObMemtable）和 SSTable（ObSSTable）。

对于某一个表来说,它在一个特定的分区组中只会有一个分区,因此在该分区组中也只会有一个 MemTable(活跃的)以及一个 SSTable,这从 ObMemtable 和 ObSSTable 的 key_属性由 ObPartitionKey 值和表 ID 值组合而成可以看出。而一个表在一个节点上的所有数据(MemTable 中的内存数据和 SSTable 中的磁盘数据)可以称为 TableStore。

在分区的方向上(图 4.21 的右部),每一个分区(ObPGPartition)包含一个由若干 TableStore 构成的多版本数组(ObMultiVersionTableStore),其中每一个 TableStore 都是该分区数据的一个历史版本。

基于图 4.21 这种层次化的设计,SQL 引擎等其他模块访问表数据时都会从分区组开始逐层向下找到 MemTable 和 SSTable,为了将存储引擎的操作提供给其他模块,OceanBase 中包装了 ObPartitionService 类来向外提供分区层面的服务。

4.2.7 数据压缩

OceanBase-CE 支持对数据的压缩,压缩是以微块为单位进行的。

如图 4.23 所示,微块的压缩动作由行的写入操作触发:当透过宏块写入器(ObMacroBlockWriter)和微块写入器(ObMicroBlockWriter)将行写入微块后,会调用宏块写入器的压缩器(compressor_属性)的 compress 方法对微块数据进行压缩。compressor_属性中是一个 ObMicroBlockCompressor(微块压缩器)对象,其中嵌入了一个通用的压缩器 ObCompressor 以及两个分别用于压缩和解压的缓冲区 comp_buf_和 decomp_buf_,对微块数据的压缩和解压最终由 ObCompressor 的 compress 和 decompress 方法利用上述两个缓冲区完成。

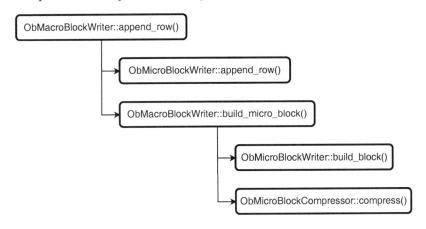

图 4.23 微块压缩时机

通用压缩器 ObCompressor 是所有具体压缩器的抽象,它有很多子类来实现不同的压缩算法,每一个表都可以自定义使用不同的压缩算法,只需要在定义表的 CREATE TABLE 语句中使用 COMPRESSION 关键字指定想要使用的压缩算法名称。

目前 OceanBase-CE 支持下列压缩算法:

1)LZ4:LZ4 是目前综合性能最好的压缩算法之一,它侧重于压缩和解压的速度,但在压缩比上并不是最优。OceanBase 中实现了 LZ4 的两个版本,其(COMPRESSION)名称分别是 lz4_1.0 和 lz4_1.9.1,它们的实现类分别是 ObLZ4Compressor 和 ObLZ4Compressor191。

2）Snappy：Snappy 是 Google 基于 LZ77[⊖] 的思想设计的开源压缩算法，其压缩和解压速度也非常快，而且 Snappy 从一开始就被设计为"即便遇到损坏或者恶意的输入文件都不会崩溃"，其健壮性有一定优势。在 OceanBase 中，可以将 COMPRESSION 值设为 lzsnappy_1.0 来使用 Snappy 算法，其内部实现类是 ObSnappyCompressor。

3）zlib：zlib 是老资格的开源压缩库，包括 Linux 内核、libpng、OpenSSH 等在内的众多开源软件都用 zlib 来实现数据的压缩和解压。OceanBase 中用 COMPRESSION 值 zlib_1.0 来使用 zlib，其内部实现类是 ObZlibCompressor。

4）zstd：zstd 是 Facebook 于 2016 年开源的无损压缩算法，其特点是在保持了较快的压缩和解压速度之外还有较高的压缩率。在其官网给出的测试数据中，zstd 的压缩率要高于 LZ4 和 zlib，但压缩和解压速度介于 LZ4 和 zlib 之间。OceanBase 中同样实现了 zstd 的两个版本，分别通过 zstd_1.0 和 zstd_1.3.8 这两个名字使用，它们的内部实现类是 ObZstdCompressor 和 ObZstdCompressor_1_3_8。

在微块压缩器的初始化过程中，会调用 ObCompressorPool 的 get_compressor 方法，根据所操作表自定义的压缩器名称（由 CREATE TABLE 的 COMPRESSION 关键字指定）将微块压缩器的 compressor_ 属性指向全局 ObCompressorPool 对象中包含的相应压缩器对象。

微块压缩器中使用压缩算法时，会将微块中除了头部信息之外的部分（包括行和行索引）当作一整个数据块传递给具体压缩器的 compress 方法完成压缩，最后用压缩后的数据替代原有的数据块。

除了这些需要在完整数据块上进行全局压缩和解压操作的压缩器之外，OceanBase 还为 RPC 操作实现了 ObLZ4StreamCompressor、ObZstdStreamCompressor 和 ObZstdStreamCompressor_1_3_8 这三种流式压缩器，它们与非流式压缩器的区别在于：流式压缩器工作在一个数据流上，它们需要针对接收到的局部数据进行压缩，而不是等到接收全部数据之后再进行一次性的压缩工作。

4.3 转储和合并

OceanBase 的存储引擎采用了 LSM Tree 的设计思想，将数据划分成基线（SSTable）和增量（MemTable）两部分。基线数据是静止状态且位于空间易于扩展的外部存储设备（磁盘）上，但增量数据是动态变化的且位于空间难以扩展的内存中。尽管 MemTable 仅存储了数据的变化，在一个繁忙的系统中增量数据的体量仍会以可观的速度增加，如果不对其做一些控制，MemTable 会很快耗尽节点的内存。

因此，当 MemTable 的内存使用达到一定阈值（由 freeze_trigger_percentage 控制）时，就需要将 MemTable 中的数据存储到磁盘上以释放内存空间，这个过程称为转储（Minor Compaction）。在转储之前首先需要保证将要被转储的 MemTable 不再进行新的数据写入，这个过程就是所谓的冻结（Freeze）。冻结会阻止当前活跃的 MemTable 进行新的写入，同时会生成新的活动 MemTable。冻结 MemTable 的动作可能会发生多次，因此对于一个表分区来

⊖ LZ77 出自 J. Ziv 和 A. Lempel 发表于 1977 年的论文 "A universal algorithm for sequential data compression"（IEEE Transactions on Information Theory，Volume 23，Issue 3）。

说，始终会有唯一的活动 MemTable，但是可能会有多个已冻结 MemTable。已冻结 MemTable 仍然占据着内存空间，因此当内存消耗较大时，有必要腾空这些已冻结 MemTable，这个操作会将已冻结 MemTable 转储到文件中形成 Mini SSTable。

基线数据和增量数据分离的设计还会带来另一个问题：如果任由 MemTable 中的数据一直累积（包括被转储的部分），那么行的操作链就变得很长，获取最新版本行的操作就需要在基线版本的基础上应用更多的修改操作，这显然会使得操作行的代价变大。为了解决这类问题，OceanBase 会在合适的时间执行合并操作，包括 Minor Compaction 和 Major Compaction。前者是将转储形成的 Mini SSTable 合并形成 Minor SSTable，后者是将 Minor SSTable 合并到最终的基线 SSTable 中，两者的最大区别是：Minor Compaction 是节点级别的操作，仅影响本节点上的内存数据和转储数据；Major Compaction 是集群级别的操作，它会导致集群上所有的节点都把转储的数据合并到基线数据上。通过这两种 Compaction 可以尽量缩短行操作链，提高行操作的性能。

图 4.24 总结了从 MemTable 至基线 SSTable 的转换过程。

① 内存中的活动 MemTable 被"冻结"操作变成已冻结 MemTable。

② 已冻结 MemTable 被"转储"操作变成 Mini SSTable。

③ Mini SSTable 被"Minor Compaction"操作并入 Minor SSTable。

④ Minor SSTable 被"Major Compaction"操作并入最终的基线数据 SSTable。

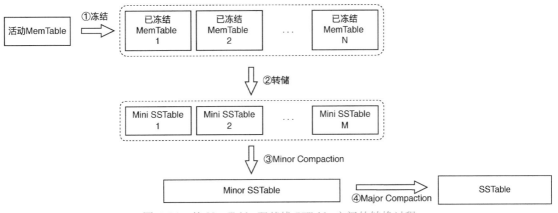

图 4.24　从 MemTable 至基线 SSTable 之间的转换过程

此外，上述转换操作可能会出现级联效应，即某一阶段转换的结果都可能会造成额外的下一步转换操作，例如冻结当前的活动 MemTable 会导致已冻结 MemTable 的增加进而导致进行将冻结 MemTable 转储成 Mini SSTable 的操作。很明显，这些级联的转换操作之间存在顺序关系（依赖），例如前述的转储操作需要在冻结操作完成之后才能执行。这种依赖可以用有向无环图（Directed Acyclic Graph，DAG）表达，转换操作对应于图中的节点，操作之间的依赖关系对应于图中的有向边，OceanBase 中调度这些转换操作时就应用了 DAG 的思想。

综上，转储和合并操作实际上可以统一被看成是"合并"操作，只是合并的强度（程度）不同而已：当内存中增量数据较多时，采用"轻度"的合并将内存中的数据卸载到存储文件中，在这些转储的增量数据积累到一定程度时，就会采用"重度"合并进入基线数据中。

4.3.1 冻结

OceanBase 中对 MemTable 的转储目的是为了降低增量数据对于内存的压力，由于 OceanBase 中内存是与租户相关的（ObQueryEngine::tenant_id_属性），因此当 MemTable 累积的数据超过租户内存的一定比例（freeze_trigger_percentage）时就会触发整理增量数据的操作。

所谓的"轻量"合并动作由租户管理器（ObTen-antManager，见图 4.25）发起，租户管理器中有一个定时器任务 freeze_task_，在多租户环境初始化时（ObServer::init_multi_tenant 方法中，见 3.3 节）会将 freeze_task_注册到定时任务中，让 freeze_task_对应的任务以 2s 的间隔定时运行。

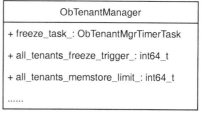

图 4.25　租户管理器中涉及转储的属性

在 freeze_task_运行时，ObTenantMgrTimerTask::runTimerTask 方法将调用租户管理器的 check_and_do_freeze_mixed 方法检查是否需要进行冻结（包括转储和合并）并在需要时执行相应程度的冻结操作。check_and_do_freeze_mixed 方法的过程如图 4.26 所示。

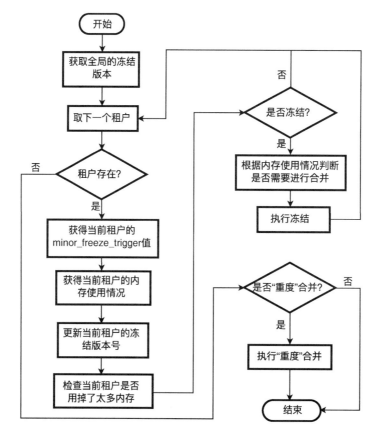

图 4.26　check_and_do_freeze_mixed 方法流程

1）全局冻结版本获取：通过 RPC 调用向 RootServer 获取全局的冻结版本，实际上就是一个整数值，每次冻结后加 1。

2）获得当前租户的 minor_freeze_trigger：用 freeze_trigger_percentage 所表示的百分比乘以该租户的可使用的内存总量算出。

3）获取当前租户的内存使用情况：如果当前租户还剩余的内存太少［低于：租户内存上限/100×（100−writing_throttling_trigger_percentage[⊖])/0.95］，则认为当前租户用掉了太多内存。

4）转储判断：如果租户已用的内存量超过 minor_freeze_trigger 或者上一步的检查认为租户用掉了太多内存，就会执行冻结操作。

5）合并判断：如果当前租户的冻结操作次数（ObTenantInfo::freeze_cnt_属性）超过了 minor_freeze_times 参数的设置，则执行"重度"合并（Major Compaction）操作。

在 freeze_task_任务确定要执行冻结操作后，租户管理器将调用其 do_minor_freeze 方法对该租户的 MemTable 进行转储。

不过，do_minor_freeze 方法本身并不包括实际的转储动作，它会将相应的转储操作包装成一个冻结请求（ObTenantFreezeArg 对象），冻结请求的 tenant_id_属性设置为要冻结的租户的 ID，而 freeze_type_属性设置为 MINOR_FREEZE，然后将该请求通过 RPC 调用发布（Post）给当前节点本身。这个 RPC 冻结请求会被节点上的 ObTenantMgrP::process() 处理，它通过 RPC 请求附带的冻结类型决定具体的冻结操作。

1）如果类型是 MINOR_FREEZE，则调用 ObPartitionService::minor_freeze()（仅有租户 ID 一个参数的版本）来实施图 4.24 中的操作①，即冻结操作。

2）如果类型是 MAJOR_FREEZE，则通过 RPC 机制调用 RootServer 上的 ObRootService::root_major_freeze() 实施图 4.24 中的操作④，其过程可见于 4.3.3 节。

ObPartitionService::minor_freeze() 中首先会对指定租户在当前节点上的每一个分区进行冻结操作，即将分区的活动 MemTable 变成已冻结 MemTable 并且新建一个活动 MemTable，然后会调用 ObPartitionScheduler::notify_minor_merge_start() 将该租户的最大冻结版本号（即各个分区的冻结版本最大值）注册在系统中。

4.3.2　转储和 Minor Compaction

在 ObPartitionScheduler 初始化（init 方法）中会启动一个定时任务 MinorMergeScanTask，它的工作是周期性地扫描各个分区，然后对需要进行转储、Minor Compaction 的分区实施相应的操作。MinorMergeScanTask 定时任务的执行间隔由集群级参数 ob_minor_merge_schedule_interval 设定，其默认值为 20s。

MinorMergeScanTask 任务的每一次执行由其 runTimerTask 方法定义，其中的核心工作由 ObPartitionScheduler::schedule_minor_merge_all() 实现，其总体流程如图 4.27 所示。

该方法会检查当前节点分区服务（ObPartitionService）管理下的所有分区，并根据每个分区的第一个已冻结 MemTable 对分区进行排序，排序的原则如下：

1）租户 ID 小的优先，即 SYS 租户最优先。

⊖　writing_throttling_trigger_percentage 是当前租户的内存限流阈值，内存用量超过这个值后会开启写入限速。

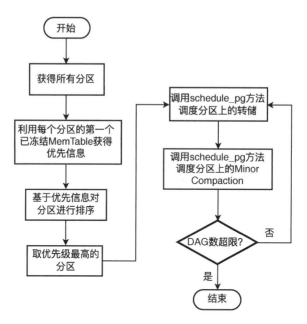

图 4.27　schedule_minor_merge_all 方法流程

2）租户 ID 相同的情况下，MemTable 冻结时间越早的分区优先级越高。

3）前两者都相同的情况下，MemTable 句柄 ID 小的分区优先。

4）前三者都相同的情况下，MemTable 句柄形成时间早的优先。

接下来 schedule_minor_merge_all 方法将根据以上的排序结果从小到大尝试对每一个分区进行转储和 Minor Compaction，这两种操作的发起都由 ObPartitionScheduler::schedule_pg() 方法实现，通过该方法的第一个参数来区分：参数值 MINI_MERGE 表示转储，参数值 MINI_MINOR_MERGE 表示 Minor Compaction。

schedule_pg 方法会根据操作的类型将操作包装（ObPartitionScheduler::alloc_merge_dag 方法）成一个 DAG 任务，然后将任务提交给 ObDagScheduler 来完成，ObDagScheduler 本质上是一个线程池，它会调度其中的线程按照依赖关系完成收到的任务。

ObPartitionScheduler::alloc_merge_dag 方法为每一类操作产生 DAG 任务的规则如下：

1）对于 MINI_MERGE（转储），生成一个 ObSSTableMiniMergeDag 任务。

2）对于 MINI_MINOR_MERGE（Minor Compaction），生成一个 ObSSTableMinorMergeDag 任务。

schedule_minor_merge_all 方法在考虑分区时，最终并不一定会尝试每个分区，因为当 ObDagScheduler 中的某类 DAG 操作数量超过 ObDagScheduler 的限制时会报告超限（默认 15000 个）的提示，此时 schedule_minor_merge_all 方法会停止继续考虑更多的分区。

转储和 Minor Compaction 的操作也可以由用户手动发起，对应的 SQL 语句是 ALTER SYSTEM MINOR FREEZE。该语句的执行器（ObFreezeExecutor）会通过 RPC 调用 ObRoot-Service::root_minor_freeze() 向指定的分区（也可以是所有分区）发送执行转储的 RPC 请求，各分区节点上将由 ObService::minor_freeze() 进行处理，其后的流程就和前述的自动执行转储相同。

4.3.3　Major Compaction

如图 4.26 所示，在 freeze_task_任务确定要执行合并操作后，租户管理器将调用其 do_major_freeze 方法执行 Major Compaction。do_major_freeze 方法和 do_minor_freeze 方法一样，会通过 RPC 机制向当前节点发出 MAJRO_FREEZE 的请求，这个请求会被节点上的 ObTenantMgrP::process() 处理，由于 Major Compaction 是集群级的操作，因此 ObTenantMgrP::process() 会通过 RPC 调用 RootServer 上的 ObRootService::root_major_freeze()。其后的主要调用过程如图 4.28 所示。

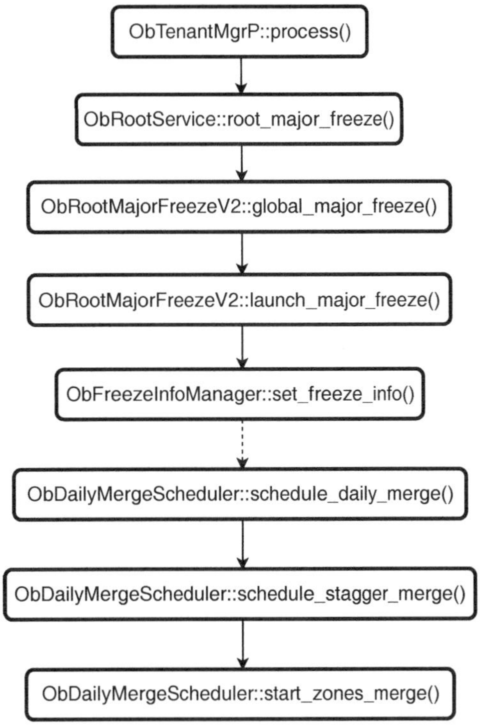

在 ObRootMajorFreezeV2::launch_major_freeze() 启动了合并操作之后，ObRootService::root_major_freeze() 会唤醒每日合并调度任务（ObDailyMergeScheduler 对象），ObDailyMergeScheduler 被唤醒后最终进入到 start_zones_merge 方法，然后逐个 Zone 调用其管理器的 start_zone_merge 方法来完成该 Zone 上的 Major Compaction 工作。

Major Compaction 同样可以由用户发起，当用户执行 ALTER SYSTEM MAJOR FREEZE 语句后，该语句的执行器（ObFreezeExecutor）会通过 RPC 调用 ObRootService::root_major_freeze() 完成集群级别的 Major Compaction 操作。

图 4.28　合并操作的调用序列

此外，Major Compaction 动作还有一种定期执行的方式：由 RootServer 给各节点发送的心跳触发，在各节点的 OBServer 的 ObHeartBeatProcess::try_start_merge() 中会比较心跳包中的全局冻结版本和当前节点上的冻结版本，如果当前节点的冻结版本落后，则调用 ObPartitionScheduler::schedule_merge() 来发起 Major Compaction 动作。

4.4　多级缓存

由于 SSTable 外加多版本的 MemTable 设计，数据行的读取路径可能会变得很长，为了提高基线行数据的读取效率，OceanBase 在 SSTable 的上层引入了多层 Cache 机制。

设计 Cache 的目的是缓存 SSTable 中频繁访问的数据，分为：

1）Block Cache（块缓存）：用于缓存 SSTable 中的原始数据块。

2）Block Index Cache（块索引缓存）：用于缓存微块索引。

3）Row Cache（行缓存）：用于缓存一个个完整的数据行。

4）Bloom Filter Cache（布隆过滤器缓存）：用于缓存布隆过滤器，布隆过滤器可以快速回答那些结果为空集的查询。

由于 SSTable 在非合并期间都是只读的，所以不用担心 Cache 失效的问题。当对行的读请求来临时，首先尝试通过缓存中的布隆过滤器检查目标行是否真正存在，对于存在的行将尝试从 Row Cache 中获取行，如果没有命中则利用块索引缓存计算目标行所在的微块；然后尝试从 Block Cache 中获取这个微块，如果没有命中微块就会通过存储引擎利用磁盘 I/O 读取微块数据并放入 Block Cache 中。通过这样多级缓存的设计，绝大部分单行操作在基线数据中只需要一次缓存查找就能确定能否找到，性能相对较高。

在对 Cache 的操作过程中，Cache 的命中次数以及在其上发生的磁盘 I/O 次数会被统计用于计算逻辑读的次数，在 SQL 引擎优化器估算执行计划的代价时会考虑逻辑读的次数。

与 Linux 的 Cache 策略一样，OceanBase 中的多级 Cache 也会尽量使用内存，力求把除 MemTable 以外的内存用满。因此 OceanBase 为 Cache 设计了优先级控制策略及智能淘汰机制。所有不同租户不同类型的 Cache 都由多级 Cache 管理框架统一管理，对于不同类型的 Cache，会配置不同的优先级。例如 Block Index Cache 优先级较高，一般是常驻内存很少淘汰，而 Row Cache 比 Block Cache 效率更高，所以优先级也会更高。不同类型的 Cache 会根据各自的优先级以及数据访问热度做相互挤占。优先级一般不需要配置，特殊场景下可以通过参数控制各种 Cache 的优先级。如果系统中修改比较频繁，MemTable 需要的内存较多，它就会逐步将 Cache 中的内容挤出内存，从而将腾出来的内存据为己用。

发生淘汰时，Cache 占用的内存会以 2MB 为单位进行淘汰，根据每个 2MB 内存块上各个元素的访问热度为其计算一个分值，访问越频繁的内存块的分越高，同时有一个后台线程来定期对所有 2M 内存块的分值做排序，淘汰掉分值较低的内存块。此外，在淘汰 Cache 内容时还会考虑各个租户的内存上下限，从而控制各个租户中 Cache 内存的使用量。

4.5　小结

存储引擎可以被看成是一个基础的支撑平台，为整个数据库系统的其他部分提供了很多操纵行数据以及元数据的接口，其中最典型的一个上层"使用者"就是 SQL 引擎，下一章将专注于 OceanBase 中处理 SQL 命令的过程。

第 5 章

SQL 引擎

OceanBase 的 SQL 引擎是整个数据库系统的数据计算中枢，和传统集中式数据库系统类似，整个 SQL 引擎分为解析器、优化器、执行器三部分。当 SQL 引擎接收到了 SQL 请求后，经过语法解析、语义分析、查询重写、查询优化等一系列过程后，再由执行器来负责执行。与集中式数据库系统不同的是，分布式数据库系统的查询优化器会依据数据分布生成分布式执行计划。分布式执行计划需要考虑查询所涉及数据所在的节点，这对分布式数据库系统的查询优化器能力提出了很高的要求。OceanBase 的查询优化器做了很多优化，诸如算子下推、智能连接、分区裁剪等。如果 SQL 语句涉及的数据量很大，OceanBase 的查询执行引擎也做了并行处理、任务拆分、动态分区、流水调度、任务裁剪、子任务结果合并、并发限制等优化。

5.1 SQL 引擎结构

SQL 引擎是 SQL 子系统的核心组件，SQL 子系统在 ObServer 的 init_sql 方法中初始化，该方法又会分别调用各个组成模块的 init 方法完成各组成部分的初始化。

如图 5.1 所示，SQL 引擎由 ObServer 的 sql_engine_属性中的 ObSql 类实例表达，这个类的属性串联起了 SQL 子系统的各个部分。plan_cache_manager_中是计划缓存管理器，它负责管理 SQL 引擎中运行过的执行计划，以便后续执行相同（相似）的 SQL 请求时可以省去优化的步骤直接获得执行计划。计划缓存管理器的主要组成部分是两个 Hash 表，分别存放着表示执行计划的 ObPlanCache 对象和预备语句的 ObPsCache 对象。

SQL 引擎的主入口是 ObServer 实例的 sql_engine_属性中存放的 ObSql 对象，根据 3.5.4 节所述，请求处理线程中的请求处理器会将查询请求中包含的 SQL 语句最终传入 ObSql 的 stmt_query 方法，该方法也是 SQL 引擎的主入口函数。在 SQL 请求的处理过程中，SQL 引擎将协调解析器、优化器、执行器等配合完成处理，图 5.2 描述了 SQL 引擎中各个模块合作完成一条 SQL 语句的全过程。

（1）解析器（Parser）

解析负责 SQL 引擎处理 SQL 请求的第一个阶段：词法/语法解析，即将字符串形式的

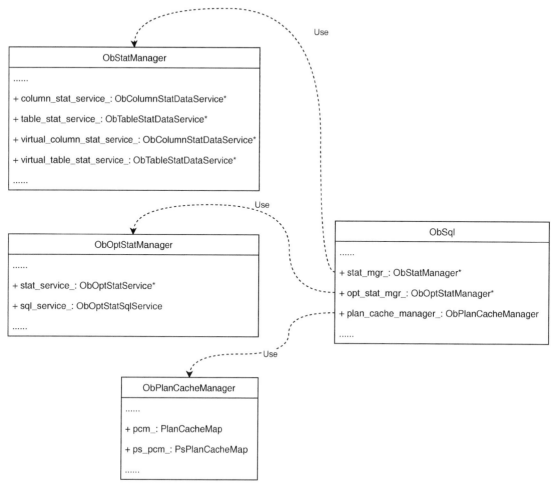

图 5.1　SQL 子系统核心组成

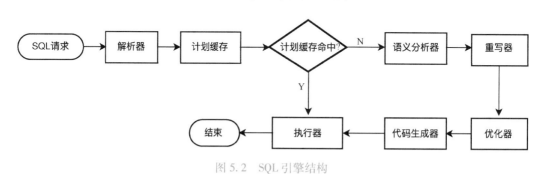

图 5.2　SQL 引擎结构

SQL 请求拆解为一个由 "词"[⊖]组成的序列（词法解析），然后根据预先设定好的语法规则判断这个词序列是否符合语法规定：检查词之间的相互位置关系符合某条语法规则（语法解析），最后将符合语法规则的 SQL 请求转换成带有语法结构信息的内存数据结构，称为"语法树"（Syntax Tree）。

⊖　术语是 Token。

（2）计划缓存（Plan Cache）

在很多场景中，应用提交给数据库系统的 SQL 语句很多时候与某个历史 SQL 语句相同（或者语法结构相同），甚至之后产生的执行计划（Plan）都完全相同。为了加速 SQL 请求的处理速度，OceanBase 建立了计划缓存，历史执行过的 SQL 语句及其相应的执行计划在满足一定条件的情况下会被缓存下来。新的 SQL 语句被解析后，会在计划缓存中进行匹配，如果能直接找到匹配的执行计划就可以跳过后续的语义分析、重写、优化等动作直接执行，从而减少 SQL 请求处理的总时间。

（3）语义分析器（Resolver）

在解析器输出的"语法树"中，各种数据库元素的表达形式仍然是字符串，例如查询中引用的表是用表名称表达，这种形式仍然不利于后续的处理，同时也无法判断这些名称所表示的数据库对象是否有效（例如表名可能写错）。语义分析器会对语法树做进一步的转换和检查：将数据库对象的引用转换成系统内部的标识符，转换后形成的结构被称为"语句树"（Statement Tree）。

（4）重写器（Transformer）

从语义分析器得到语句树已经可以看成是一个关系代数表达式，它代表了一种执行 SQL 请求的过程。根据关系代数表达式的等价性，可以变换出多种结果等效但是代表不同执行过程的关系代数表达式，其中可能就会有比初始表达式性能更好的。重写器的任务就是从初始的语句树出发，利用各种规则或代价模型产生其他等效的形式。这一转换过程被称为"重写"（Rewriting），重写后得到的仍然是一个语句树，也被称为"逻辑计划"。

（5）优化器（Optimizer）

优化器是整个 SQL 优化的核心，其作用是从重写器产生的逻辑计划出发，进一步考虑 SQL 请求的语义、对象数据特征、对象物理分布等多方面因素，解决访问路径选择、连接顺序选择、连接算法选择、分布式计划生成等多个核心问题，最终选择一个最佳的物理执行计划。物理执行计划在逻辑结构上同样也是一棵树，树中的节点被称为计划节点（算子）。计划树的叶子节点通常是对基本表数据的获取，在执行过程中，每个节点的作用是从其子节点获取元组进行计算产生结果元组输送给其父节点，最终汇聚到根节点形成执行计划的结果集。

（6）代码生成器（Code Generator）

优化器负责生成最佳的执行计划，但其输出的结果并不能立即执行，还需要将执行计划转换为可执行的代码，这个过程由代码生成器负责。将代码生成器独立设计有两方面的考虑：一方面是对优化器隔离一些执行引擎的细节，例如物理执行的时候需要考虑数据结构是否能够高效处理，而优化的时候不必关注；另一方面是降低耦合度以便于演进和升级，例如当执行计划中的物理算子结构及算法发生了变动后，仅需要调整代码生成器这个单一模块即可。

（7）执行器（Executor）

执行器是 SQL 请求处理的最后一个环节。执行器接收来自代码生成器或者计划缓存的执行计划代码，然后根据执行计划的不同类型采用不同的执行逻辑：①对于本地执行计划，执行器会简单地从执行计划顶端的算子开始调用，由算子自身的逻辑完成整个执行的过程，并返回执行结果；②对于远程或分布式计划，执行器需要根据预选的划分，将执行树分成多个可以调度的线程，并通过 RPC 将其发送给相关的节点执行。

SQL 引擎中这些组成模块入口函数的调用顺序以及调用层次如图 5.3 所示，下面将对各个模块的细节加以解释。

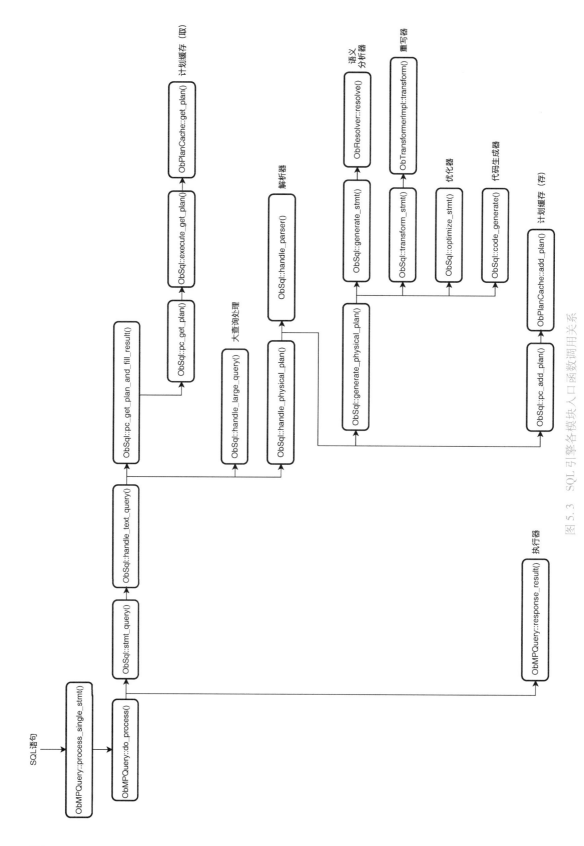

图 5.3　SQL 引擎各模块入口函数调用关系

5.2　解析器

解析器负责将字符串形式的 SQL 语句转换成为语法树，整个过程实际由两个组件合作完成：词法分析器（Lexer）和语法分析器（Grammar）。前者会将 SQL 语句拆解成一个个词（Token），Lexer 在拆解词的过程中还会检查词是否符合 OceanBase 的词法规则，同时保持它们在 SQL 语句中的先后顺序形成一个词序列。语法分析器会根据语法规则来检查词序列中词之间的位置关系是否符合 OceanBase 的语法规则，并将符合某条规则的词序列包装成一个 OceanBase 的内部数据结构，即语法树。

5.2.1　词法分析器

和很多数据库管理系统一样，OceanBase 的词法分析器也通过开源工具 Flex 生成。Flex 的工作原理是以一个词法规则文件为输入产生一个源码文件，源码文件中就包含着一个实现了词法规则的词法分析器（函数），在系统的其他模块中就可以调用该函数来实施词法分析。

Flex 所需的词法规则一般写在一个 .l 后缀的文本文件中，OceanBase 的词法规则位于 src/sql/parser/sql_parser_mysql_mode.l 中。

从图 5.4 中可以看到，词法规则文件中以正则表达式的形式定义了 OceanBase 允许的标识符（identifier）和系统变量（system_variable）的拼写要求，而在词法规则文件的后部则定义了 OceanBase 中有哪些关键词。词法规则文件中还有针对各类词的识别动作，识别动作会将识别到的词包装成预定的结构。更多关于 Flex 词法规则文件的写法可以参考其文档。

```
...
identifier       (([A-Za-z0-9 $ _]|{UTF8_GB_CHAR})*)
log_level_stmt   (A-Za-z)[A-Za-z0-9 , \ : \*]*)
system_variable  (@ @ [A-Za-z_][A-Za-z0-9 _]*)
...


%%
ACCESS                    { REPUT_TOKEN_NEG_SIGN(ACCESS); }
ACCESSIBLE                { REPUT_TOKEN_NEG_SIGN(ACCESSIBLE); }
ADD                       { REPUT_TOKEN_NEG_SIGN(ADD); }
...
```

图 5.4　词法规则文件局部

在词法规则文件的同一目录下还有一个 gen_parser.sh 脚本，在 OceanBase 的编译过程中将调用该脚本利用 flex 命令从 .l 文件生成源码文件 sql_parser_mysql_mode_lex.c，该文件中定义的函数 obsql_mysql_yylex 就是词法分析器的入口函数，它将在语法分析器中被调用。在 OceanBase 源码的工程文件（CMakefile）中建立了规则文件和源码文件的依赖，每次修改规则文件后编译过程都会重新生成源码文件，从而让新的词法规则在词法分析器中生效。

5.2.2　语法分析器

OceanBase 的语法分析器通过开源工具 Bison 生成。和词法分析器的形成方式类似，语法分析器将语法规则写在一个 . y 后缀的文本文件中，将该文件送入 bison 命令后会得到一个源码文件，其中包含着一个实现了语法分析器的函数。OceanBase 的语法规则位于 src/sql/parser/sql_parser_mysql_mode. y 中。

从图 5.5 中可以看到，语法规则文件中会有一条主规则（stmt），它能够匹配所有 OceanBase 支持的语法。每条规则可以通过"|"分解成多个组成部分表示该条规则可以匹配的多种语法，例如图 5.5 中的 stmt 可以分成 select_stmt、insert_stmt 等多个部分。每个组成部分可以是另一条语法规则和各种关键词、符号、标识符等⊖组成的序列，例如 drop_function_stmt 又由 "DROP""FUNCTION" 两个关键词、规则 opt_if_exists 和一个标识符 NAME_OB 组成，表示了 SQL 语句中的 DROP FUNCTION 语句的语法。每条规则后面的一对花括号之间是该条规则对应的动作，该动作的作用是将规则匹配上的语法结构（例如语句类型、各种可选关键词的存在与否）及各种语法元素（例如表名、列名等）保存成目标编程语言的某种数据结构并返回给上级规则处理，语法规则的动作将被结合到生成的语法分析器代码中。

```
...
% token <reserved_keyword>
        ACCESSIBLE ADD ALL ALTER ANALYZE AND AS ASC ASENSITIVE
...
% token <non_reserved_keyword>
        ACCESS ACCOUNT ACTION ACTIVE ADDDATE AFTER AGAINST
...
stmt:
   select_stmt              { $$ = $1; question_mark_issue( $$ ,result); }
  | insert_stmt             { $$ = $1; question_mark_issue( $$ ,result); }
  | create_table_stmt       { $$ = $1; check_question_mark( $$ ,result); }
  | create_function_stmt    { $$ = $1; check_question_mark( $$ ,result); }
  | drop_function_stmt      { $$ = $1; check_question_mark( $$ ,result); }
...
drop_function_stmt:
DROP FUNCTION opt_if_exists NAME_OB
{
  malloc_non_terminal_node( $$ ,result->malloc_pool_,T_DROP_FUNC,2, $3 , $4 );
}
;

opt_if_not_exists:
IF not EXISTS
{
  (void)( $2 );
  malloc_terminal_node( $$ ,result->malloc_pool_,T_IF_NOT_EXISTS); }
| / * EMPTY * /
{ $$ =NULL; }
;
...
```

图 5.5　语法规则文件局部

⊖　必须是词法分析器能识别的各种词。

语法分析器源代码文件的生成也和词法分析器一样，在 OceanBase 的编译过程中调用 gen_parser. sh，利用 bison 命令从 . y 文件生成源码文件 sql_parser_mysql_mode_tab. c，该文件中定义的函数 obsql_mysql_yyparse 就是语法分析器的入口函数，它将在 OceanBase 的 SQL 引擎中被调用。在 OceanBase 源码的工程文件（CMakefile）中建立了语法规则文件和源码文件的依赖，每次修改语法规则文件后编译过程都会重新生成源码文件，从而让新的语法规则在语法分析器中生效。

5.2.3　SQL 语句的解析

SQL 引擎的 stmt_query 方法会直接调用 handle_text_query 方法。

1）去除 SQL 语句首尾的空格，以便在计划缓存中能准确地匹配相同的历史 SQL 语句。如果处理后的 SQL 语句为空语句，则设置返回标志为空查询标志。

2）初始化一个计划缓存上下文（ObPlanCacheCtx），从会话中取得目标数据库的 ID。

3）调用 pc_get_plan_and_fill_result 从计划缓存中尝试查找可用的执行计划和结果。

4）调用 handle_large_query 处理大型查询。

5）如果未能从计划缓存获得执行计划，则调用 handle_physical_plan 走常规的优化过程。

5.2.4　语法树的结构

整个解析器最终的成果是 SQL 语句的语法树，语法树中的每一个节点都是 ParseNode 结构，节点表达的具体含义取决于其 type_字段，节点的各个组成部分则由其 children_数组中的子节点表示。

接下来以 UPDATE 语句为例展示 OceanBase 中如何用 ParseNode 这一种结构组成其语法树。

如图 5.6 所示，UPDATE 语句语法树的顶层节点的类型是 T_UPDATE，其三个子节点分别表示 UPDATE 中的表引用、赋值子句以及 WHERE 子句。

表引用节点的类型是 T_TABLE_REFERENCES，只有一个子节点 T_ORG，最终的叶子节点是一个标识符节点（T_IDENT），可以看到标识符节点中的 str_value_字段记录了表的名字 table_1。

由于示例中的 UPDATE 语句对两个属性进行了赋值，因此赋值子句节点（T_ASSIGN_LIST）有两个子节点，分别是 attr1 和 attr2 的赋值节点（T_ASSIGN_ITEM）。例如 attr1 的赋值节点的左子节点是列引用（T_COLUMN_REF），最终指向一个表示 attr1 列的标识符节点，其右子节点则是给 attr1 列赋予的值"5"。

WHERE 子句节点（T_WHERE_CLAUSE）实际上只有一个有效的子节点，它是一个等值操作符节点（T_OP_EQ），其左子节点是对 attr_id 的列引用，而右子节点则是常量值"10"。

UPDATE table_1 SET attr1=5, attr2='abcd' WHERE attr_id=10;

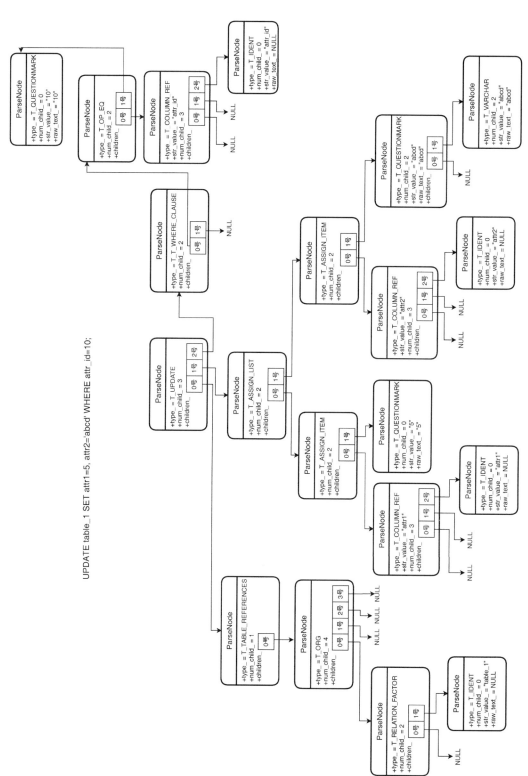

图 5.6　UPDATE 语句的语法树示例

5.3 计划缓存

为了避免反复执行优化过程，OceanBase 会缓存之前生成的执行计划，以便在下次执行同一 SQL 语句时直接使用，这种策略被称为 "Optimize once"，即 "一次优化"。每一个租户在每一个节点上都有一个独立的计划缓存，用以缓存该租户在此节点上执行过的计划。

一条 SQL 语句在不同时刻（由于数据变化）可能会产生多种执行计划，默认情况下 OceanBase 数据库只会缓存该语句第一次执行时产生的计划。但在预备语句等动态 SQL 语句场景中，语句中绑定不同的参数值也会产生不同的执行计划，这种情况下仅缓存该语句的第一个执行计划是不妥当的，因为这个被缓存的计划已经嵌入它被执行时绑定的参数值，无法反映新参数值代表的语义。因此，计划缓存机制会将 SQL 语句及其参数值结合在一起，为每一种组合都缓存一个计划，当再次用相同的参数执行相同的 SQL 语句时就可以重用缓存中的计划。此外，即便 SQL 请求中采用的是 "SELECT * FROM t1 WHERE a1 = 3 AND a2 = 8" 这样的静态 SQL 语句，OceanBase 也会通过参数化技术将它变成 "SELECT * FROM t1 WHERE a1 = $1 AND a2 = $2" 这样带有 "参数" 的形式。OceanBase 将这种考虑参数的计划缓存技术称为 "自适应计划共享（Adaptive Cursor Sharing）" 功能。SQL 语句的参数化工作有一个专门的类 ObSqlParameterization 负责，它将以一种特殊的模式（快速解析，FP_MODE）运行解析器将原始 SQL 语句变成参数化的 SQL。

5.3.1 计划和计划缓存的结构

直观上看，计划缓存就是一个小型的 Key-Value 数据库，Key 可以看成是参数化后的 SQL 字符串（例如 "SELECT * FROM t1 WHERE a1 = $1 AND a2 = $2"），Value 则对应着该语句被缓存的执行计划。

OceanBase 的计划缓存总体结构如图 5.7 所示。一个 OBServer 中的计划缓存都在计划缓存管理器（ObPlanCacheManager 实例）的控制之下，而计划缓存管理器本身自然属于 SQL 引擎的一部分（ObSql→plan_cache_manager_）。计划缓存管理器管理着三大类缓存信息：执行计划缓存、执行计划的统计信息、预备语句缓存。

（1）执行计划缓存

各个租户在同一个节点上产生的执行计划都处于该节点的计划缓存管理器的管理下，在 ObPlanCacheManager 实例中有一个 Hash 表（pcm_属性），其中的每一个表项中都包含一个 ObPlanCache 实例，而每个 ObPlanCache 实例则意味着某个租户[⊖]在此节点上的缓存计划。

对单个租户的缓存计划来说，它们都缓存在相应的 ObPlanCache 实例的 sql_pcvs_map_属性中，sql_pcvs_map_中其实是一个 Hash 表（ObHashMap 类），其表项是由 ObPlanCacheKey 和 ObPCVSet 对象构成的二元组。

ObPlanCacheKey 主要包括：①db_id_，计划所在数据库的 ID；②sessid_，计划所在的会话 ID；③name_，就是 SQL 字符串，实际上是参数化后的 SQL 字符串；④sys_vars_str，计划

⊖ ObPlanCache 的 tenant_id_记录着相应租户的 ID。

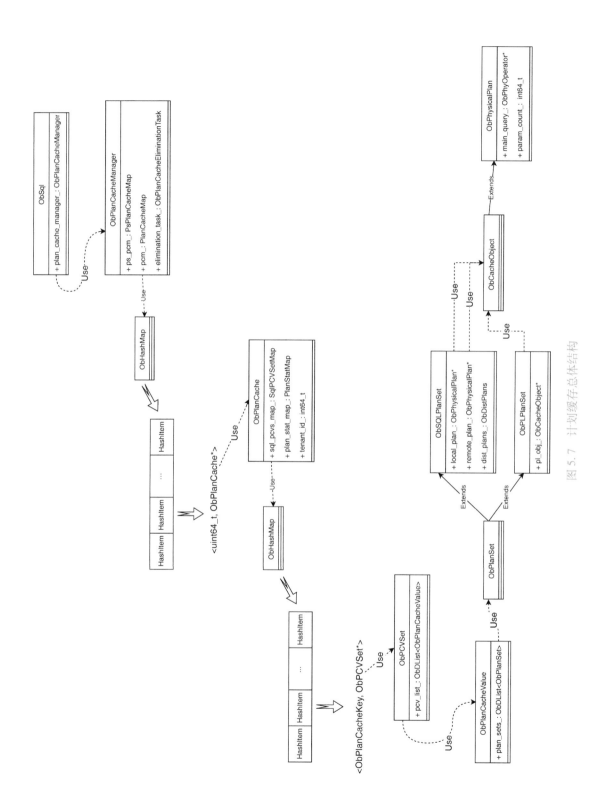

图 5.7 计划缓存总体结构

所依赖的系统变量集合序列化的结果。根据 ObPlanCacheKey 的结构，可以看到一条 SQL 语句在计划缓存中有唯一的一个 Hash 表项。

Hash 表项中 ObPCVSet⊖对象的 pcv_list_属性是一个由 ObPlanCacheValue 对象构成的双向链表，这里 ObPlanCacheValue 对象并不直接表达 SQL 语句的缓存计划，每一个 ObPlan-CacheValue 对象表示的是所属 SQL 语句在某个版本的模式下的缓存计划集合。

ObPlanCacheValue 对象中同样有一个双向链表，链表中是多个 ObPlanSet 对象，每个 ObPlanSet 对象实际上是所属 SQL 语句在某个特定版本的模式下通过绑定不同的参数形成的一个执行计划。ObPlanSet 实际上有两种具体的类型：ObSQLPlanSet 和 ObPLPlanSet，前者对应着普通交互式 SQL 语句的缓存计划，而后者是过程 SQL 对应的缓存计划。特别值得注意的是，ObSQLPlanSet 中可以缓存三类计划：①local_plan_用于缓存本地计划；②remote_plan_用于缓存远程计划；③dist_plan_用于缓存分布式计划。

被缓存的计划（ObPhysicalPlan）中的 main_query_属性指向的是物理执行计划树的根节点，而 param_count_属性中则记录着该计划需要多少个参数。

（2）执行计划统计信息

执行计划的执行时统计信息也会被缓存在计划缓存管理器中，每当一个执行计划被执行后，它都会被尝试放入计划缓存中。不管这个计划是否已经在计划缓存中，它的执行时统计信息都会在计划缓存中被更新，以便用户或者应用通过视图 v＄plan_cache_plan_stat 查看这些统计信息。每个执行计划被缓存的执行时统计信息由一个 ObPlanStat 实例表示，其各个字段都与 v＄plan_cache_plan_stat 中的同名列相对应，所有的 ObPlanStat 实例被组织成由 ObPlanCache→plan_stat_map_指向的 Hash 表中。

（3）预备语句缓存

在计划缓存管理器中与普通计划缓存并列的，还有一个放置着 ObPsCache 实例的 Hash 表 ps_pcm_。每一个 ObPsCache 表示一个租户在该节点上的预备语句（Prepared Statement）缓存，在预备语句的 PREPARE 阶段，预备好的预备语句（ObPsStmtItem 实例）将会被放入预备语句缓存中。在用 EXECUTE 执行预备语句时，之前缓存在预备语句缓存中的 ObPsStmtItem 会被取出，然后绑定执行时参数后形成执行计划并执行。预备语句执行过程中产生的执行计划会按照前述的执行计划缓存方法加入 ObPlanCache 中，而被缓存计划中的参数信息就是预备语句在 EXECUTE 阶段绑定的执行时的参数。

5.3.2　缓存计划

每当优化器产生一个物理执行计划后，都会调用 SQL 引擎的 need_add_plan 方法来判断是否需要将计划加入到计划缓存中。如果出现以下情况之一，该执行计划不会被缓存：

1）计划缓存没有被启用。

2）计划的参数中存在负值。

3）计划中涉及链接表。

对于需要被缓存的计划，ObPlanCache 的 add_plan 方法会被调用，ObPlanCache∷add_plan 方法的流程如图 5.8 所示。

⊖　其中，PCV 是"Plan Cache Value"的首字母缩写。

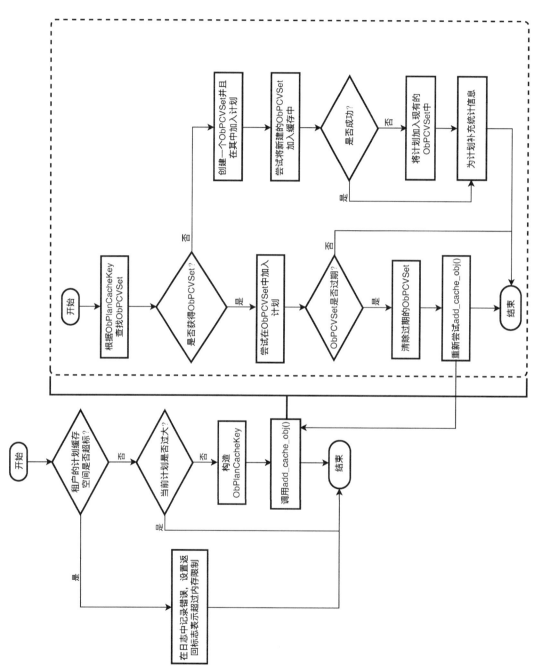

图 5.8 ObPlanCache :: add_plan 方法的流程

1) 缓存计划时首先会检查计划缓存占用的内存是否达到上限,只有内存占用量低于上限时才能将新的计划加入缓存。计划缓存内存上限是根据租户内存计算出来的,如果租户内存不合法,则计划缓存的上限为最大租户内存的 5%,否则是当前租户内存的 5%(由宏 OB_PLAN_CACHE_PERCENTAGE定义)。如果计划缓存过高,定期执行的缓存计划淘汰机制(见 5.3.4 节)会为后续的新计划腾出缓存空间。

2) 接下来会判断新计划的尺寸(将要占用的内存量)是否过大,过大的计划也不会被加入计划缓存。这个单一计划的内存上限是计划缓存内存上限的 90%(由宏 OB_PLAN_CACHE_EVICT_HIGH_PERCENTAGE定义)。

3) 如果新计划满足了被加入缓存的前提条件,则构建一个 ObPlanCacheKey 作为将新计划加入缓存中的 Hash 键,这个对象会被放在计划缓存上下文(ObPlanCacheCtx 类)中,后续的动作都会通过计划缓存上下文来获得这个 Hash 键。

4) 调用计划缓存的 add_cache_obj 方法完成计划的加入,从图 5.8 可以看到,在创建了一个新的 ObPCVSet 并将待缓存的计划放入其中之后,有一个尝试将 ObPCVSet 加入 ObPlanCache 的过程。采用这种尝试的原因是,在当前线程缓存计划的过程中可能会有其他处理线程也在做完全相同的事情(执行了同样的 SQL 产生了同样的计划),这样就会导致当前线程失败。这种情况下当前线程会递归调用 add_cache_obj 方法进行重试,此时就会按照找到一个已经存在的 ObPCVSet 的方式进行新计划的缓存。

5) 最后将新计划所占用的内存量累加到整个计划缓存占用的内存量上。

5.3.3　查找计划

SQL 引擎在开始真正处理一个 SQL 语句之前(解析之前),首先会尝试在计划缓存中查找该语句的已缓存计划,如果能找到一个匹配的缓存计划则直接执行之,否则才会进行 SQL 的解析、语义分析、重写、优化、执行这一系列完整的处理过程。在缓存中查找计划的过程由 ObPlanCache 的 get_plan 方法实现,从 SQL 引擎的 SQL 处理入口到 get_plan 方法的调用过程如图 5.9 所示。

ObPlanCache::get_plan 方法的流程如图 5.10 所示。

从 5.3.1 节可知,为了查找一个 SQL 语句的缓存计划,首先需要构造出该 SQL 语句对应的 ObPlanCacheKey 对象,然后在当前租户的 ObPlanCache 中以该对象为键值搜索其所对应的 ObPCVSet 对象。ObPlanCacheKey 的核心是参数化后的 SQL 语句,在 get_plan 方法中 SQL 语句的参数化动作是由 ObPlanCache 的 construct_fast_parser_result 方法完成,其原理与 5.3.2 节中一样通过解析器的快速解析模式实现。

查找过程接下来的步骤都在 ObPlanCache 的 get_cache_obj 方法中实现:

1) 首先更新 ObPCVSet 对象的语句级统计信息:将 last_active_timestamp_值(最后一次被使用的时间戳)更新为当前时间戳,将 execute_count_计数器(语句被执行了多少次)推进一次。

2) 在 ObPCVSet 中检查每一个 ObPlanCacheValue 所依赖的数据库对象是否与 SQL 语句所要求的相符,这个过程中会检查缓存中记录的这些对象的模式版本是否过期(不是最新的版本),然后会在匹配到的 ObPlanCacheValue 中根据 SQL 语句的参数情况选择其中的一个计划。

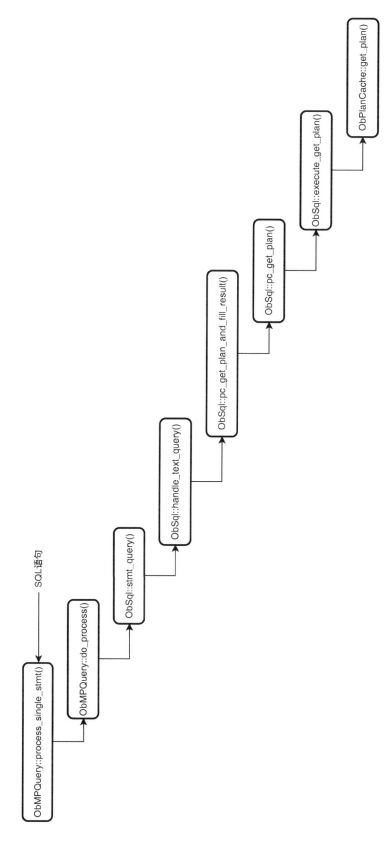

图 5.9 缓存中查找计划的调用过程

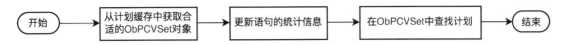

图 5.10　ObPlanCache::get_plan 方法流程

3）如果从 ObPCVSet 中找到了一个缓存的计划，但是返回值表示其依赖的模式版本过期，则会按照 5.3.4 节中所要求的将这个失效计划所在的 ObPCVSet 整体清除，同时向上层返回缓存计划不存在的标志。当然，如果找到的缓存计划依赖的模式版本没有问题，该计划会通过参数指针返回给调用者，同时向调用者返回成功标志。

5.3.4　淘汰计划缓存和失效

被缓存的计划数量不可能无限制地增长，在必要时需要从缓存中删除（淘汰）一些计划以便为新的执行计划腾出空间。OceanBase 中可以有两种淘汰缓存计划的方法：自动淘汰和手动淘汰。

1. 自动淘汰

自动淘汰是指当计划缓存占用的内存达到了需要淘汰计划的内存上限时，对计划缓存中的执行计划自动进行淘汰。

自动淘汰任务每隔一段时间会被定时执行，这个时间周期由配置参数 plan_cache_evict_interval 控制。在计划缓存管理器的初始化动作中会设置一个定时器 PlanCacheEvict，其定时时长为 plan_cache_evict_interval 所设定的时间，而定时器的动作则是计划缓存管理器的 elimination_task_属性（ObPlanCacheEliminationTask）所指向的对象，它就是自动淘汰任务的执行者。

如图 5.11 所示，ObPlanCacheEliminationTask 继承了 ObTimerTask 类，当其实例被绑定在一个计时器之上后，计时器时间到后会触发该类的 runTimerTask 方法。在自动淘汰任务的 runTimerTask 方法中，又会分别调用 run_plan_cache_task 方法和 run_ps_cache_task 方法来淘汰执行计划和预备语句，最后再次启动 PlanCacheEvict 定时器。

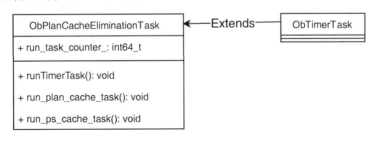

图 5.11　缓存计划自动淘汰任务

run_plan_cache_task 方法的流程如图 5.12 所示。

在淘汰计划的主要过程 cache_evict 中，过期的计划是指因为其所依赖的模式版本发生了变化等原因不再有效的计划（详见"3. 缓存计划的失效"部分）。而判断是否需要对租户的计划缓存进行淘汰的标准则取决于下面的几个阈值：

1）ob_plan_cache_percentage：计划缓存可使用内存占租户内存的百分比，用于设置计划缓存可使用的内存上限。

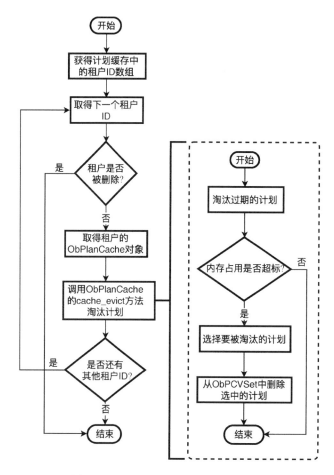

图 5.12　run_plan_cache_task 方法流程

2）ob_plan_cache_evict_high_percentage：用于设置触发计划缓存自动淘汰的内存大小占计划缓存内存上限的百分比，即触发计划缓存自动淘汰的计划缓存大小阈值=计划缓存内存上限×ob_plan_cache_evict_high_percentage/100。

3）ob_plan_cache_evict_low_percentage：用于设置停止自动淘汰计划的计划缓存内存下限，即在对一个租户的计划缓存进行自动淘汰过程中，如果计划缓存的当前内存大小低于这个下限，就可以停止对这个计划缓存的淘汰任务。

值得注意的是，在进行自动计划淘汰时，OBServer 并不是每次淘汰一个计划就检查是否满足停止条件，而是预先计算出要达到停止条件总共要淘汰掉多少个计划（ObPlanCache 的 calc_evict_num 方法和 calc_evict_keys 方法），然后直接从计划缓存中移除它们。总体而言，自动淘汰任务在选择要被删除的计划时，会按照最少使用的原则来实行，即从缓存中找出那些使用次数最少的计划作为淘汰对象。

预备语句缓存的自动淘汰由 run_ps_cache_task 方法实际实行，其过程与计划缓存类似，这里不再赘述。

2. 手动淘汰

手动淘汰是指通过发出 SQL 命令的方式删除缓存中的指定计划。目前，OceanBase 支持用如下的命令淘汰缓存中的计划：

ALTER SYSTEM FLUSH PLAN CACHE［tenant_list］［global］

其中 tenant_list 和 global 为可选项：

1）如果 tenant_list 没有指定，则清空所有租户的计划缓存，否则只清空特定租户的。tenant_list 的格式为：tenant='tenant1，tenant2，tenant3，…'。

2）如果 global 没有指定，则清空本机的计划缓存，否则清空指定租户在所有节点上的计划缓存。

3. 缓存计划的失效

计划缓存中执行计划可能因为各种原因失效，这时就需要将计划缓存中失效计划清除掉，之后相应的 SQL 语句再次被执行时将产生新执行计划并被加入缓存，间接实现了对失效计划的刷新。缓存执行计划可能在下列场景中出现失效的情况：

1）计划中涉及的数据库对象的模式发生了变化（例如新建了索引、删除或增加了列等）。

2）一个计划之所以曾经被优化器选中而进入缓存，是因为优化器根据相关统计信息认定该计划的性能最好，因此如果计划中涉及的数据库对象的统计信息重新被收集，那么该计划就会失效。OceanBase 会在 SSTable 合并时统一进行统计信息的收集，因此每次进行合并后，实际上计划缓存中所有计划都会失效。

OceanBase 采用 ObPlanCache 的 evict_expired_plan 方法实现缓存计划的失效，这个任务属于前文所述的缓存计划自动淘汰任务的一部分。evict_expired_plan 方法的过程很简单，先用最新的模式版本在计划缓存中进行筛选，找出因为模式版本变化而失效的计划，然后从缓存中将这些计划清除。

还有一种缓存计划的失效场景，它发生在缓存计划被执行后进行执行统计信息更新时，其基本思想是将同一个 SQL 语句的缓存计划中性能表现较差的设置为失效，但这些设置为失效的计划并没有被立刻从缓存中清除，而是等到下次从缓存中获取同一 SQL 语句的计划时顺便将它们清除。这种基于计划的实际运行性能进行优胜劣汰的做法也是业界 SQL 计划管理器（SQL Plan Management，SPM）技术的一种典型做法。基于性能将执行计划设置为失效（过期）的情况有以下几种：

1）计划执行超时或者执行计划的会话被杀死。

2）计划平均执行时间超过 5ms 且不稳定，即计划满足以下情况之一：

① 计划的速度低于同类计划（属于同一个 SQL 语句且使用相同的参数值）的平均速度。

② 本地计划访问的行数超过同类计划的平均访问行数。

③ 本地计划的平均访问行数增长太快（超过第一次执行时的 10 倍）。

④ 分布式计划的平均查询执行时间增长太快（超过第一次执行时的 2 倍）。

3）计划的本次访问行数超过了一个阈值 EXPIRED_PLAN_TABLE_ROW_THRESHOLD（100 行）。

4）计划第一次执行访问的行数为 0，但本次执行访问的行数不为 0。

5）计划第一次执行访问的行数不为 0，且本次执行访问的行数超过了第一次的 2 倍。

5.4 语义分析器

语义分析器（Resolver）的作用是对解析器生成的语法树进行转换，以便后续的重写、优化等步骤处理。语义分析器的工作重点是将各种字符串形式的标识符转变为系统内部的 ID，同时对它们的存在性进行检查。最终，语义分析器会将语法树转换为一个逻辑执行计划。

语义分析器被实现为一个相对简单的类 ObResolver，其核心是 resolve 方法，它在 SQL 引擎的调用关系如图 5.3 所示。

ObResolver::resolve 方法的工作是根据语法树中的语句类型，将语法树交给相应语句的专用语义分析器来完成语义分析，例如 SELECT、INSERT 和 CREATE TABLE 语句的专用分析器是 ObSelectResolver、ObInsertResolver 和 ObCreateTableResolver。图 5.13 中给出了各专用语义分析器之间的继承关系（每一类语句只给出了 1~2 种分析器实现），这个层次中所有的类都有 resolve 方法，这也是 ObResolver::resolve 会根据语句类型调用的实际语义分析过程。

5.4.1 DROP TABLE 语句的语义分析

由于 OceanBase 在 SQL 标准之上增加了很多自有的语句，因此语句种类很多，这也意味着有很多种专用语义分析器类。而且，语句的语法越复杂，其语义分析器的实现逻辑也越复杂，因此这里仅以相对简单的 DROP TABLE 语句为例，展示一下语义分析器的工作内容。

DROP TABLE 语句的分析器实现是 ObDropTableResovler，实际上它还实现了对 DROP VIEW 语句的语义分析工作。其 resolve 方法是这样做的：

1）检查几种非法的情况：①语法树既不是 DROP TABLE 也不是 DROP VIEW；②语法树的子节点数超过最大数目（DROP TABLE 语法树中可以有三种子节点：物化节点、IF EXISTS 节点和目标表的列表）；③语法树的子节点为空。

2）创建一个语句树（逻辑计划），如果语法树表达的是 DROP VIEW 语句，则将语句树设置为 DROP VIEW 的类型。

3）设置语句树中的参数（ObDropTableArg），其中包括：①是否为 IF EXISTS 模式；②当前有效的租户 ID；③是否删除放入回收站；④被删除表的类型是临时表、用户表、用户视图或者物化视图。

4）从语法树的 TABLE_LIST_NODE 子节点中逐个取出要被删除的表或者视图，将其包装成一个 ObTableItem 形式，在这个过程中会确定表属于哪个数据库、表是否存在。如果一切正常，这个表对应的 ObTableItem 对象将会被放入语句树中。

5.4.2 语句树（逻辑计划）结构

语句树的类层次如图 5.14 所示，语句树也按照 OceanBase 对于 SQL 语句的分类组织成了 ObDDLStmt、ObDMLStmt、ObDCLStmt、ObSystemCmdStmt、ObCMDStmt、ObTCLStmt 和 ObXAStmt 七类，其中 ObTCLStmt 和 ObXAStmt 分别用于表达事务控制语言（Transaction Control Language）和分布式事务⊖语句的语句树。

⊖ XA 事务是 X/Open 组织制定的分布式事务处理规范，其中有 XA START、XA PREPARE 等语句。

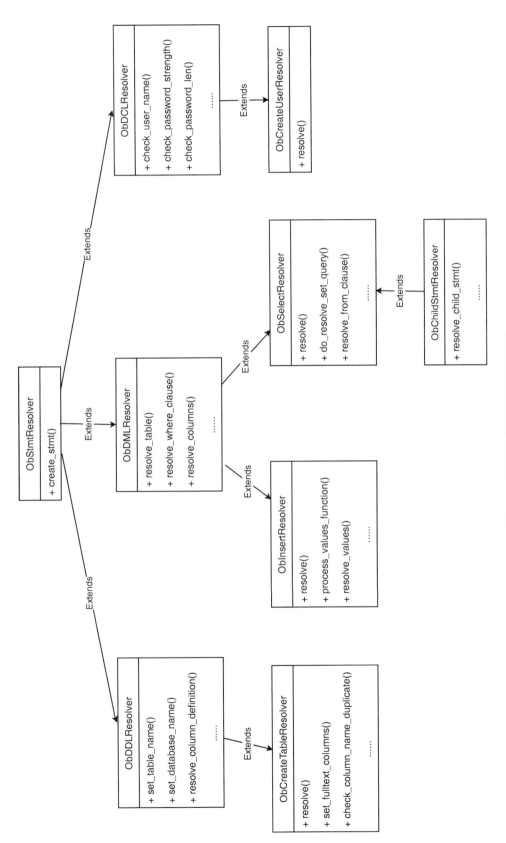

图 5.13　语义分析器之间的继承关系

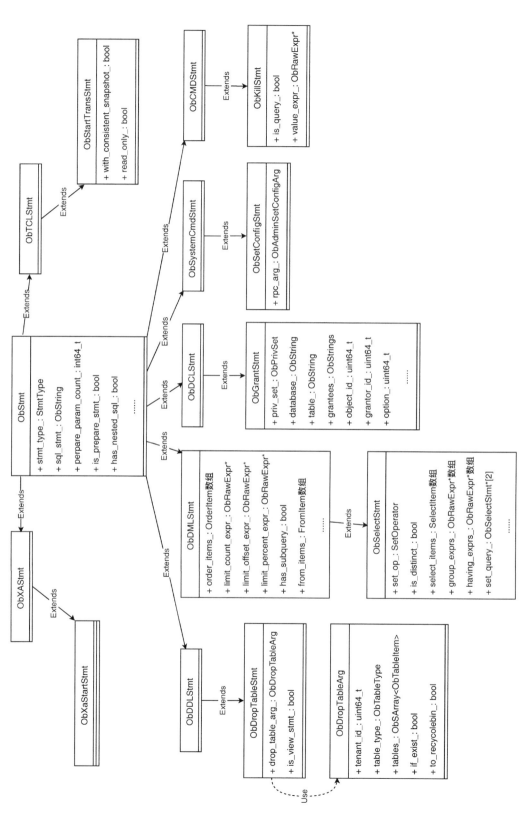

图 5.14 语句树类层次图

（1）ObStmt

ObStmt 是所有语句树的共同父类，其中 stmt_type_、sql_stmt_分别记录着相应 SQL 语句的语句类型（如 T_SELECT、T_DROP_DATABASE 等）以及语句字符串，prepare_param_count_和 is_prepare_stmt_中记录着与预备语句相关的信息。当然，由于篇幅所限，更多的属性并没有画出。

（2）ObDDLStmt 及其子类

ObDDLStmt 是所有 DDL（Data Define Language，数据定义语言）语句的父类，由于数据定义语句的特性各异，因此 ObDDLStmt 并没有在 ObStmt 的基础上扩展出更多属性，而是将各种语句的特性属性留在各个子类中体现。例如 ObDropTableStmt 对应着 DROP TABLE 语句，其中 drop_table_arg_属性中记下了语句中被删除的数据库对象（表或视图）的类别（table_type_）以及对象本身的引用信息（tables_）、是否有 IF EXISTS、是否删除到回收站等信息。

（3）ObDMLStmt 及其子类

ObDMLStmt 是所有数据操纵语言（Data Manipulation Language，DML）语句的父类。数据操纵语言主要是增、删、查改四种，它们都具有先查找/构造目标元组然后操作（读、写）目标元组的共性，因此在 ObDMLStmt 中扩展了一些属性来表达这些共性。例如表示排序属性的 order_items_，表达 LIMIT 子句的 limit_count_expr_、limit_offset_expr_等。

而 ObSelectStmt 则是 ObDMLStmt 子类中表达 SELECT 语句的那一个，其中有一些能明显体现 SELECT 语句特征的属性，例如 set_op_表示语句中是否用到了某种集合操作符（如 NONE 非集合操作、INTERSECT 交集操作），set_query_记录着集合操作的两个参与子查询，select_items_记录着 SELECT 子句中出现的目标列（投影列），group_exprs_和 having_exprs_分别表达了 GROUP BY 子句和 HAVING 子句。

（4）ObDCLStmt 及其子类

ObDCLStmt 是所有数据控制语言（Data Control Language，DCL）语句的父类。与 DDL 类似，DCL 语句之间也相差甚大，因此 ObDCLStmt 也没有在 ObStmt 的基础上进行扩展。例如 ObGrantStmt 中扩展了 priv_set_属性用来表示 GRANT 语句中授予的权限，grantees_和 grantor_id_两个属性则存放着被授权者和授权者的标识信息。

（5）ObSystemCmdStmt 及其子类

ObSystemCmdStmt 代表着 OceanBase 自有的一些系统命令，它们原本不处于 SQL 标准之中，只是 OceanBase 为了便于用户控制系统而自定义的一些命令。例如 ObSetConfigStmt 对应着 ALTER SYSTEM［SET］PARAMETER 语句，其中 rpc_arg_中就存放着要修改的系统参数。

（6）ObCMDStmt 及其子类

ObCMDStmt 对应着 OceanBase 用于用户会话（连接）范围内的一些命令，例如 LOAD DATA、KILL 等，它们同样也不是 SQL 标准所规定的语句。例如 ObKillStmt 对应着 KILL 语句，其 is_query_属性表示要杀死的是否只是会话中的查询（还可以杀死整个会话），而 value_expr_属性是一个表达式，它用于计算出要杀死的会话或者查询所在会话的 ID，通常来说这个表达式会是一个常量表达式。

（7）ObTCLStmt 及其子类

ObTCLStmt 代表着事务控制的一系列语句，包括 START TRANSACTION、BEGIN、COMMIT、ROLLBACK、SET TRANSACTION。例如 ObStartTransStmt 对应着 START TRANSACTION

和 BEGIN 语句，其中的 read_only_ 表示的是语句中的 READ ONLY 和 READ WRITE 的二选一选项，with_consistent_snapshot_ 属性表达的是 WITH CONSISTENT SNAPSHOT 子句的存在与否，虽然 OceanBase 在语法上支持 START TRANSACTION 的 WITH CONSISTENT SNAPSHOT 子句，但是目前还未实现其语义。

（8）ObXAStmt 及其子类

ObXAStmt 代表用于支持 X/Open CAE 规范（分布式事务处理：XA 规范）的一系列语句，包括 XA START、XA END、XA PREPARE、XA COMMIT 和 XA ROLLBACK，而 XA START 的语句树由 ObXaStartStmt 表示，由于这个语句类型就足以表达该语句的语义，ObXaStartStmt 中也没有扩展更多的属性。

语义分析器输出的语句树（逻辑计划）将会被送入重写器进行逻辑优化（改写），形成性能更优的方式。

5.5 重写器

SQL 引擎中重写器的入口是 ObSql::transform_stmt 方法，它会接收语义分析器产生的语句树，然后根据一系列重写规则完成对语句树的变换。

重写器的本体由 ObTransformerImpl 类实现，其 transform 方法是整个重写过程的入口。重写过程分为三个主要阶段：预处理、重写、后处理。

5.5.1 预处理

建立一个重写预处理器（ObTransformPreProcess），它的 transform 方法会采用后续遍历的方式对语法树中的每一个节点进行多种预处理（调用 transform_one_stmt）。

1. 消除 HAVING 子句

在 SELECT 语句中，如果没有 GROUP BY 子句但是有 HAVING 子句，则将 HAVING 子句中的条件用逻辑与的方式放入 WHERE 子句中，然后去掉 HAVING 子句。

2. 处理物化视图

这一种预处理的目的是简化这样一种情况：如果表 t1、t2 和物化视图 mv1 同时出现在 FROM 子句中，而 mv1 恰好是由这两个表通过连接操作形成，那么就可以把对于这两个表的引用用 mv1 替代，即将 t1 和 t2 从 FROM 子句中移除。

在用物化视图替换其包含的基表时也存在一些限制：①查询中不能包含 Hint；②物化视图必须能够覆盖基表在 SELECT 子句提到的列；③物化视图必须能覆盖 WHERE 子句中提到的列；④物化视图必须覆盖两个基表的连接键。

实际进行这种替换时，对 SELECT 子句中的目标表达式要做特别处理，需要将目标表达式中对于基表列的引用改写成对物化视图相应列的引用。另外，这一步骤还会将关系表达式中的目标表达式按照需要提升到更上层，例如 ORDER BY 子句中引用的表达式。

3. 替换 is_serving_tenant 函数

is_serving_tenant 是一个 SQL 函数，它用于判断一个节点上的 OBServer 是否在服务于一个指定的租户，其三个参数依次表示节点的 IP 地址、RPC 端口号以及租户 ID。这个步骤会尝试通过参数个数和类型在整个语句树中查找对该函数的调用，并试图把其中可预计算的表达式替换为计算结果：①预计算租户 ID 的表达式；②如果是 SYS 租户，则直接将对 is_serving_tenant的引用改成常量值"true"；③通过判断参数中的 IP 地址是否是指定租户所拥有的服务器中的一个计算出 is_serving_tenant 的结果，然后替换对该函数的引用。

4. 转换临时表

由于临时表是会话私有但被全局化管理，因此可能出现不同 SQL 会话中出现同名临时表的情况，这种情况下查询中对临时表的引用就需要加上会话 ID 来加以区分，这里的转换将会为查询中涉及的每一个临时表都加上一个过滤条件："temp_tab. SYS_SESSION_ID = session_id"$^{\ominus}$，即要求临时表 temp_tab 的隐藏列 SYS_SESSION_ID 的值等于当前的会话 ID（session_id）。

5. 转换表达式

这一步骤目前会对查询中的两种形式的表达式进行预处理。第一种是 IN 表达式，例如会把"c1 IN（c2，c3）"改写成"c1 = c2 OR c1 = c3"；第二种是 CASE 表达式，例如将"case c1 when c2 then xxx when c3 then xxx else xxx end；"改写成"case when c1 = c2 then xxx when c1 = c3 then xxx else xxx end；"。由于 OceanBase 在生成物理计划时引入了新的静态类型引擎，这种改写使得在生成执行计划时就能确定各种操作符的实现函数，例如根据 c1 = c2 中 c1 和 c2 的数据类型选择一种兼容左右操作数数据类型的等值函数。而在以前的版本中，这个选择具体实现函数的过程会留到执行器计算该表达式时动态确定，相对而言新的静态类型引擎性能更好。

6. 转换聚集表达式

这个阶段会尝试对查询中的聚集表达式（包括窗口聚集）进行扩展，例如"AVG（expr）"可以扩展成为"SUM（expr）/COUNT（expr）"，"STDDEV（expr）"可以变成"SQRT(VARIANCE(expr))"。

7. 转换 GROUPING SETS 与 ROLLUP

最后一种转换面向的是 GROUPING SETS 子句和 ROLLUP 子句，带有这两种子句的查询可以转换成通过集合操作组合起来的多个简单分组查询。例如：

```
"SELECT c1,c2 FROM t1 GROUP BY GROUPING SETS(c1,c2);"可以转换成：
SELECT c1,NULL FROM t1 GROUP BY c1
    UNION ALL
SELECT NULL,c2 FROM t1 GROUP BY c2;
```

类似地，"SELECT c1，c2，c3，sum（c3）FROM t1 GROUP BY ROLLUP（(c1，c2)，c3);"可以转换成：

```
SELECT c1,c2,c3,sum(c3) FROM t1 GROUP BY c1,c2,c3
    UNION ALL
SELECT c1,c2,NULL,sum(c3) FROM t1 GROUP BY c1,c2
    UNION ALL
SELECT NULL,NULL,NULL,sum(c3) FROM t1;
```

$\ominus$　为了便于理解，这里采用了 SQL 语句 WHERE 条件的形式来表达过滤条件，后文也会采用类似的形式。

5.5.2 重写

OceanBase 中引入了一套规则来重写语句树，该过程由 ObTransformerImpl::do_transform 方法实现。这套重写机制可以被开关，由系统变量 ob_enable_transformation 控制。

并不是所有的重写规则都适用于每一条 SQL 语句，因此在真正开始重写语句树之前，重写器会根据当前语句树的特性确定应该应用哪些规则。重写规则与语句特性之间的限制关系包括：

1）查询包含序列：不适合 WIN_MAGIC 和 WIN_GROUPBY 规则。

2）查询包含 FOR UPDATE：不适合 JOIN_ELIMINATION、WIN_MAGIC、NL_FULL_OUTER_JOIN、OR_EXPANSION 和 WIN_GROUPBY 规则。

3）查询会更新全局索引：如果查询是 DELETE、UPDATE、MERGE INTO 或者 INSERT 且目标表上定义有全局索引，那么不适合 OR_EXPANSION 和 WIN_MAGIC 规则。

在考虑语句树不适用的重写规则时，会递归检查子查询，子查询中不适用的规则会被传播到上层查询中。

接下来重写器会进行多次迭代，在每一次迭代中都会尝试对语句树应用适用的重写规则。如果某次迭代中都没能对当前语句树做出新的改写，就表明重写过程收敛了，否则继续迭代，直至达到最大迭代次数（默认为 10 次）。为了能保证重写过程能收敛，每次迭代中都会严格按照顺序应用适合的重写规则，并且要求在增加新规则时慎重考虑规则被应用的次序。

目前重写器会按照下面的顺序执行对语句树的重写：

1）简化。

2）子查询合并。

3）ANY/ALL 优化。

4）集合操作重写。

5）视图合并。

6）WHERE 条件子查询提升。

7）半连接转换为内连接。

8）查询下推。

9）消除外连接。

10）连接消除。

11）外连接 LIMIT 下推。

12）全外连接优化。

13）OR 扩展优化。

14）聚集改写为窗口函数。

15）窗口 GROUP BY 处理。

16）聚集处理。

17）投影剪枝。

18）谓词移动。

限于篇幅，以下仅对其中部分重写处理进行分析。

1. 简化

语句树简化规则的应用由 ObTransformSimplify 类实现，其中的部分简化尝试如下：

（1）消除排序（ORDER BY）子句

主要目的是消除对最终结果没有影响的排序子句，最典型的是子查询中的排序子句。

例如："SELECT * FROM t1 WHERE c1 IN（SELECT c1 FROM t2 ORDER BY c2）;"可以转换为"SELECT * FROM t1 WHERE c1 IN（SELECT c1 FROM t2）;"，而"SELECT DISTINCT c1 FROM（SELECT c1 FROM t1 ORDER BY c2）;"可以转换为"SELECT DISTINCT c1 from（select c1 from t1）;"。

（2）消除窗口函数

如果窗口函数的分区键本身具有唯一性（例如主键），那么每个分区就仅包含一个元组，窗口函数就等同于没有发挥作用，可以将其消除。

例如，表 t 的主键是 pk，那么"SELECT max（c1）OVER（PARTITION BY pk）FROM t;"就可以转换为"SELECT c1 FROM t;"。

（3）消除排序子句中的重复

如果排序子句中的排序键出现在 WHERE 子句的某个等值条件中，即查询结果中的元组在该排序键上的取值都是相同的，那么这个排序键对于排序的效果也就没有影响了，因此可以将其从排序子句中去除。

例如"SELECT * FROM t WHERE a=10 ORDER BY a，b;"可以改写成"SELECT * FROM t WHERE a=10 ORDER BY b;"。

（4）消除分组子句

如果分组子句（GROUP BY）中的属性组本身具有唯一性，那么可以去掉分组子句，同时将 SELECT 子句中的聚集表达式替换成普通的表达式，例如在去掉分组子句后，count（x）可以替换成 1（x 非空）或者 0（x 为空），count（*）可以替换成常量值 1。

（5）消除分组子句中的重复属性

如果分组子句中的属性有重复，那么显然可以去掉重复的属性，例如"SELECT * FROM t1 GROUP BY c1，c1，c1;"可以重写成"SELECT * FROM t1 GROUP BY c1;"。

（6）消除常量前的 DISTINCT

如果 SELECT 子句中的目标表达式都是常量，那么可以将 DISTINCT 关键字去掉，然后在查询后面加上 LIMIT 1。

（7）消除 DISTINCT

如果查询产生的结果本身就具有唯一性，那么 SELECT 子句中的 DISTINCT 关键字可以被移除。

（8）移除无用表达式

如果逻辑表达式中出现了逻辑常量 true 或者 false，整个表达式可以被简化，例如"False OR expr"可简化为"expr"，"True OR expr"可简化为"True"。

（9）移除聚集中的 DISTINCT

聚集函数中的 DISTINCT 在一些情况下可以被移除，例如 max 和 min 聚集中的 DISTINCT 关键字是没有意义的。此外，如果 sum、count 等聚集中的参数表达式本身具有唯一性，那么参数表达式之前的 DISTINCT 关键字也可以被移除。

（10）LIMIT 和 OFFSET 下推

父查询的 LIMIT 和 OFFSET 子句有时可以下推到子查询中，例如 "SELECT rownum rn，v. * FROM（SELECT subquery1 FROM t）v OFFSET 10 ROWS；" 可以改写为 "SELECT rownum + 10 rn，v. * FROM（SELECT subquery1 FROM t OFFSET 10 ROWS）v；"。

（11）移除冗余的分组子句

有些时候子查询中的分组子句是多余的，可以将其删除，例如 "SELECT sum（sc2）FROM（SELECT sum（c2）sc2 FROM t1 GROUP BY c1）；" 可以改写为 "SELECT sum（c2）FROM（SELECT c2 FROM t1）；"。

2. 子查询合并

子查询合并（Subquery Coalesce）的重写动作由 ObTransformSubqueryCoalesce 类实现，这个步骤将试图找到 SELECT 语句的 WHERE 子句以及 HAVING 子句中具有相互包容或者冲突关系的子查询，然后将它们合并起来。

实际上，子查询合并重写的合并对象是 WHERE 子句和 HAVING 子句中的条件，在合并条件的过程中同时也需要对其包含的子查询进行合并。由于语义分析器已经把 WHERE 子句和 HAVING 子句中的条件正规化成了合取式（即 "条件 1 AND 条件 2 AND…" 的形式），子查询合并重写将从这些条件中找出包含子查询的条件，然后对其中符合相容或者冲突关系的条件进行合并处理。

一对可能合并的条件之间是否真正可以合并，还需要考虑其中包含的子查询是否能够相容：①子查询比较简单，不包含递归 CTE、层次查询等；②FROM 子句中包含的关系（子查询）能相匹配；③WHERE 条件相同或者一方被另一方完全包含；④GROUP BY 子句相同；⑤HAVING 条件相同或者一方被另一方完全包含；⑥只能有一方有 DISTINCT；⑦只能有一方有 LIMIT 子句。

子查询合并重写分成两个步骤来完成：同类运算符条件合并以及互逆运算符条件合并。

同类运算符条件的合并将会考虑所有条件之间的组合，如果两个条件使用相同的运算符且包含的子查询相容，则将两者合二为一，同时将条件取并集。

如果条件的子查询相容，互逆运算符合并步骤中会考虑下面这些可能：

1）EXISTS 条件和 NOT EXISTS 条件可以合并。

2）= 条件和<>条件可以合并。

3）<条件和>=条件可以合并。

4）<=条件和>条件可以合并。

这个步骤中会考虑所有具有互逆运算符的条件对，根据两者之间的逻辑关系判断它们组合在一起（合取）是否会产生恒假（False）的结果，如果是这样则会放弃同一子句（WHERE 或 HAVING）中剩余的其他条件，仅把这一对条件合并后保留，否则按上述的判断规则判断条件对是否可以合并。最后，这个步骤会将需要合并的条件对完成合并。下面以 EXISTS 和 NOT EXISTS 条件对为例说明合并的方法。

第一种情况：

条件 1：EXISTS（SELECT * FROM t WHERE cond1 AND cond2）

条件 2：NOT EXISTS（SELECT * FROM t WHERE cond1）

这种情况下很容易分析得知"条件 1 AND 条件 2"一定会得到假，此时会将 WHERE 子句中的所有条件去掉，换成唯一的一个 False 常量表达式。

另一种情况：

条件 1：EXISTS (SELECT * FROM t WHERE cond1)

条件 2：NOT EXISTS (SELECT * FROM t WHERE cond1 AND cond2)

这种情况下"条件 1 AND 条件 2"的真假实际由 cond2 的真假决定，这种情况下将会以 cond2 构造一个 HAVING 子句合并到 EXISTS 的子查询中，形成的新条件将是：

EXISTS (SELECT * FROM t WHERE cond1 HAVING sum(CASE WHEN cond2 THEN 1 ELSE 0)=0)

3. ANY/ALL 优化

对于 ANY/ALL 的子查询，如果子查询中没有 GROUP BY 子句、聚集函数以及 HAVING 时，则可以尝试用 MIN/MAX 聚集函数进行改写，这一处理由 ObTransformAnyAll 类实现。

例如，以下表达式可以使用聚集函数 MIN/MAX 进行等价转换，其中 col_item 为单独列且有非 NULL 属性：

val> ALL(SELECT col_item...) → val> ALL(SELECT MAX(col_item)...);

val>=ALL(SELECT col_item...) → val>=ALL(SELECT MAX(col_item)...);

虽然 ANY/ALL 的改写看起来并没有省掉一些操作，但是这种改写的结果再结合其他的优化技术（如 MIN/MAX 优化）也许可以减小对子查询中表的扫描次数。

4. 集合操作重写

对于集合操作的重写由 ObTransformSetOp 类实现，分为两部分：①将集合操作的每个分支子查询中的 ORDER BY 子句部分去掉；②为 UNION 操作尝试增加 LIMIT、ORDER BY 和 DISTINCT 要求。

如果 UNION 操作采用的是去重的合并，那么这种去重的要求可以下推至各个分支子查询中形成 DISTINCT 关键字。

如果 UNION 操作后面有 ORDER BY 子句，则会把 ORDER BY 子句复制到各个分支子查询中，这样可以让子查询的结果按照全局排序要求有序，最后进行 UNION 合并时可以利用这种有序性进行多路归并排序。

如果 UNION 操作后面有 LIMIT 子句，则会把 LIMIT 子句复制到各个分支子查询中，这样可以在确保最终集合操作能够取得足够多结果的同时，限制每个分支子查询向父查询返回的结果总数。

5. 视图合并

视图合并的作用是施行视图消解，将查询中视图的定义合并在引用视图的父查询中，视图合并工作由 ObTransformViewMerge 类实现。

6. WHERE 条件子查询提升

WHERE 条件中子查询的提升由 ObWhereSubQueryPullup 类实现。

在进行提升之前，首先会尝试对 EXISTS、NOT EXISTS、ANY/ALL 条件中的子查询进行消除，一个这样的子查询能被消除的前提是：①不含集合操作；②FROM 中至少有一项；③没有 GROUP BY、HAVING 和 ROLLUP；④有至少一个聚集函数；⑤没有 LIMIT 子句。如果一个子查询下级的子查询不满足消除的条件，则其上级子查询也不能被消除。对 EXISTS 或者 NOT EXIST 中的子查询，如果它不能被消除，则会简化其 SELECT 子句成为 "SELECT 1" 的形式，同时消除其 GROUP BY 子句和 ORDER BY 子句。对于 ANY/ALL 中的子查询，则会消除其 GROUP BY 子句，如果子查询直接与父查询相关（引用父查询的列）还会消除其中的 DISTINCT 关键字。

接下来重写器会尝试将经过上述处理的子查询提升为半连接或者反连接。

7. 消除外连接

外连接的消除由 ObTransformEliminateOuterJoin 类实现。外连接操作可分为左外连接、右外连接和全外连接。在连接过程中，由于外连接左右顺序不能变换，优化器对连接顺序的选择会受到限制。外连接消除是指将外连接转换成内连接，从而可以提供更多可选择的连接路径，供优化器考虑。

如果进行外连接消除，需要存在"空值拒绝条件"，即在 WHERE 条件中存在当内表生成的值为 NULL 时，输出为 FALSE 的条件。如下面的查询：

```
SELECT t1.c1,t2.c2 FROM t1 LEFT JOIN t2 ON t1.c2=t2.c2;
```

这是一个外连接查询，在其输出行中 t2.c2 可能为 NULL。如果加上一个条件 t2.c2>5，则通过该条件过滤后，t2.c2 输出不可能为 NULL，从而可以将外连接转换为内连接，即

```
SELECT t1.c1,t2.c2 FROM t1 LEFT JOIN t2 ON t1.c2=t2.c2 WHERE t2.c2>5;
```

可以转换为

```
SELECT t1.c1,t2.c2 FROM t1 INNER JOIN t2 ON t1.c2 = t2.c2 WHERE
t2.c2>5;
```

5.5.3 后处理

在完成语句树重写之后，重写器还会对语句树做一些后处理工作，这个阶段由 ObTransformPostProcess 类实现。

（1）可计算表达式处理

语句树中包含着很多表达式，在这个阶段重写器会对这些表达式做以下的尝试：

1）确定表达式参数的类型，选择表达式的正确执行函数，必要时对参数进行数据类型的造型。

2）将可以预计算的表达式（例如稳定的系统函数、参数都是常量的表达式）结果计算出来，用结果的常量表达式替代原表达式。

（2）层次查询处理

这一步骤的任务是对查询中用 CONNECT BY 构成的层次查询进行优化，主要目的是将层次查询改写成连接。

5.6 优化器

从重写器得到的语句树接下来会被送入优化器做进一步优化，这个过程中会确定包括操作实现算法、连接顺序等执行计划的细节。OceanBase 的优化器由

ObOptimizer 类实现，其核心方法 optimize 将会以重写器生成的语句树作为输入，经过一系列优化后生成一个逻辑执行计划。

ObOptimizer 实际上只是一个优化器的门户，逻辑计划的生成是由不同类型查询对应的逻辑计划生成器负责完成，ObOptimizer::optimize 只是根据查询的类型创建相应的逻辑计划生成器然后触发计划生成动作而已。

如图 5.15 所示，各种逻辑计划生成器同时也是其生成的逻辑计划的载体和容器，它们都是 ObLogPlan 的子类，逻辑计划生成器所负责的查询类型如下：

1）ObSelectLogPlan：负责 SELECT、SHOW INDEXES 两类语句。

2）ObDeleteLogPlan：负责 DELETE 语句。

3）ObUpdateLogPlan：负责 UPDATE 语句。

4）ObInsertLogPlan：负责 INSERT 和 REPLACE 语句。

5）ObExplainLogPlan：负责 EXPLAIN 语句。

6）ObMergeLogPlan：负责 MERGE INTO 语句。

下面以 ObSelectLogPlan 生成逻辑计划的过程为例对优化器的主要工作进行分析。OceanBase 的计划生成可以分为两个阶段：第一阶段（5.6.2 节）将产生一个初始的逻辑计划，第二阶段（5.6.3 节）则在初始逻辑计划的基础上进行改造，重点是考虑逻辑计划涉及的表数据的位置分布信息，将初始逻辑计划改造为一种可以在多个节点上并行执行的形式。

5.6.1　路径与逻辑计划

在逻辑计划的生成过程中，选取路径是一个必不可少的环节。访问路径决定了查询涉及的基表数据是以何种顺序和方向汇聚并形成最终的结果关系，可以说访问路径表达了逻辑计划中数据的流动方向和提取（访问）数据的方式，例如对查询"SELECT * FROM A，B，C，D"来说，先连接 A 和 C 然后再连接 B 最后连接 D 就体现了访问路径的数据流向。总体来说，访问路径就是逻辑计划的主干，逻辑计划是在访问路径的基础之上进行了更细致的包装形成的数据结构。

如图 5.16 所示，在 OceanBase 的优化器中，每一个连接表都由一个 ObJoinOrder 对象来表达，而能够形成该连接表的每一条访问路径则由一个 Path 对象表示，这些访问路径被保留在连接表的 interesting_paths_ 属性中。OceanBase 将路径细分成三类，路径的 path_type_ 属性值标明了该路径的具体种类：①访问路径（Access Path）；②连接路径（Join Path）；③子查询路径（Subquery Path）。

访问路径是用于从表读取数据的路径，它们表现为路径树的叶子节点，AccessPath 可以表示对表的顺序访问和索引访问，因此其 table_id_ 和 index_id_ 分别记录了表以及使用的索引的引用信息。由于查询中的表可能通过公共表表达式（Common Table Expression，CTE）、函数、临时表产生，AccessPath 中分别用了三个布尔值属性表示这些情况。

连接路径中用 left_path_ 和 right_path_ 记录了参与连接的左右关系，join_algo_ 表示连接采用的算法（如归并连接等），join_type_ 表示连接的类型（如内连接、外连接等），还通过 left_need_sort_ 和 right_need_sort_ 标明了左右关系是否需要排序，以便后期额外为左右关系加上显式的排序操作。

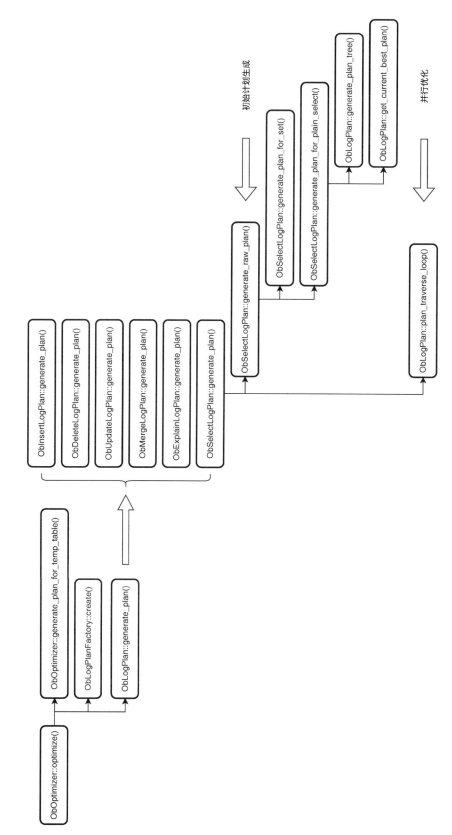

图 5.15　优化器调用关系

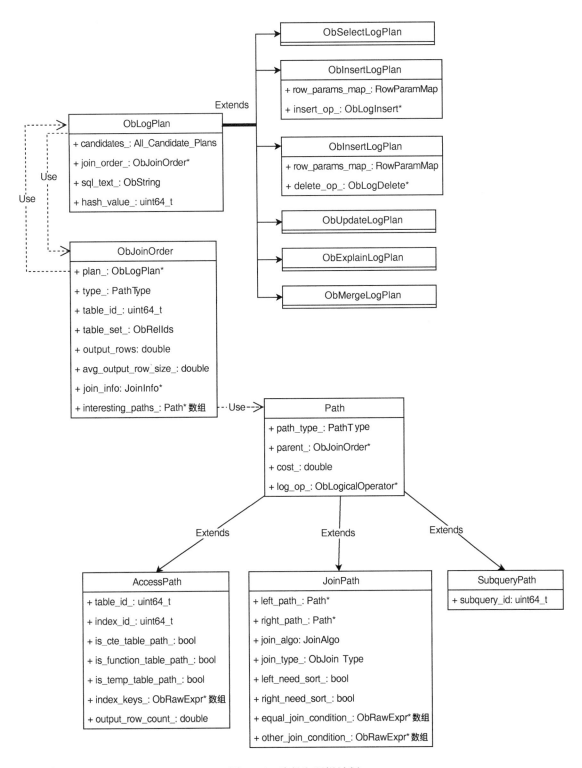

图 5.16　路径和逻辑计划

5.6.2 初始计划生成

如图 5.15 所示，优化器会使用 ObSelectLogPlan::generate_raw_plan() 方法来为一个 SELECT 查询生成初始的计划，该过程总体可以分为三个主要步骤：

1）ObSelectLogPlan::generate_plan_for_set()：如果查询中涉及集合操作，则递归调用 generate_raw_plan 方法为各分支子查询生成计划。

2）ObSelectLogPlan::generate_plan_for_plain_select()：为查询中的单表生成路径，然后基于单表的路径用动态规划或者线性算法生成连接路径。

3）ObLogPlan::get_current_best_plan()：根据代价模型和排序要求选择最优路径形成计划。

1. 单表路径生成

整体上，优化器生成路径的方法都是自底向上的构建方法，即先构造出查询中涉及的基表的单表路径，然后逐步将它们两两连接起来形成越来越"大"的连接路径，最终形成最上层的连接表。因此，优化器首先会生成所有的单表路径，这一工作由 ObLogPlan::get_base_table_items() 和 ObLogPlan::generate_base_level_join_order() 合力完成。

1）首先 get_base_table_items 方法将获得查询中的所有单表（表项的类型不是 JOINED_TABLE），对于查询中的连接表项（表项类型是 JOINED_TABLE）会递归找到其引用的单表，查询中找到的所有单表以一个数组的形式返回。

2）然后 generate_base_level_join_order 会收集好查询中涉及的所有单表（并将它们初步包装成不完整的路径 ObJoinOrder，只记录了涉及这个单表，但是没有访问路径的信息），OceanBase 的优化器将路径分成访问（ACCESS）、连接（JOIN）、子查询（SUBQUERY）、伪 CTE 表访问（FAKE_CTE_TABLE_ACCESS）、函数表访问（FUNCTION_TABLE_ACCESS）、临时表访问（TEMP_TABLE_ACCESS）几种类型，每一个单表的路径类型都是 ACCESS 类型。

2. 连接路径生成

连接路径的生成有动态规划（Dynamic Programming）和线性（Linear）两种算法，如果连接中涉及的表的数目不超过 10 个（由 DEFAULT_SEARCH_SPACE_RELS 定义），则采用动态规划算法生成连接路径，否则采用线性算法生成连接路径。

（1）动态规划算法

OceanBase 的连接路径生成采用了 System-R 的动态规划算法，考虑到的因素包括每一个表可能的访问路径、查询感兴趣的顺序（例如 ORDER BY 要求的顺序）、可能的连接算法（NESTED-LOOP，BLOCK-BASED NESTED-LOOP，SORT-MERGE 等）以及不同表之间的连接选择率等。

动态规划算法由 ObLogPlan::inner_generate_join_path_with_DP() 方法实现，其基础（输入）是单表路径中生成的 N 个基表的访问路径，最终的结果（输出）是由这 N 个基表连接形成的连接关系的访问路径。由于连接操作是一种二元操作，因此 N 个基表需要通过 N-1 个连接操作形成最终的连接关系，动态规划算法的作用是决定这些基表参与连接的顺序。动态规划算法中将所有的关系都看成是"连接关系"，即基表也被看成是"由一个表形成的连接关系"，由 N 个关系连接形成的连接关系被称为第 N-1 层连接关系。动态规划算法从 N 个第 0 层连接关系（基表）出发，先构造出第 1 层连接关系（由两个第 0 层关系连接形成），再构造出第 2 层连接关系（由一个第 1 层关系和一个第 0 层关系连接形成），以此类推逐步构建更高层的连接关系，直至最终得到一个第 N−1 层的连接关系。在构造每一层的连接关系时，动态规划算法都会考虑低层连接关系的多种路径，形成的多种连接路径会作为该连接关系的多种访问路径。

图 5.17 中给出了一个动态规划算法生成连接路径的例子，其中涉及 A、B、C、D 四个基本关系的连接。因此，第 0 层由四个基表的访问路径组成，为了生成第 1 层由两个基表构成的连接表，会尝试四个基表之间各种两两组合形成 A_B、A_C、B_C 等连接表。接下来要生成第 2 层的连接表（由三个基表构成），例如 A_B_C 的形成可以有三种连接顺序：①A_B连接 C（指向 A_B_C 的实线）；②B_C 连接 A（指向 A_B_C 的虚线）；③A_C 连接 B（连线省略）。这些不同的连接顺序会变成连接表 A_B_C 中的不同访问路径。最后，第 3 层（也是最终）的连接关系 A_B_C_D 同样可能有 A_B_C 连接 D、A_B_D 连接 C、A_B 连接 C_D 等多种连接顺序。

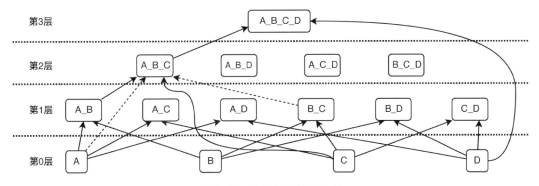

图 5.17　动态规划算法示例

在从两个低层次连接表构造更高层次连接表时，优化器会调用 ObLogPlan::generate_single_join_level_with_DP()，它会分别获得两个指定层次上所有可用的连接表，然后形成两个层次上连接表之间的所有两两组合，利用 ObLogPlan::inner_generate_join_order() 尝试将每一个组合中连接表连接起来形成所要求的高层次连接表，如果一个组合中的两个连接表中涉及的基表有交集（例如"A_C"和"B_C"的基表中都有 C），那么这个组合不能形成高层次的连接表，否则将会尝试这个组合的各种连接方式并选出较好的连接路径。

在尝试为一对连接表构造更高层的连接表时，会考虑四种连接算法：嵌套循环（Nested Loop，NL）、基于块的嵌套循环（Block based Nested Loop，BNL）、归并连接（Merge Join，MJ）以及 Hash 连接（HASH）。在生成连接表时，会根据连接类型选择参与连接的左表和右表的最优路径形成连接表的连接路径，将生成的连接路径加入到连接表对应的 Ob-JoinOrder 对象时，会将该连接路径与该连接表中已有连接路径⊖进行比较，只有当前连接路径在代价或者有序性（Interesting Order）上有优势时才能被保留在连接表中。

从动态规划算法可以看到，由于要考虑连接类型、连接顺序等多方面的可能性，动态规划算法产生的访问路径数量会比较大，而且随着参与连接的基表数目增加，需要考虑的访问路径的数量会呈几何增长。因此，当参与连接的基表数目比较多时，动态规划算法需要耗费

⊖　由于同一个连接表可能会通过其基表的不同连接顺序形成，因此在构造某种连接顺序对应的路径时，该连接表中可能已经加入了通过其他连接顺序形成的连接路径。

比较多的时间才能选择出一个性能比较好的连接路径。如果将优化所消耗的时间考虑在内，这个性能较好的连接路径带来的性能优势可能也会被抵消殆尽。所以，在参与连接的基表数目很多时（超过十个），更需要的是一种能更快选出较优路径方法，即便它产生的路径不是那么优秀，这种方法就是接下来的线性算法。

（2）线性算法

连接路径生成的线性算法的最大不同在于其预处理步骤 ObLogPlan::preprocess_for_linear()，在预处理步骤中会遵从查询语句中对表的连接要求，将具有连接关系的基表先连接起来构成连接表。经过这种预处理之后，后续的连接路径生成过程中需要考虑的可能性就会减少，之后仍然会采用类似动态规划算法的方式从基表以及预处理步骤中创建的连接表出发构造更高层的连接表，但由于很多低层的连接表已经在预处理步骤中遵循连接要求"定向"生成了，花费在构造这些低层连接表上的时间就被大大降低。

3. 选择最优计划

在生成最终连接表的 ObJoinOrder 对象之后，ObLogPlan::candi_init() 方法会将保留在 interesting_paths_ 中各有优势的路径包装成候选计划 CandidatePlan，将它们都收集在 ObLogPlan 对象的 candidates_属性中。在这个过程中，会标记候选计划中代价最低的那一个。最后，ObLogPlan::get_current_best_plan() 方法会从候选计划中选出当前代价最低的计划作为初始计划返回。

5.6.3 并行优化

在前面的优化过程中，优化器使用了一种假设：查询都将以单线程的方式执行。在这种假设下，优化器主要考虑以不同执行计划下完成查询所需的"工作量"的多少，并据此在不同的执行计划中选择"工作量"最小的那个计划，而"工作量"的大小也就直接影响了查询返回时间的长短，优化"工作量"与优化执行时间在大部分的情况下是一致的。

在考虑多个线程并行执行查询的情况下，优化器的目标是尽可能缩短查询的返回时间，考虑到使用并行执行的大多是较为复杂、消耗资源较多的查询，这样的假设是合理的。在这种情况下，代价模型就必须考虑并行度的影响，以及哪些操作可以并行、哪些不可以。这样的结果使得可能的执行计划数量大大增加，优化器的搜索空间剧增，处理也更加复杂。多个线程并行执行查询的情况又可以分成两种：单一节点上的多个线程并行以及多个节点上的多个线程并行，其中后者还涉及分布式执行。

考虑到上述情况，OceanBase 将优化器的优化过程分成串行优化与并行优化两个阶段。本节之前的计划生成及调整动作统称为串行优化，在串行优化阶段，优化器不考虑并行执行的影响，仅根据代价从枚举出的执行计划中选出代价最小的进入后续的并行优化阶段。

在并行优化的阶段，优化器根据系统决定好的并行度对执行计划重新优化，最终选择出一个最优的并行执行计划。并行优化的工作由 ObLogPlan::plan_traverse_loop() 完成，实际上这个方法负责的工作不仅仅是并行优化，它可以通过参数中给出的遍历操作（TraverseOp）标记执行很多操作，例如：

1）分配交换节点（ALLOC_EXCH 标记），这个动作对应着并行优化。

2）移除无用的排序，包括排序操作符、集合合并排序和任务排序（ADJUST_SORT_OPERATOR 标记）。

3）投影剪枝（PROJECT_PRUNING 标记）。

4）生成计划签名（GEN_SIGNATURE 标记）。

plan_traverse_loop 方法会针对收到的多个遍历操作依次调用 ObLogPlan::plan_tree_traverse 方法，plan_tree_traverse 方法中最终将会调用逻辑计划树根节点（ObLogicalOperator 类）的 do_plan_tree_traverse 方法来自顶向下遍历计划树并在各个计划树节点上应用相应的遍历操作。遍历过程中，对计划树中每一个计划节点都会采用三段式的处理。

1. 前置阶段

每一个计划节点都是 ObLogicalOperator 的子类实例，前置阶段会执行其 do_pre_traverse_operation 方法，该方法同样会针对不同的遍历操作做不同的处理。

并行优化操作仅被应用在计划树的根节点上，其目的是希望找到可能存在的能够同时提供查询所涉及表的全部分区的服务器。这个过程实际会遍历下层的计划节点获得每个计划节点涉及的表（分区）副本的地址（ObAddr，包括所在服务器的 IP 地址和端口号），每一个计划节点收集到的地址集合是来自其所有子计划节点的地址集合的交集。

很明显，真正能够提供所涉及表的副本地址的只有 ObLogTableScan 节点（表扫描节点），ObLogTableScan 节点在这个阶段向上级节点返回地址集合的原则是：如果涉及的是复制表（在各个节点上都有）则返回优化时选定的副本地址，如果涉及的是分区表则返回拥有所有分区的服务器地址（也可能返回空集合）。

在计划树的根节点上会从最终得到的地址集合中选择一个作为选中的服务器，选择的原则是：如果本地服务器在该地址集合中就选择本地服务器，否则选择第一个地址。这个被选中的地址对应的服务器将成为未来执行分布式计划的主节点（Leader）。

2. 递归阶段

递归阶段会对当前计划节点的每一个子节点尝试 do_plan_tree_traverse 方法，让下层的每个计划节点都有机会实施并行优化。

3. 后置阶段

在后置阶段会调用计划节点的 do_post_traverse_operation 方法，这一阶段实际上是执行并行优化的主体。

后置阶段的主要工作集中在计划节点的 allocate_exchange_post 方法中，每一类计划节点都有自己的 allocate_exchange_post 方法实现，其实现细节有比较大的区别。不过，allocate_exchange_post 方法内的总体思想都是类似的：父节点根据自身情况判断是否需要进行并行优化，如果需要则驱动子节点去创建 ObLogExchange 节点[⊖]。

例如在 ObLogSet::allocate_exchange_post 中，当集合操作是 UNION ALL 时的几种情况：

1）各个分支涉及的表的分区方式相匹配，在针对 UNION ALL 的处理不做动作，但在 allocate_exchange_post 方法中会为各个分支增加 ObLogExchange 节点，这种节点未来会按照服务器为单位并行执行。

2）各分支的分区方式不匹配，但是需要顺序执行（各分支返回的行的基数超过阈值 SEQUENTIAL_EXECUTION_THRESHOLD[⊜]），则针对每个分支的根计划节点调用 allocate_exchange

---

⊖　即用 EXPLAIN 命令显示的执行计划中的 EXCHANGE 节点。

⊜　值为 1000。

方法增加 ObLogExchange 节点。

3）各分支的分区方式不匹配且不能顺序执行，则以第一个分支为基准，对其他分支进行检查，如果被检查的分支涉及非本地副本而基准分支只涉及本地副本或者前者的基数大于后者的基数，则将前者作为新的基准分支，并且调用旧基准分支的 allocate_exchange 方法为其增加 ObLogExchange 节点。

ObLogExchange 节点的创建绝大部分情况下都是由计划节点的 allocate_exchange 方法完成，计划节点的父类 ObLogicalOperator 中有 allocate_exchange 方法的通用实现，在有些计划节点子类（如 ObLogMaterial）中也重载了 allocate_exchange 方法来实现其特殊的要求。

ObLogicalOperator::allocate_exchange 中会进一步调用 ObLogicalOperator::allocate_exchange_nodes_above 方法在当前节点的上层增加两个 ObLogExchange 节点：producer 和 consumer。其中 producer 作为当前计划节点的直接父节点，consumer 作为 producer 的父节点，当前计划节点原来的父节点则作为 consumer 的直接父节点。这里的 consumer 节点就是计划树中的 EXCHANGE IN 节点，而 producer 则是 EXCHANGE OUT 节点。

5.6.4　代价模型

在生成计划的过程中，经常需要计算路径的代价，用于淘汰没有优势的路径，这些代价计算都按照 OceanBase 代价模型的假设进行。OceanBase 的代价模型考虑了 CPU 代价（例如处理一个谓词的 CPU 开销）和 I/O 代价（例如顺序、随机读取宏块和微块的代价）。当然，作为一种分布式数据库，OceanBase 的代价模型中还会考虑跨节点数据传输导致的代价，将一条路径中所有的 CPU 代价、I/O 代价和网络传输代价累加起来就得到该路径的总代价。

代价模型中同时对路径中可能出现的各种基本操作的代价给出了假设，从表 5.1 中可以看到，各种基本操作的代价值反映了它们之间的相对效率，例如顺序取微块的 I/O 操作代价（DEFAULT_MICRO_BLOCK_SEQ_COST）就比随机取微块的 I/O 操作代价（DEFAULT_MICRO_BLOCK_RND_COST）更低，处理单个元组的 CPU 代价（DEFAULT_CPU_TUPLE_COST）比前面这两种 I/O 操作的代价要低得多。另外，OceanBase 代价模型中的代价值是没有单位的，它们并不代表相应操作的耗时情况，只是为了反映出不同操作之间的性能差异。

表 5.1　主要代价参数

代价参数变量	代价值	用途
DEFAULT_CPU_TUPLE_COST	0.138021936096	单元组的 CPU 处理代价
DEFAULT_MICRO_BLOCK_SEQ_COST	35.745839897756	顺序读取一个微块的代价
DEFAULT_MICRO_BLOCK_RND_COST	46.915803714286	随机读取一个微块的代价
DEFAULT_JOIN_PER_ROW_COST	0.50935757	构造单个连接元组的代价
DEFAULT_MATERIALIZE_PER_BYTE_COST	0.04593843865002	物化单个字节的代价
DEFAULT_MATERIALIZED_ROW_COST	0.187837063	处理单个物化元组的 CPU 代价
DEFAULT_MATERIALIZED_BYTE_READ_COST	0.0026111726	从物化文件读取单个字节的代价
DEFAULT_PER_AGGR_FUNC_COST	0.052990468	执行一次聚集函数的代价
DEFAULT_NETWORK_PER_BYTE_COST	0.011832508338	通过网络传输单个字节的代价

代价模型最终体现在为路径计算代价的动作中，针对不同的路径有不同的计算方法，它

们共同组成了 ObOptEstCost 类，各种主要计算方法的用途如表 5.2 所示。

表 5.2　主要代价计算方法

方法名	用途	方法名	用途
cost_table( )	表的访问代价	cost_merge_group( )	归并分组的代价
cost_virtual_table( )	虚拟表的访问代价	cost_hash_group( )	Hash 分组的代价
cost_normal_table( )	普通表的访问代价	cost_merge_distinct( )	归并去重的代价
cost_nestloop( )	嵌套循环连接的代价	cost_hash_distinct( )	Hash 去重的代价
cost_mergejoin( )	归并连接的代价	cost_limit( )	LIMIT 操作的代价
cost_hashjoin( )	Hash 连接的代价	cost_window_function( )	窗口函数的代价
cost_sort( )	普通排序的代价	cost_material( )	物化的代价

由于路径是树状的形态，因此路径的代价计算是一个自顶向下的递归计算过程：计算一条路径的代价从路径的根节点开始，调用根节点类型对应的代价计算方法，计算过程中如果需要下层子树（子路径）的代价则调用子树根节点的代价计算方法获得，以此类推。下面以几种典型路径的代价计算方法为例子来展示 OceanBase 的代价模型如何发挥作用。

1. 表的访问代价计算

表访问代价的计算总入口是 ObOptEstCost::cost_table( ) 方法，该方法会根据表是虚拟表或是普通表转入 cost_virtual_table 或 cost_normal_table。

对于普通表来说，可能有两种访问方式：GET（通过索引访问）和 SCAN（直接扫描表），两种访问方式又分别有其并行版本 MULTI_GET 和 MULTI_SCAN。

GET 和 MULTI_GET 方式的代价计算由 ObOptEstCost::cost_table_get_one_batch( ) 实现，通过索引访问表元组可能产生两部分代价：①在索引中查找的代价；②根据找到的索引项回到基表上取出目标元组的代价（也称为回表代价）。如果使用的索引包括了查询的所有目标列，则表的访问总代价仅包括第①部分，否则访问总代价由①②两部分共同构成。不管是索引的访问代价还是回表代价，最后都会转换成 I/O 代价，而 I/O 代价取决于从索引以及表中取出的微块数量，微块的数量可以通过结果元组的总容量除以每个微块的容量算得。此外，如果索引访问方式中用到了全局索引，还需要在总代价中加上访问其他节点上的局部索引花费的网络传输代价，该部分等于基表被索引列的字节尺寸与网络传输单字节代价的乘积。

SCAN 和 MULTI_SCAN 方式的代价计算与 GET 和 MULTI_GET 方式类似，不过在考虑微块数量时会假定缓冲命中率为 0.6（由宏 TYPICAL_BLOCK_CACHE_HIT_RATE 定义）。

2. 嵌套循环连接代价计算

如图 5.18 所示，嵌套循环连接的代价 nl_cost 由四部分构成：

1）左表的处理代价：在嵌套循环连接算法中，左表只需被扫描一次，因此左表的总处理代价包括：①从左表路径中取得所有元组的代价；②在嵌套循环中处理每个左表元组的 CPU 代价，即左表结果数与单元组 CPU 处理代价的乘积。

2）右表的处理代价：在嵌套循环连接算法中，对于每一个左表元组，右表都需要被完整地扫描一次，因此右表的总处理代价大约是左表结果数与右表单次扫描代价的乘积，不过右表单次扫描代价根据右表的规模会有两种情况：

① 右表较小可以被容纳在内存中，则右表结果无须物化，每一个左表元组需要的右表扫描都直接进行。

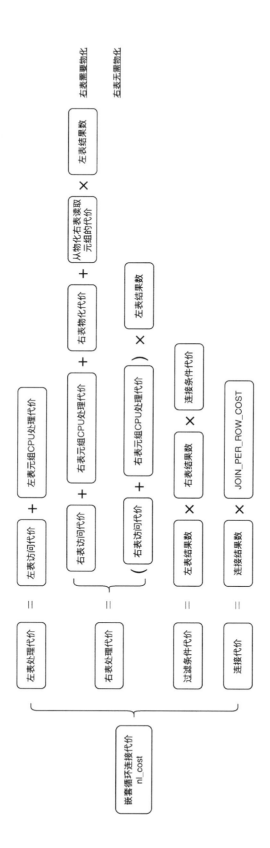

图 5.18　嵌套循环连接的代价构成

② 右表较大无法完全放在内存中，则右表第一次被扫描后将被物化（存放在临时文件中），后续的右表扫描都从物化表中读取右表的元组，此时右表的总处理代价中需要加上物化操作的代价，而每个左表元组引起的右表扫描代价则用从物化表中读取代价替代。

3）过滤条件的代价：过滤条件的代价与左右表笛卡尔积的结果数成正比，通过 ObOptEstCost::cost_qual() 方法计算。

4）连接代价：构造连接结果元组的代价，是结果元组数与 JOIN_PER_ROW_COST 的乘积。

3. 物化操作的代价计算

有些时候，路径中某个节点可能会需要对其获取的元组进行物化处理，即将收集到的元组暂存至某种形式的临时文件（可称为物化文件）中，例如前文的嵌套循环连接中就可能会将右表中产生的元组做物化处理。物化处理会带来两方面的代价：

1）物化的代价：即将元组保存到物化文件中的代价，这部分代价仅与被写出到物化文件中的数据量有关，其计算方式为：元组的平均尺寸×元组数×单字节的物化代价（MATERIALIZE_PER_BYTE_COST）。物化的代价计算由 ObOptEstCost::cost_material() 方法实现。

2）从物化文件中读取元组的代价：元组被物化后，后续对这些元组的访问将从物化文件中读取，因此访问这些元组的代价就应该按照从物化文件中读取计算。从物化文件中读取一个元组的代价为：处理物化元组的代价（DEFAULT_MATERIALIZED_ROW_COST）+元组宽度×从物化文件读取单个字节的代价（DEFAULT_MATERIALIZED_BYTE_READ_COST）。从物化文件中读取元组的代价计算由 ObOptEstCost::cost_read_materialized() 实现。

4. 函数及表达式的代价计算

路径中会涉及对很多函数和表达式的调用，例如窗口函数、WHERE 条件等，这些函数或表达式的执行同样会带来不等的开销，在 OceanBase 代价模型中也给出了它们的计算方法。例如 ObOptEstCost::cost_window_function() 计算窗口函数的代价时，会认为窗口中每个元组都会有两部分代价：聚集函数处理代价（DEFAULT_PER_AGGR_FUNC_COST）和元组本身的 CPU 处理代价。而 ObOptEstCost::cost_quals() 计算过滤条件代价时，会根据条件表达式的结果类型来得到代价。

代价计算中非常依赖于对结果元组数和结果集合字节尺寸的估计，而这些又取决于对过滤条件选择度的估计以及结果元组宽度的估计。

（1）选择度估计

选择度是满足条件的元组在全部元组中所占的比例，单个条件的选择度容易估算：根据条件所覆盖的值范围和完整的取值范围的比例就能算出条件的选择度。而一个查询中包括多个条件，需要将多个单条件选择度整合起来，由于 OceanBase 在重写器中已经将所有的条件转换成了合取形式，因此可以通过单条件的选择度求积的方式得到整个查询的选择度。选择度估算的主入口是 ObOptEstSel::calculate_selectivity()。

（2）宽度估计

代价模型中用到的"宽度"是指数据库对象所占的字节数，较大对象（如元组）的宽度可以通过累加其组成部分（列）的宽度得到。显然，由于元组中可能存在变长列，元组的宽度不可能是一个定值，因此代价模型中使用的元组宽度实际上是平均宽度。元组宽度的估算由 ObOptEstCost::estimate_width_for_table() 实现，而该方法内会调用 ObOptEstCost::

estimate_width_for_columns（） 为元组的组成列逐一计算宽度并累加。

列的宽度与其数据类型或者表达式结果类型有关：

1）如果是整数类型，则列宽度为 4 字节。

2）如果是字符串类型，则列宽度为最大长度的二分之一。

3）如果是时间类型，则列宽度是类型精度（Precision）的二分之一。

4）其他情况，列宽度为 8 字节（64 位无符号整数）。

如果算出的列宽度不足 4 字节，则按照 4 字节对齐。

5.6.5　代码生成

代码生成器以优化器最终生成的最优逻辑计划树为输入，把它翻译为由 ObPhysicalOperator 及其子类组成的物理执行计划，便于执行引擎高效执行。例如，代码生成过程中会把中缀表达式转换为后缀表达式。最终生成的物理计划要去掉任何不必要的运行时开销，例如：在物理计划中去掉 ObRowDesc，直接使用下标访问输入行中的列；在物理计划中使用静态类型计算表达式，可以避免运行时的类型判断。

代码阶段的主入口是 ObSql::code_generate 方法，它最终会实例化一个 ObCodeGeneratorImpl（代码生成器）对象，然后调用其 generate 方法以逻辑计划为输入产生可执行的物理计划。generate 方法会以后续遍历的方式遍历逻辑计划树，然后对每一个逻辑计划节点进行转换（Convert）形成相应的物理计划节点，因此，计划节点的转换过程就是整个代码生成步骤的核心。ObCodeGeneratorImpl::convert 方法本身只是一个包装器，它会根据被转换的逻辑计划节点的类型，转向该类型节点的专用转换方法，这些方法都以"convert_XXX"命名，其中"XXX"对应着逻辑计划节点的类型名。下面以表扫描为例解析逻辑计划节点转换成物理计划节点的过程。

convert_table_scan 方法针对的是 ObLogTableScan 节点，为表扫描操作生成物理计划节点。表扫描操作对应的物理计划节点是 ObTableScan，其他逻辑计划节点对应的物理计划节点的命名规则也都与之保持一致，即将逻辑计划节点名称中的"Log"去掉。

除了处理普通的表扫描之外，convert_table_scan 还能处理公共表表达式（Common Table Expression，CTE）的扫描，这里只关注对普通表的表扫描，它由 convert_table_scan 进一步调用 convert_normal_table_scan 方法进行处理。

在对普通表扫描的转换中，ObLogTableScan 同样承载了多类表扫描：物化视图上的扫描、采样扫描、多分区扫描、基表扫描，其中采样扫描是为了收集表中列值分布情况，又可以分为行采样扫描和块采样扫描，它们代表采样时抽取数据的粒度。根据不同类型的表扫描，转换得到的物理计划节点的类型也随之确定。

1）PHY_MV_TABLE_SCAN：物化视图表扫描，实际的物理计划节点是 ObMVTableScan。

2）PHY_ROW_SAMPLE_SCAN：行采样扫描，产生物理计划节点 ObRowSampleScan。

3）PHY_BLOCK_SAMPLE_SCAN：块采样扫描，产生物理计划节点 ObBlockSampleScan。

4）PHY_MULTI_PART_TABLE_SCAN：多分区表扫描，产生物理计划节点 ObMultiPartTableScan。

5）PHY_TABLE_SCAN：基表扫描，产生物理计划节点 ObTableScan。

如图 5.19 所示，这些物理计划节点实际上都是 ObTableScan 的子类，而包括 ObTableScan 在内的所有物理计划节点都是 ObPhyOperator 的子类，因此物理计划节点也称为物理操作符。

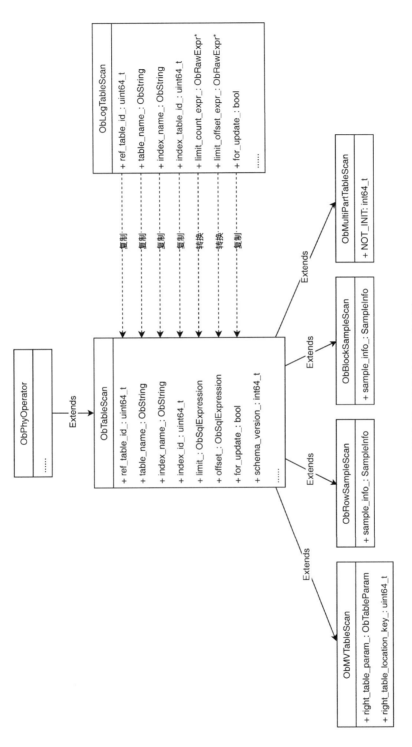

图 5. 19 ObTableScan 类层次

从图 5.19 可以看到，对表扫描节点的转换过程其实就是从逻辑计划节点复制信息到物理计划节点的过程，包括：

1）复制扫描的表名、索引名。

2）复制查询范围。

3）复制优化信息，主要是一些估计信息，例如表的行数、节点输出结果行数等。

4）复制 LIMIT、OFFSET 表达式。

5）复制表扫描要访问的列信息，包括基本列、虚拟列（如 rowid 这类伪列）。

6）如果是物化视图表扫描，还要复制物化视图的基表 ID 信息。

7）如果是采样扫描，还要复制采样信息。

从表扫描操作符的转换过程可以看出，逻辑计划生成物理计划的过程本质上是将计划树中的每一个逻辑计划节点转换成对应的物理计划节点，计划树的形状其实并未发生根本的变化。而且，虽然这个转换过程被命名为"代码生成"，但由于 OceanBase-CE 中并未启用 JIT 技术[⊖]，因此物理执行计划仍然只是描述了对应的物理操作符类和执行该操作符所需的信息，并不是真正的"代码"。执行器在接收到物理计划之后，还是需要根据其中每一个操作符的内容调用相应的方法来完成该操作符的执行。

5.7 执行器

SQL 引擎的执行器入口"隐藏"在 ObMPQuery::response_result 方法中。严格来说，response_result 方法涵盖的功能不仅仅是物理计划的执行，还包括了将物理计划中产出的行返回给需求者（最典型的就是客户端）。总体上，response_result 方法将执行过程分成了三种情况：DML 语句的同步执行、DML 语句（增删查改）的远程异步执行、非 DML 语句执行。

1）DML 语句的同步执行方式是本地执行计划的执行方式，这包括非分布式计划以及查询执行器中执行的分布式计划片段。在这种执行方式下，ObMPQuery::response_result 会建立一个同步计划驱动（ObSyncPlanDriver）来执行计划，然后由同步计划驱动的 response_result 方法采用同步的方式[⊖]推进执行计划的执行，调用 ObResultSet 的 get_next_row 方法一个个地取出执行计划的行并返回。

2）DML 语句的远程异步执行是分布式执行计划的执行方式：由一个 OBServer 实例作为查询控制器（Query Controller），分布式计划被分发给集群中其他 OBServer（称作查询执行器，Query Executor）执行，然后它们将自己的局部结果传送给控制器，控制器将收到的结果行返回给需求者。在这种方式下，控制器将分布式计划发布出去后，会注册一些回调函数，当远程执行器的结果到达时将触发回调函数来完成最后的结果返回。对于每一个远端执行器来说，其执行收到的分布式计划的过程和 DML 语句的同步执行方式类似，不同之处在于其产生的结果行需要返回给查询控制器。

3）非 DML 语句执行方式用于执行 CREATE TABLE 之类的非 DML 语句，OceanBase 内

⊖ ObSql::code_generate 方法中 use_jit 变量的值恒为 false。

⊖ 这里的同步方式是指在执行计划产生下一个行之前调用者会等待，直到得到一个行后才尝试去取下一个行。

部也把这类语句称为命令（Command，CMD）。这类语句的执行特点是返回的结果并不是标准的行集合，例如可能是一种简单的字符串。这意味着这类语句的执行是一次调用，然后获得整个语句的执行结果。因此，ObMPQuery::response_result 会建立一个同步命令驱动（ObSyncCmdDriver）或者异步命令驱动（ObAsyncCmdDriver）来执行命令语句。

5.7.1　命令执行

命令类语句类型分散，没有统一的执行方案，因此无法采用"生成计划-执行计划"的方式执行，只能采用专门的执行路径。图 5.20 给出了命令执行的主干流程。

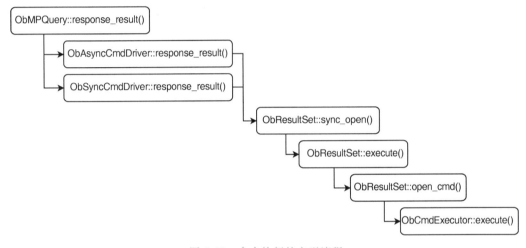

图 5.20　命令执行的主干流程

不管 ObMPQuery::response_result() 决定使用同步还是异步的命令驱动来执行命令语句，同步和异步命令驱动的 response_result 方法都会最终进入到 ObCmdExecutor::execute() 中。

由于命令语句的多样性，ObCmdExecutor::execute() 只能作为一个分配器将不同的命令执行引导至不同的具体执行器中。例如，对于 CREATE TABLE 和 CREATE VIEW 语句，ObCmdExecutor::execute() 将会把它们的执行交由表创建的执行器 ObCreateTableExecutor 执行。每一个具体执行器中同样有一个 execute 方法，当执行语句被交给具体执行器时，其 execute 方法就会被执行，其中就包含了该命令语句的执行逻辑。由于命令语句的种类太多，限于篇幅，这里就不一一展开介绍它们的执行逻辑，在后续章节中读者将会看到一些命令语句的例子。

5.7.2　计划执行框架

不管是分布式计划还是本地计划，最终的执行过程都会落到某台或者某几台 OBServer 上，形成事实上的"本地执行"方式。因此，本节给出本地计划执行的基本框架，然后在接下来的小节分析分布式执行和并行执行的方式。

OceanBase 对执行计划的执行遵循了经典的 Volcano 迭代模型[○]，即每一个计划节点为了

○　由 Goetz Graefe 在 1994 年发表的"Volcano—An Extensible and Parallel Query Evaluation System"（IEEE Transactions on Knowledge and Data Engineering，Volume 6，Issue 1）论文中提出。

向其上层节点或者调用者输出一行，会先从其下层计划节点获取一行或者多行来计算出这个输出行。当用户要执行一个执行计划时，需要做的工作就是不断地要求该执行计划的根节点提供行（节点的 get_next_row 方法），直到它无法返回非空行为止。而根节点为了返回行，则会向其下层节点索要数据，这种过程会一直传递到计划树的叶子节点（一般是 ObTableScanOp），而表扫描节点才是真正从存储引擎取出最原始数据的地方。

为了支持上述的执行模型，执行计划中的所有物理操作符都会遵循相同的接口，即提供 ObOperator::get_next_row 方法来获得该物理操作符输出的下一个行，ObOperator::get_next_row 方法实现在 ObOperator 类中，所有的物理操作符都是这个类的子类，ObOperator::get_next_row 方法流程如图 5.21 所示。可以看到，虽然物理操作符对外提供的获取行的接口是 get_next_row，但真正执行物理操作符取得一行的步骤是由 inner_get_next_row 方法实现，所以每一种具体的物理操作符都有自己的实现方式。另外，ObOperator::get_next_row 方法还集成了选择操作，如果物理操作符上有过滤条件，该方法会在取得行之后完成过滤形成最终的结果行。

下面以表扫描操作符（ObTableScanOp）为例介绍物理操作符的实现框架。

ObTableScanOp 的作用是扫描某个表，从中逐一取出数据行送往更上层的操作（例如连接和聚集）。表可能有多种存储方式，例如存在于存储设备上的物理表、仅存于内存中的虚拟表（Virtual Table）以及通过对象存储服务（Object Storage Service，OSS）等渠道接入集群的外表（Foreign Table）。从这些不同情况的

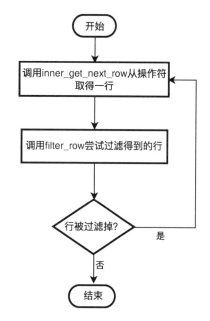

图 5.21　ObOperator::get_next_row 方法流程

表中获取行的方式也大不相同，OceanBase 将对这些表的访问封装成了数据访问服务（ObIDataAccessService，DAS），ObTableScanOp 将会在自身的执行过程中利用 DAS 提供的接口来完成表扫描。目前，ObIDataAccessService 主要有两种实现：用于访问虚拟表的 ObVirtualDataAccessService 以及用于访问物理表的 ObPartitionService。

遵循 Volcano 迭代模型的设计，ObTableScanOp 的执行由初始化、迭代、关闭三个阶段构成。

1）初始化阶段：初始化阶段由 ObTableScanOp::inner_open 方法实现，其主要任务是初始化一个新行迭代器（ObNewRowIterator），并将其保存在物理计划上下文中（ObPhysicalPlanCtx）。行迭代器的初始化依赖于 DAS 提供的 table_scan 接口，inner_open 中首先会调用 ObSQLUtils::get_partition_service 方法根据要扫描的表获得其适合的 DAS，然后由 DAS 的 table_scan 方法初始化适合的行迭代器，例如物理表的 DAS 会初始化一个 ObTableScanIterator 实例作为行迭代器。

2）迭代阶段：迭代阶段是真正从表中扫描行的阶段，这一阶段依靠 ObTableScanOp::inner_get_next_row 方法，该方法进一步使用初始化阶段构造的行迭代器来扫描表行，行迭代

器同样也提供了 get_next_row 方法向其调用者提供一个有效的表行，例如 ObTableScanIterator 的 get_next_row 方法最终会传导到 ObSSTableRowIterator::scan_row 方法（已进入存储引擎边界，通过逐个解析宏块、微块来解析行）。

3）关闭阶段：由 ObTableScanOp::inner_close 方法实现，这里会销毁初始化阶段创建的新行迭代器，并且重置物理计划上下文中的信息。

5.7.3　并行执行框架

在 OceanBase 集群中往往有多台物理机器，而且每台物理机的硬件配置（线程数、内存量）都比较高，因此当执行计划涉及大量数据时，将这些硬件资源充分利用以并行地执行计划是一种很好的选择。为此，OceanBase 中在 2.2.5 版本开始就引入了新的并行执行（Parallel Execution）框架，内部也常简写为 PX 框架。

当用户提交的 SQL 语句需要访问的数据位于两个及以上节点时，就会启用并行执行，会执行如下步骤：

1）用户所连接的这个节点（会话所在地）将承担查询协调者（Query Coordinator，QC）的角色。

2）QC 预约足够的线程资源。

3）QC 将需要并行的计划拆成多个子计划（Data Flow Operation，DFO），每个 DFO 包含若干个串行执行的操作符。例如，一个 DFO 里包含扫描分区、聚集、发送操作符，另外一个 DFO 里包含收集、聚集操作符等。

4）QC 按照一定的逻辑顺序将 DFO 调度到合适的节点上执行，该节点会临时启动一个辅助协调者（Sub Query Coordinator，SQC），SQC 负责在所在节点上为各个 DFO 申请执行资源、构造执行上下文环境等，然后启动 DFO 在相应节点上并行执行。

5）当各个 DFO 都执行完毕，QC 会串行执行剩余部分的计算。例如，一个并行的 COUNT 聚集，最终需要 QC 将各个节点上的计算结果做一个 SUM 运算。

6）QC 所在线程将结果返回给客户端。

图 5.22 给出了并行执行框架的运作过程示例，当一个计划进入到执行阶段时，本地调度器会按照 5.7.1 节所述的 Volcano 模型从计划树的顶层操作符开始迭代执行，每一次迭代都会从顶层操作符返回一个结果行。在计划树执行过程中，如果遇到与并行执行相关的操作符（PX 操作符），就会触发并行执行的过程，而该操作符的执行线程就被称为 QC。PX 操作符在执行时就会将其下的子计划通过 RPC 发送到相关的节点上（QC 所在的节点也可能涉及 DFO 所需的分区，因此也可能会收到 DFO），每一个参与 DFO 执行的节点上会产生一个 SQC 对象（没有单独的线程）来协调本地的 DFO 并行执行过程。SQC 会根据 DFO 任务执行的体量以及可用的 PX Worker 数量来调度 PX Worker 并行执行 DFO 的任务。

严格来说，并不是执行器决定是否要并行执行计划，而是由优化器决定的。因为优化器在产生计划的过程中已经考虑了并行执行的可能性，并且会生成并行计划，执行器在收到并行计划后就会作为 QC 来执行该计划。例如，如果一个查询涉及连接两个分区表，优化器根据规则和代价信息，可能生成一个分布式的 PARTITION WISE JOIN 计划，也可能生成一个 HASH-HASH 打散的分布式 JOIN 计划。计划一旦确定，QC 就会将计划拆分成多个 DFO 有序调度执行。

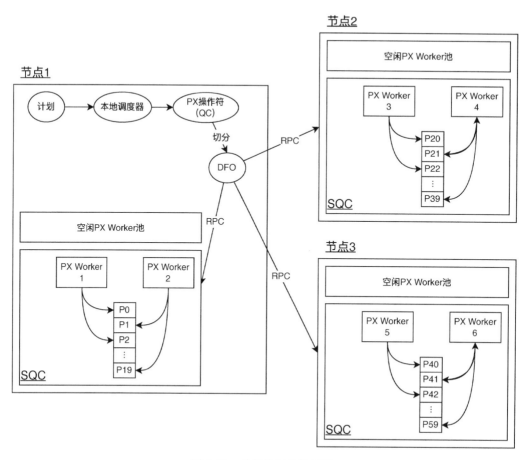

图 5.22　并行执行总体框架

（1）并行度与任务划分方法

在 OceanBase 中用并行度（Degree Of Parallelism，DOP）的概念指定用多少个线程来执行一个 DFO，参与执行 DFO 的线程被称为并行执行工作者（Parallel Executing Worker，PX Worker）。目前 OceanBase 可以通过 "parallel" 这个 Hint 来指定并行度。DOP 是个集群级的概念，因此还需要将 DOP 确定的线程数分配到参与执行 DFO 的多个节点上。

对于包含扫描操作的 DFO，QC 会考虑 DFO 需要访问哪些分区、这些分区位于哪些节点上，然后将 DOP 按比例划分给这些节点。例如，DOP 为 6，DFO 要访问 120 个分区，其中节点 1、2、3 上分别有 60、40、20 个分区，那么 QC 会给节点 1、2、3 分别分配 3、2、1 个线程，最终达到平均每个线程处理 20 个分区的效果。如果 DOP 和分区数不能整除，QC 会做一定的调整，达到长尾尽可能短的目的。

如果每个节点上分得的线程数远大于分区数，SQC 会自动做分区内并行。每个分区会以宏块为边界划分成若干个扫描任务，由多个线程争抢执行。

为了将这种划分能力进行抽象和封装，OceanBase 的并行执行框架引入了 Granule 的概念。每个扫描任务称为一个 Granule，这个扫描任务既可以是扫一整个分区，也可以是扫分区中的一个范围。如图 5.23 所示，在两个 PX Worker 共同扫描同一个分区（SSTable）的情况下，这个分区被划分成四个 Granule，每个 Granule 包含两个宏块，正常来说两个 PX

Worker 都会从这些 Granule 中争抢到两个 Granule 执行。

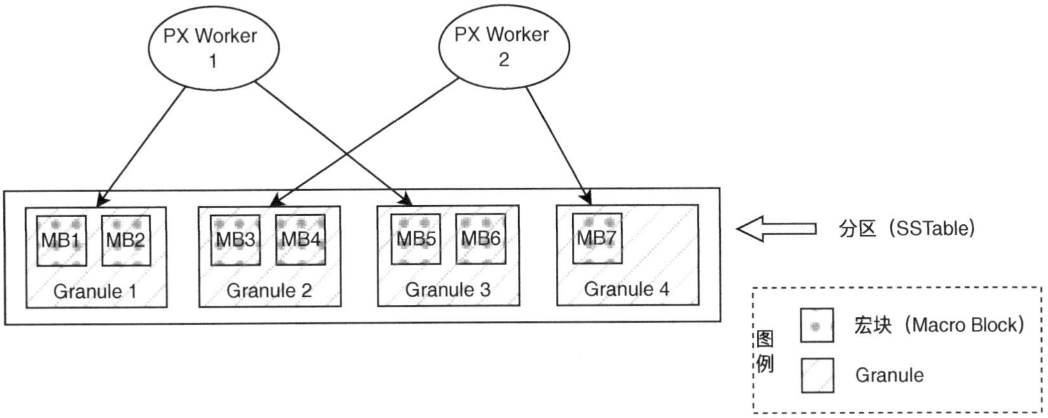

图 5.23　Granule 划分示例

　　分区的划分需要一个合适的粒度，既不能太大也不能太小。粒度过大，容易出现 PX Worker 工作量不均衡；粒度过小，会多次出现前一个 Granule 执行完毕后切换到下一个 Granule 的动作，这样做的累积开销比较大。目前 OceanBase 中使用了一个经验值来实现对分区的划分：每个 PX Worker 可以拿到 13 个 Granule 是最合适的。划分形成的 Granule 被串成一个链表，由 SQC 产生的 PX Worker 将从链表上抢 Granule 任务执行。

　　对于不包含扫描任务的 DFO，也会分配在子 DFO 所在的机器上，以尽可能减少一些跨机的数据传输。部分 DFO 不能并行执行，会被打上 LOCAL 标记，QC 会在本地调度这样的 DFO，且强制将其并行度设置为 1。

　　（2）并行调度方法

　　优化器生成并行计划后，QC 会将其切分成多个 DFO。如图 5.24 所示的执行计划，t1 和 t2 表之间存在一个 HASH JOIN，这个执行计划被切分成三个 DFO，DFO 1 和 DFO 2 分别负责并行扫描 t1 和 t2 的数据，并将数据发送至 DFO 3 所在节点，DFO 3 负责用从 DFO 1 和 DFO 2 收到的数据执行 HASH JOIN，并将最终的连接结果汇总到 QC。从这个示例可以看到，DFO 3 和 DFO 1 之间以及 DFO 3 和 DFO 2 之间都存在一个消费者/生产者的关系，DFO 1 和 DFO 2 都负责生产数据，然后发送给 DFO 3 来消费。对于这样的 DFO 对，OceanBase 中也会把充当消费者的 DFO 称为父 DFO，充当生产者的 DFO 称为子 DFO，因为在计划树中子 DFO 是作为父 DFO 的子树出现。

　　QC 会尽量使用两组线程来完成计划的调度。例如图 5.24 所示的例子中，QC 首先会调度 DFO1 和 DFO 3，DFO 1 开始执行后就开始扫数据，并传输（Transmit）给 DFO 3，DFO 3 开始执行后，首先会阻塞在 HASH JOIN 操作符中建立 Hash 表的步骤上，也就是一直会从 DFO 1 接收数据，直到接收到来自 DFO 1 的全部数据才会完成 Hash 表的创建。在 DFO 1 执行期间，DFO 2 并没有被调度开始运行。DFO 1 在把所有数据都发送给 DFO 3 后就可以让出线程资源退出。调度器回收了 DFO 1 的线程资源后，立即会调度 DFO 2 开始运行。DFO 2 开始运行后就开始给 DFO 3 发送数据，DFO 3 每收到一行 DFO 2 发来的数据就按照 HASH JOIN 的思想去 Hash 表中查找是否有可以匹配的可连接行，如果能从 Hash 表中命中，就会完成左右表数据的连接并且立即向上输出给 QC，QC 负责将结果输出给客户端。

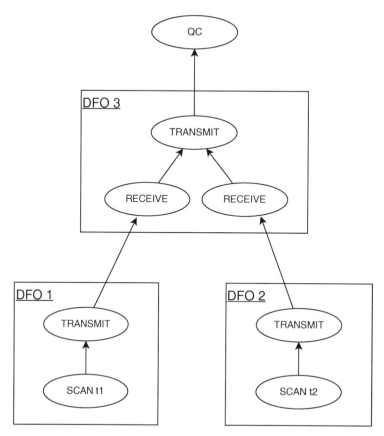

图 5.24 DFO 协作示例

为了不让计划执行时占用过多线程组，OceanBase 在并行执行框架中刻意地设计了使用两组线程完成调度的方案。为了达到这个目的，对于所有的左深计划树调度，如果有 DFO 需要同时从左右 DFO 读数据，那么优化器会在这个 DFO 中插入一些阻塞性算子（如 Sort、Material），强行先把左侧 DFO 中数据全部收取上来。例如图 5.25 中的并行计划，MERGE JOIN（MJ）操作符需要从左右子树同时收取数据才能执行连接，为了达到这个目的，MERGE JOIN 的左右子树都有一个 MERGE SORT RECEIVE IN 操作符，该操作符需要将其下层子树的所有数据都收上来之后，才会向 MERGE JOIN 发送第一行。

（3）网络通信方法

在一对有关联关系的 DFO 中，子 DFO 作为生产者分配了 M 个 PX Worker 线程，父 DFO 作为消费者分配了 N 个 PX Worker 线程，那么它们之间的数据传输就需要用到 M×N 个网络通道。

为了对这种网络通信进行抽象，OceanBase 中引入了数据传输层（Data Transfer Layer，DTL）的概念，将任意两点（PX Worker）之间的通信连接用通道（Channel）的概念来描述。通道分为发送端和接收端，为了防止发送端无节制地向通道中发送数据导致接收端累积的数据占据过多内存，DTL 中加入了流量控制逻辑对发送端向通道中发送数据的行为加以限制：每个通道的接收端预留了三个槽位来保存接收到的数据，当槽位被数据占满时会通知发送端暂停发送数据，当有接收端数据被消费腾出空闲槽位时也会通知发送

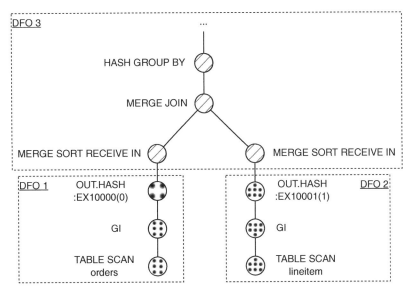

图 5.25　MERGE JOIN 的 DFO 示例

端继续发送。

（4）资源控制与计划排队

OceanBase 的并行执行框架是以线程为基本单位分配运行资源，每个节点上都有一个固定大小的共享线程池来供应每个租户的并行执行请求。当并发请求较多，线程资源不够时，并行执行框架会让请求线程失败的计划排队。

分布式场景下，如果一个计划已经获取了一部分线程，另一部分线程获取失败，会重试获取线程，如果重试若干秒后依然无法获取到线程资源，说明当前系统繁忙，会让当前计划执行失败。

（5）可变并行度

并行度用于控制用多少线程来执行一个 DFO，如前所述，最简单的策略是每个 DFO 的并行度都一样，但在部分场景下这并非最优选择。考虑图 5.26 所示的场景：t1 和 t2 两个表之间进行连接操作，其中 t1 的规模较大，t2 的规模较小，但 t1 经过复杂条件过滤后输出的结果行数很少，这些结果行会被广播到 t2 表的各个分区上执行连接。这种情况下可以考虑给 t1 表上的扫描分配较大 DOP，t2 表上的扫描以及连接操作分配较小的并行度。允许可变并行度，可以让执行优化具备更多的灵活性，在不损失效率的基础上更加节省资源。

5.7.4　并行框架实现

PX 框架实现的关键点在于：①PX 操作符的实现，即 QC 的实现；②SQC 的实现；③PX Worker的实现。

（1）PX 操作符的实现

如图 5.22 所示，在 PX 框架中，QC 以操作符的形式出现，因此要弄清楚并行执行的起点，就需要理解 PX 操作符的实现方式。在 OceanBase 目前的 PX 框架中，有两种 PX 操作符：ObPxFifoCoordOp 和 ObPxMSCoordOp，它们都是 ObPxCoordOp 的子类。两种 PX 操作符

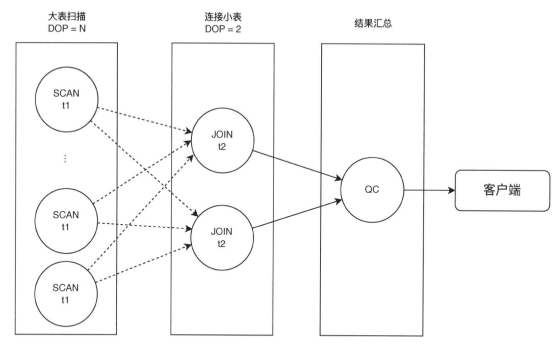

图 5.26 统一 DOP 不适用的场景

的主要差异在于它们接收数据的策略不同，ObPxFifoCoordOp 顾名思义是采用先进先出
（First In First Out，FIFO）的策略，而 ObPxMSCoordOp 名字中的 MS 表示 Merge Sort，即它会
先对输入完成排序再向上层节点输出行。接下来以 ObPxFifoCoordOp 为例来分析 PX 操作符
如何作为 QC 发起并行执行。

按照 5.7.1 节中 Volcano 模型的规范，ObPxFifoCoordOp 的执行也分为三个阶段：打开、
迭代执行、关闭，它们分别由该操作符的 inner_open、inner_get_next_row、inner_close 方法
实现。

inner_open 方法负责初始化 ObPxFifoCoordOp 操作符的执行过程。它首先会调用父类 Ob-
PxCoordOp 的 inner_open 方法，该方法会获取计划的 DOP 值，DOP 是由优化器在优化阶段
确定，然后通过物理计划携带至执行阶段，其确定的过程如图 5.27 所示。从图中可以看出，
OceanBase 中可以在表级、会话级设置 DOP。这里确定的 DOP 值会被存储在
ObPxFifoCoordOp 的 px_dop_属性中。此外 ObPxCoordOp::inner_open() 还会初始化一个 DFO
管理器（ObDfoMgr），同时计算出为这次并行执行分配的 PX Worker 的数量。

ObDfoMgr 的核心是一个 DFO 数组，每一个元素都是由 ObDfo 对象表示的 DFO 任务。
ObDfoMgr::init() 中会通过其 do_split 方法将当前 PX 操作符之下的计划子树划分成 DFO 置
于 DFO 数组中。do_split 方法划分 DFO 的过程如图 5.28 所示。总而言之，DFO 的划分会以
计划树中的 TRANSMIT 操作符为标志，可以说每一个以 TRANSMIT 操作符为根节点的子计
划树都会被分离为一个单独的 DFO，而这个 DFO 会作为 TRANSMIT 父节点所在 DFO 的子
DFO。最顶层的 DFO 的 DOP 设置为1，其他每一个下级 DFO 的 DOP 由 TRANSMIT 操作符上
的信息决定。ObDfoMgr 中除了 DFO 数组之外，还有一个边的数组（edges_属性），其中记录
的是 DFO 之间的父子关系。

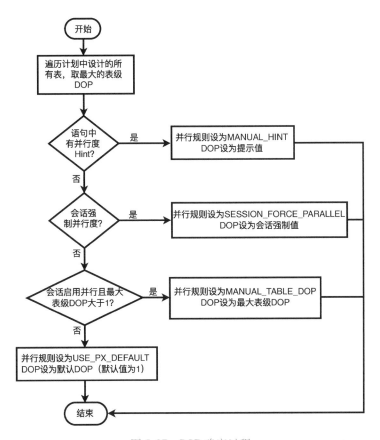

图 5.27　DOP 确定过程

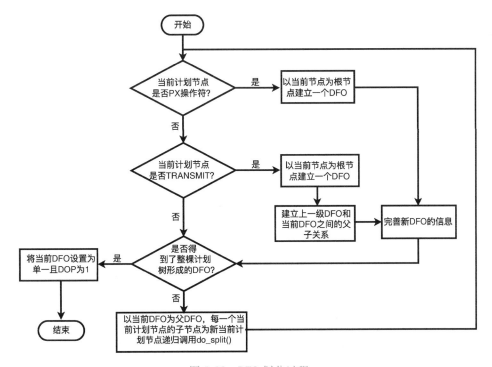

图 5.28　DFO 划分过程

然后 inner_open 方法会调用 setup_loop_proc 来设定消息循环中用来响应各类消息的处理器，主要的包括：用于处理接收到行消息（ObPxReceiveRowP）的 px_row_msg_proc_、处理 SQC 初始化消息（ObPxInitSqcResultP）的 sqc_init_msg_proc_ 以及处理 SQC 执行结束消息（ObPxFinishSqcResultP）的 sqc_finish_msg_proc_。最后 inner_open 方法会根据 px_dop_ 指示的 DOP 值决定后续执行过程中采用何种 DFO 调度器，如果 DOP 为 1 则采用串行调度器（ObSerialDfoScheduler），否则采用并行调度器（ObParallelDfoScheduler）。

从 ObPxFifoCoordOp::inner_get_next_row() 第一次被调用开始，ObPxFifoCoordOp 才真正开始作为一个 QC 运行，ObPxFifoCoordOp::inner_get_next_row() 方法的总体流程可以用图 5.29描述。

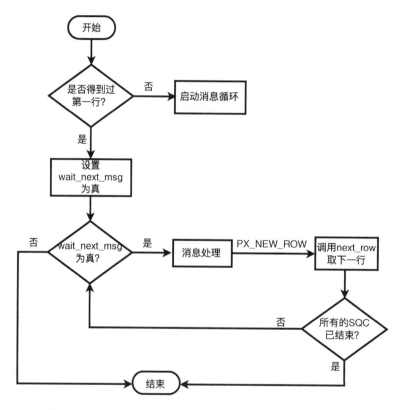

图 5.29　ObPxFifoCoordOp::inner_get_next_row() 的总体流程

可以认为，ObPxFifoCoordOp::inner_get_next_row() 的每一次调用本质上都是建立了一个等待消息的无限循环，在每一次循环中该方法都会轮询所有的通道（Channel），检查上面产生的消息，尤其是表示新行到达的 PX_NEW_ROW 消息，只要得到一个这样的消息就说明 QC 能从下层的 DFO 拿到一个输入行且有机会能够产生一个输出给上层计划节点的输出行。但这仅仅只是"有机会"，实际能否真正通过新收到的行计算得到输出行，还取决于 ObPxFifoCoordOp 的 next_row 方法。当然，对于 ObPxFifoCoordOp 这种先进先出的策略来说，每一个新收到的行都能导致一个新的输出行。反观 ObPxMSCoordOp，其 next_row 方法因为收到一个新行而被调用时，并不一定会返回一个输出行，而是将新收到的行累积下来完成排序，直至收到所有的输入行后，ObPxMSCoordOp 的 next_row 方法才会输出一行。

当然，在进入消息循环之前必须让各个 DFO 在相应的 OBServer 上启动起来，并且建立好 QC 和 SQC 之间的通道，这样各个节点上的 PX Worker 才可能会产生各种消息和新行发送到 QC 端，QC 的消息循环才能有工作可做。不过，这种启动消息循环的动作全局上仅需要执行一次，因此在 ObPxFifoCoordOp::inner_get_next_row() 中利用了 first_row_fetched_属性作为是否完成消息循环启动动作的标志，只有在该标志未被标记的情况下才会执行消息循环的启动，启动完后立刻将该标志标记上。

启动消息循环的工作由之前设置好的 DFO 调度器的 startup_msg_loop 方法完成。该方法包括两个阶段，下面以并行调度器 ObParallelDfoScheduler 为例进行分析。

1）初始化所有的 DFO 通道：由调度器的 init_all_dfo_channel 方法实现，但 ObParallelD-foScheduler 中并没有充分利用这一方法，而是等到实际调度某个 DFO 时再初始化到相应 SQC 的通道。

2）尝试调度下一个 DFO：由调度器的 try_schedule_next_dfo 方法实现，该方法会通过 DFO 管理器找到一对处于依赖关系底端（不再依赖其他 DFO）的 DFO，然后通过 schedule_dfo 方法调度它们开始执行。在 schedule_dfo 方法中，先会初始化这一对 DFO 之间通信用的通道（通道在此处并未建立），然后通过 RPC 向目标节点发送初始化 SQC 的请求，随后 SQC 在目标节点上开始调度 DFO 并且通过通道向 QC 发送消息或者行。

当 ObPxFifoCoordOp 执行完成之后，由其 inner_close 方法做扫尾关闭工作，其主要工作是关闭所有已经建立的通道，至于各 SQC 所在节点上的 PX Worker 等则由 SQC 负责清理关闭。

（2）SQC 的实现

在 OceanBase 的并行执行框架中，SQC 是所在节点上执行 DFO 的管理者和调度器，该节点上参与 DFO 执行的所有 PX Worker 都在它的管理之下。SQC 实际上并不是一个独立的线程，而是以一个对象的形式出现。之所以不将 SQC 实现为一个单独的线程，是因为虽然 SQC 是调度器，但是当它将 PX Worker 驱动起来以后其实工作并不繁重，如果让 SQC 独占一个线程会让它在大部分时间里都处于空转的状态，既占用了 RPC 处理线程，又长时间不退出（因为 PX Worker 有大量数据需要返回），这可能会导致 RPC 处理线程被耗尽。

SQC 的所有动作都是由消息驱动的。QC 以 RPC 的方式发出一个 DFO 到某个节点后，其上的 RPC 处理器就会初始化 SQC 并尝试驱动 PX Worker 开始执行任务。初始化 SQC 的消息将由 ObInitSqcP::process() 来处理，其处理步骤包括：

1）建立一个 ObPxSqcHandler 对象来操纵 SQC。

2）调用 SQC 的 pre_acquire_px_worker 方法获取所需的 PX Worker 线程数量并准备管理它们的数据结构。

3）真正建立起所需的通道将这个 SQC 和其 QC 联系起来。

按照 OceanBase 的 RPC 框架规定，ObInitSqcP::process() 中会向 RPC 调用者（QC）返回结果，然后回调用 after_process 方法处理后续工作，但 after_process 方法的处理结果不会让 RPC 调用者感知到。after_process 方法最终会进入到 startup_normal_sqc 方法中，该方法就会调用尝试启动分配到该节点的任务。startup_normal_sqc 方法会获得一个 ObPxSubCoord 对象来表示 SQC 的状态，然后调用其 create_tasks 方法从要执行的 DFO 中创建若干任务（Ob-PxTask），得到的任务会加入到 SQC 的执行上下文 ObSqcCtx 中。最后调用 ObPxSubCoord::

dispatch_tasks() 完成任务的分派。这里会将任务发送到线程池中，等待其中的 PX Worker 线程的逻辑会主动去 ObSqcCtx 中的任务队列中取出任务执行。

（3） PX Worker 的实现

SQC 所在的节点上会有一个线程池（ObPxPool），对于需要线程数大于 1 的情况，Ob-PxSubCoord::dispatch_tasks() 会通过 ObPxSubCoord::dispatch_task_to_thread_pool() 把要运行的任务包装成一个 ObPxThreadWorker 对象，然后调用该对象的 run 方法将这个任务包装成一个 PxWorkerFunctor，在提交到线程池同时也启动了对应的 PX Worker。

在由 PxWorkerFunctor 表达的任务进入到线程池后，线程池会调度一个空闲的线程充当 PX Worker 来执行该任务，即执行 PxWorkerFunctor::operator() 方法来运行指定的任务。

5.8　小结

本章完整地分析了 OceanBase 中 SQL 引擎的主要框架及各核心部件，涵盖了 SQL 语句在 OceanBase 中执行的全过程。不过，由于 SQL 引擎需要处理数量庞大、形式多样的 SQL 语句，其复杂程度以及代码数量也非常可观，例如物理计划中的各种操作符的实现机制，因此也只能以点带面地简单分析表扫描操作符的实现，有需要的读者可以参考本章的主体框架对 SQL 引擎的其他部分自行进行分析。

第 6 章

事务引擎

对于能够覆盖 OLTP 场景的 OceanBase 来说，对事务特性的支持是必不可少的。因此，OceanBase 中实现了一个强大的事务引擎来完成事务尤其是分布式事务的管理以及并发控制。

6.1 事务管理

分布式数据库系统中的事务由在数据库上的一系列操作构成，相比集中式的数据库系统来说，这些操作大部分情况下并不发生在同一个节点上，而是被分散到构成数据库系统集群的多个节点（一般也是多台不同的物理机器）上，由它们共同完成事务的任务，这也就是通常所说的分布式事务。

分布式事务同样需要维持事务的四大特性：原子性（Atomicity）、一致性（Consistency）、隔离性（Isolation）、持久性（Durability），简称为 ACID 特性。

1）原子性：OceanBase 数据库是一个分布式系统，分布式事务操作的表或者分区可能分布在不同机器上，OceanBase 数据库采用两阶段提交协议保证事务的原子性，确保多台机器上的事务要么都提交成功要么都回滚。

2）一致性：事务必须是使数据库从一个一致性状态变到另一个一致性状态，一致性与原子性是密切相关的。OceanBase 中事务一致性的问题要比集中式数据库系统更复杂：由于 OceanBase 采用了多副本的架构，数据的修改只要在多数副本上得到确认即可认为成功，因此在少数派副本和多数派副本之间可能在一定时间窗口内存在不一致。为了提高性能，OceanBase 允许应用（用户）在自己的事务中主动降低一些一致性要求以便去读取那些少数派副本上的数据，从而能提高读取的性能。

3）隔离性：OceanBase-CE 天然运行在 MySQL 兼容模式下。在 MySQL 模式下，事务能够采用读已提交（Read Committed，RC）隔离级别和可重复读（Repeatable Read，RR）隔离级别。结合前述的一致性要求，事务可以实现相当灵活的数据版本读取需求。

4）持久性：对于单个机器来说，OceanBase 通过 REDO 日志记录了数据的修改，通过 WAL 机制保证在宕机重启之后能够恢复出来。事务一旦提交成功，事务数据一定不会丢失。

对于整个集群来说，OceanBase 数据库通过 Paxos 协议将数据同步到多个副本，只要多数派副本存活数据就一定不会丢失。

OceanBase 中通过虚拟表 oceanbase. __all_virtual_trans_stat 可以查询系统中当前所有的活跃事务。活跃事务是指事务已经开启，但还没有提交或者回滚的事务。活跃事务所做的修改在提交前都是临时的，别的事务无法看到。虚拟表__all_virtual_trans_stat 里的 state 列值标识了事务所处的状态。state 列对应的值所表示的含义如表 6.1 所示。

表 6.1　state 列值含义

state 值	含义
0	表示事务处于活跃状态，所有修改对其他事务不可见。
1	表示事务已经开始提交，目前处于 PREPARE 状态，读取该事务的修改可能会被卡住（取决于版本号）
2	表示事务已经开始提交，且目前处于 COMMIT 状态，其他事务可以看到该事务的修改（取决于版本号）
3	表示事务已经回滚，处于 ABORT 状态，其他事务不能看到该事务的修改
4	表示事务已经提交或回滚结束，处于 CLEAR 状态
101	表示单分区事务提交完成，处于 COMMIT 状态，其他事务可以看到该事务的修改
102	表示单分区事务已经回滚，其他事务看不到该事务的修改

OceanBase 数据库的事务控制语句与 MySQL 数据库兼容，开启事务可以通过以下方式来完成：

1）执行 START TRANSACTION 命令。

2）执行 BEGIN 命令。

3）执行 SET autocommit=0 之后再执行的第一条语句。

提交事务通过 COMMIT 命令来完成，具体语法如下所示：

```
COMMIT [WORK] [AND [NO] CHAIN] [[NO] RELEASE]
```

此外，如果 autocommit=0，那么执行一条开启事务的语句也会隐式地提交当前进行中的事务。

回滚事务通过 ROLLBACK 命令来完成，具体语法如下所示：

```
ROLLBACK [WORK] [AND [NO] CHAIN] [[NO] RELEASE]
```

OceanBase 的事务具有 MySQL 类似的自动提交特性。自动提交是指当 autocommit 这个 Session 变量的值为 1 时，每条语句执行结束后，OceanBase 数据库将会自动提交这条语句所在的事务。所以，当自动提交设置打开时，一条语句就是一个事务。

由于自动提交特性的存在，事务的提交/回滚也被分成显式和隐式两种。显式提交/回滚是指事务被 COMMIT/ROLLBACK 语句提交/回滚，而隐式提交/回滚是指用户未发出 COMMIT/ROLLBACK 等事务结束语句，OceanBase 数据库根据自动提交设置自动将当前活跃的事务执行提交/回滚的过程。

OceanBase 对事务也提供了自动回滚的机制，自动回滚与隐式回滚的区别在于自动回滚是在事务还没有达到结束点之前由于 OceanBase 的内部管理原因发起的回滚，通常在以下情形下发生：

1）会话断开。

2）事务执行超时，ob_tx_timeout 参数用于设置事务超时时间，其单位为微秒。

3）活跃事务超过一定时长没有语句执行，这个超时时间被称为事务空闲超时时间，它由 ob_tx_idle_timeout 参数设置，其单位为微秒。

这些情况下，事务自动被 OceanBase 数据库回滚，如果用户再次在当前会话（未断开）上执行 SQL 语句则会提示事务已经中断（无法继续）需要回滚，此时用户需要执行 ROLL-BACK 来结束当前事务。

在事务执行过程中发生内部错误（如参与者节点宕机或者其他导致事务无法继续的错误）时，当前事务无法继续成功地执行语句，只能回滚，此种情况也属于自动回滚的范畴。当此种情况发生时，用户继续执行 SQL 语句将会收到 "transaction need rollback" 的错误，此时用户只能执行 ROLLBACK 语句来结束当前事务。

下面将着重介绍对事务本身的管理和操作。

6.1.1 事务的结构

事务是与会话密切关联在一起的，如 3.5.5 节所示，每次从一个客户端连接到 OceanBase 开始到这个连接从 OceanBase 断开为止，其间发生在该连接上的所有数据库操作（命令）被称为一个"会话"。在一个会话中，客户端可能会执行多个事务，不过在会话存续的任一时刻仅有一个事务运行（称为活跃事务）。反过来，一个事务必定也仅存在于一个会话中。事务被进一步分解为一个或者多个语句（Statement），事务和语句之间是一种一对多的关系，一个事务可以包含多个语句，而每一个语句则仅属于一个事务。OceanBase 管理事务的核心就是维持会话、事务、语句的状态以及它们之间的关联，并根据 SQL 语句在各个节点上的执行情况适时推进它们的状态变化。接下来首先分析 OceanBase 管理会话、事务、语句所使用的数据结构。

正因为会话和事务之间这种一对多且同一时间会话中仅有一个活跃事务的关系，Ocean-Base 内部对于事务信息的管理与会话结合得比较紧密。如图 6.1 所示，在会话描述类 ObBa-sicSessionInfo 中有多个属性共同描述了会话中进行着的事务。

trans_consistency_type_ 属性描述当前事务的一致性类型，其有两种类型：CURRENT_READ 和 BOUNDED_STALENESS_READ。CURRENT_READ 类型实际上是对事务一致性的严格保障，运行在这种一致性类型下的事务会确保读到最"新鲜"的数据。准确来说，CUR-RENT_READ 会使得事务在进行数据操作时在目标数据所在分区的 Leader 节点上，由于 OceanBase 的架构设计要求数据修改操作一定是在 Leader 上完成后再同步到其他多数派副本上，因此从 Leader 上读到的肯定是最新版本的可见数据。BOUNDED_STALENESS_READ 类型顾名思义是指"有界脏读"，即按照某种限制允许事务读取旧版本的数据。例如在创建索引时就可以允许使用这种一致性类型，这种一致性类型另外一种可能的用途是用来实现闪回查询（OceaBase-CE 中尚未支持）。

consistency_level_ 属性描述当前事务的一致性级别，分为强一致性（STRONG）和弱一致性（WEAK）两种，所谓弱一致性是指在某些场景下用户可以接受查询到一些并不太具有一致性的数据，这些不一致的数据是由于 OceanBase 多副本之间同步的时间差导致的，但

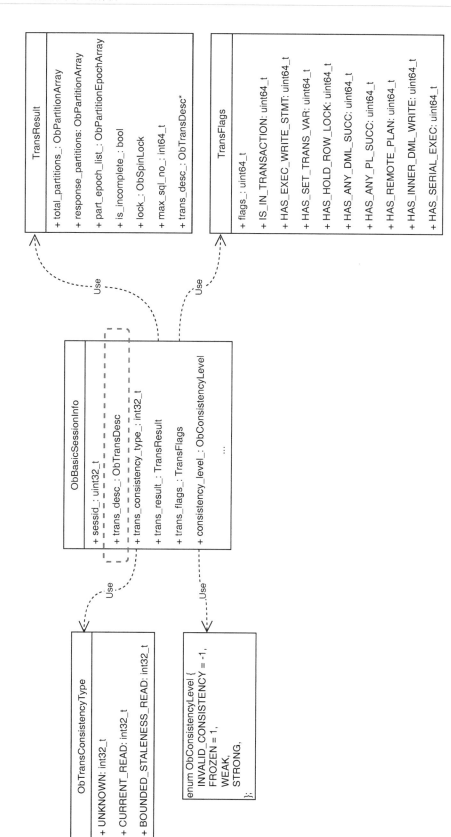

图 6.1 会话中的事务信息

是最终这些副本之间还是会达到一致。很明显，只有在只读的场景下，弱一致性事务才可行，涉及写操作或者可能涉及写操作的事务一定会使用强一致性事务完成，这样才能保证前述的多副本间最终的一致性。事实上 BOUNDED_STALENESS_READ 类型的读操作也属于一种弱一致性读，因此只有在一致性级别为 WEAK 时才可能发生。弱一致性读的更多分析请见 6.10 节。

trans_flags_属性中用一个整数的多个位描述了当前事务的一些标志，例如：IS_IN_TRANSACTION 表示会话正在运行一个事务，即有活跃事务存在；而 HAS_HOLD_ROW_LOCK 表示事务持有行锁。

trans_result_属性描述了会话中当前已执行过的事务的结果状态，尤其是分布式事务中在其他节点上执行的局部事务的执行情况，以便于在事务结束后及时释放各参与节点上占用的资源。

会话中有关事务最核心的部分是 trans_desc_属性，它是一个 ObTransDesc 类的对象，它描述了会话中活跃事务的详情，其结构如图 6.2 所示。

1）trans_id_：事务的 ID，由事务所在的服务器（ObAddr，包括 IP 地址和端口号）以及一个本地流水号（整数）组合而成。

2）trans_param_：事务的参数，包括事务的隔离级别（isolation_）、访问模式（access_mode_，表示只读或者读写）、是否自动提交（autocommit_）、一致性类型（consistency_type_属性）。

3）participants_：事务的参与分区构成的数组，每一个元素都代表一个 ObPartitionKey（包括表的 ID、分区的 ID、二级分区 ID 等）。

4）stmt_participants_：和 participants_类似，但保存的是当前语句的参与分区信息。

5）participants_pla_：参与分区的 Leader 数组，每一个元素对应于某个参与分区的 Leader 所在节点（ObAddr），与 participants_相互呼应。

6）stmt_participants_pla_：和 participants_pla_类似，但保存的是当前语句的参与分区的 Leader 信息。

7）trans_expired_time_：事务超时时间，OceanBase 没有分布式死锁检测机制，因此对于死锁的消除只能依靠事务超时时间，当事务超时时会自动中止事务，由事务的发起者自动重试。

8）sql_no_：当前执行语句的内部编号，这个 SQL 编号是一个流水号，每开始执行一个新的语句都会使得这个编号加 1，而且事务中的保存点技术也相当依赖这个字段。

9）need_rollback_：指示客户端尽快回滚。

10）session_id_：当前会话的 ID，由于分布式事务的存在，事务的状态并非仅由协调者节点上的事务信息组成，还包括分布在其他节点上的局部事务状态，这些组成部分之间需要用会话的 ID 以及事务的 ID 关联起来，因此每个事务的数据结构中需要记录所属的会话 ID。

（1）can_elr_：表示当前事务是否可以采用提前解行锁（Early Lock Release，ELR）技术，详见 6.8 节。

（2）is_local_trans_：标志着整个事务是否为一个纯粹的本地事务，即所有参与分区的 Leader 都在事务的发起节点上，这种事务不涉及分布式事务的部分，因此可以更快速地完成提交。

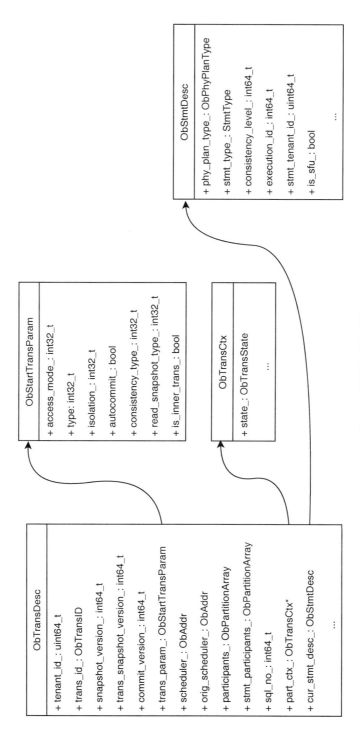

图 6.2　事务的数据结构

（3）is_fast_select_：表示当前事务是一个快速 SELECT，主要服务于实现游标（Cursor）读操作。

（4）trans_type_：是一个 TransType 类的实例，表示事务的类型，可能的值有：

① SP_TRANS：单分区（Single Partition）事务，并不是说所有仅涉及一个分区的事务都是单分区事务，只有该分区的 Leader 和事务的发起者在同一个节点的事务才能称为单分区事务，否则就会被认为是分布式事务。

② MINI_SP_TRANS：属于单分区事务的一种特殊情况，即事务中仅涉及一个点查询（仅涉及一个目标行的查询）且 autocommit 配置参数被设置为 1。

③ DIST_TRANS：其他非以上两种特殊情况的事务都被认为是分布式事务。

（5）is_all_select_stmt_：表示当前事务所执行过的语句是否都是 SELECT（只读）语句，用于事务提交时的优化。

（6）session_：指向所属会话结构的指针。

（7）last_end_stmt_ts_：记录上一个语句完成执行的时间戳，结合事务超时技术防止事务长期空闲占用资源。

（8）trx_idle_timeout_：事务的超时时长，结合 last_end_stmt_ts_ 字段的值就能判断一个事务当前是否已经闲置过长时间，如果发现此类情况则强制回滚事务节省系统资源。

事务状态通过事务上下文（ObTransCtx）与事务描述（ObTransDesc）关联在一起。事务状态由 TransState 类描述，如表 6.2 所示，其中定义了 12 种事务状态，每一种状态对应着一个 32 位无符号整数的一个二进制位。而 TransState 类有一个类型为整数的 state_ 属性，其值表示相应事务的状态，判断某个事务的状态仅需要将其 state_ 值与要测试的状态掩码进行按位与，然后根据结果是否为零来确定该事务是否处于该状态。

表 6.2　事务状态

事务状态	状态掩码	状态含义
START_TRANS_EXECUTED	000000000001	事务开始动作已经执行（BEGIN TRANSACTION）
START_TRANS_SUCC	000000000010	事务开始成功，即事务已经在正常运行中
END_TRANS_EXECUTED	000000000100	结束事务动作已经执行（END）
END_TRANS_SUCC	000000001000	结束事务成功，即事务已经结束
START_STMT_EXECUTED	000000010000	语句开始动作已经执行
START_STMT_SUCC	000000100000	语句开始成功
END_STMT_EXECUTED	000001000000	语句结束动作已经执行
END_STMT_SUCC	000010000000	语句结束成功
START_PART_EXECUTED	000100000000	参与者开始动作已经执行
START_PART_SUCC	001000000000	参与者开始成功
END_PART_EXECUTED	010000000000	参与者结束动作已经执行
END_PART_SUCC	100000000000	参与者结束成功

事务由一个或者多个 SQL 语句构成，在事务环境中当前执行的语句由 ObStmtDesc 类的实例描述，其中的信息相对简单，仅包括该语句的内部 SQL 编号、语句的类型（读、写

等)、语句的一致性级别等,与语句执行相关的信息则保留在 SQL 引擎的执行器部分,这些分散的语句信息之间通过语句的 SQL 编号相互关联。

6.1.2 事务控制

事务的管理和控制本质上是通过在会话、事务、语句等状态数据结构上进行修改来实现。事务的发起源头来自 SQL 引擎,透过存储引擎的传递,最终由事务服务层完成对事务状态的改变。图 6.3 展示了典型的事务执行过程中各层方法之间的调用关系和顺序。

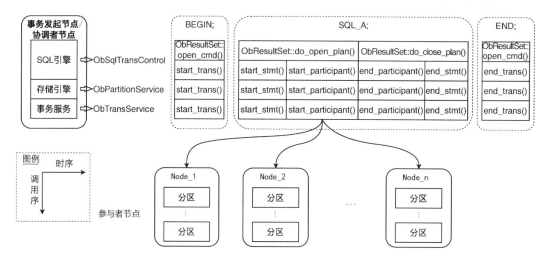

图 6.3 事务执行过程

OceanBase 执行的 SQL 语句都处于某个会话(由客户端与 OceanBase 产生的连接产生,两者可以认为是等同的概念)中,会话产生时其中就已经"初始化"了一个事务(Ob-TransDesc 对象),在会话中还没有执行 SQL 语句之前这个事务都处于一种默认状态(对应于整数值 0),此时可以说会话不在事务中。随着会话中开始接收并执行客户端传来的 SQL 语句,该事务的状态会逐渐改变(即表 6.2 中的状态)以表示该会话正在运行事务,当一个事务运行结束后,会话中的事务状态又会恢复到默认状态等待进行下一个事务,因此可以认为会话中的一个个事务就是在按执行顺序"重用"同一个 ObTransDesc 对象。

考虑对事务的控制方法,SQL 引擎在执行一个 SQL 语句时可以区分为非事务控制语句和事务控制语句。非事务控制语句(即常规的 DML 语句、DDL 语句以及 DCL 语句)被 SQL 引擎执行时对于事务的影响取决于系统中的自动提交设置(autocommit 参数)以及当前会话所处的事务状态。对于打开了自动提交的会话,每一个非事务控制语句都会运行在一个单独的事务(称为隐式事务)中,事务的生命周期和对应的 SQL 语句相同。而对于自动提交关闭的会话,则需要使用显式事务,即用事务开始(START TRANSACTION 或 BEGIN)语句和事务结束(END/COMMIT/ROLLBACK)语句标记出事务的边界。这种情况下,如果没有标记事务的开始位置,则认为上一个事务结束之后的位置就是新事务的开始。这些事务边界标定语句称为事务控制语句,它们被用于显式控制事务的状态或者决定事务对数据的修改是否最终生效。另外,显式事务会覆盖自动提交设置,即在自动提交打开的情况下,通过 BEGIN 开始的显式事务中的 SQL 语句不会在执行完成时立刻提交,而是在显式事务结束时随整个事务一并提交或者回滚。

由第 5 章 5.7 节可知，SQL 引擎执行 DML 语句和非 DML 语句（包括事务控制语句）时采用了两条不同的路线。DML 语句在执行前会转变成执行计划，SQL 引擎会通过 ObResult-Set∷open_plan（）方法进入对于执行计划的执行并产生结果（通常是行集合）。非 DML 语句在 OceanBase 中被称为"命令"（Command，CMD），它们不会产生执行计划，SQL 引擎会通过 ObResultSet∷open_cmd（）方法进入对于命令的执行并产生结果（通常是结果字符串）。

（1）显式事务启动

对于显式事务来说，BEGIN⊖语句的执行将会启动事务。正常情况下，在执行事务开始语句时会话并不处于事务中，即会话中的 ObTransDesc 处于默认状态，事务开始语句的执行将会导致会话进入到事务进行的状态中。

图 6.4 给出了 BEGIN 语句的 SQL 引擎执行路径。ObResultSet∷open_cmd（）会将事务开始语句（位于 ObResultSet 对象的 cmd_属性中，是一个 ObStartTransStmt 对象）交由 ObC-mdExecutor∷execute（）来执行，后者实际上是一个分发器，它根据收到的命令（OICmd）的具体类型将命令分发给相应类型的执行器类，事务开始语句对应的执行器类是 ObStart-TransExecutor。ObStartTransExecutor 的 execute 方法会将执行过程简单地传导至 ObSqlTrans-Control 类的方法。ObSqlTransControl 是事务机制提供给 SQL 引擎控制事务的接口类，事务的控制入口都被封装在这个类的方法中。

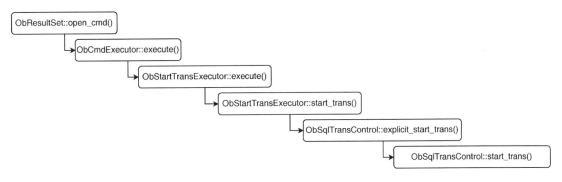

图 6.4　事务开始语句的执行路径

由于 BEGIN 这类事务控制语句用于操纵显式事务，因此 ObSqlTransControl 类中服务于 BEGIN 语句执行的方法是 explicit_start_trans。ObSqlTransControl 中有另一个重载过的 explicit_start_trans 方法，两者存在调用关系。总体上，两个 explicit_start_trans 方法合作为事务准备好 ObStart-TransParam 信息，然后在确保当前会话没有处于事务中（检查 IS_IN_TRANSACTION 标志）的前提下，通过 ObSqlTransControl∷start_trans（）启动事务，启动事务成功后将会话设置为处于事务中。

ObSqlTransControl∷start_trans（）总体上还是为真正的事务服务层（ObTransService）准备一些事务所需的信息，然后将这些信息向底层的事务服务层传递。具体工作包括：

1）从执行环境（ObExecContext）中获得当前会话（ObSQLSessionInfo）。

⊖　或 START TRANSACTION，为简便起见，后文采用 BEGIN 作为事务开始语句的代表。

2）从执行器上下文（ObTaskExecutorCtx）中获得分区服务（ObPartitionService）对象。

3）获得所属的 OceanBase 集群的 ID。

4）从会话中获得 ObTransDesc，由于这里是为了开启一个新的显式事务，按前文所述会话中的新事务会轮转使用同一个 ObTransDesc 对象，因此从会话中得到该对象后会调用其 reset 方法重置或者清空其中的内容。

5）获得租户 ID。

6）根据查询开始时间以及事务超时时间计算出事务会在什么时刻发生超时，记录在 trans_timeout_ts 中。

7）将上述信息作为参数调用分区服务的 start_trans() 方法。

ObPartitionService：：start_trans() 可谓是一个简单的传声筒，它作为一个中间层将 SQL 层发出的启动事务操作传递给事务服务层，即调用 ObTransService：：start_trans()，其主要工作是利用 SQL 引擎传递过来的信息将事务描述结构（会话中的 ObTransDesc 对象）填充完整并设置在合适的状态：

1）根据节点的 ObAddr 信息获得新的 ObTransID 值：ObTransID 的静态计数器 s_inc_num 加 1 作为事务 ID 的 inc_值，获得当前时间戳记入 timestamp_，调用 ObTransID：：hash_() 计算哈希值记入 hv_。

2）判断 ObTransService 是否正在运行中（is_running_属性）。

3）判断当前时间是否已经超过了事务超时的时间戳，是则设置返回值为事务超时标志（OB_TRANS_TIMEOUT）。

4）将各种值设置在事务描述中，包括 cluster_id、trans_id 等属性，其中 trans_param_的值采用从 ObSqlTransControl：：start_trans() 传入的参数值；而 scheduler_属性值用当前节点的地址信息，因为如果当前这个事务是一个分布式事务，那么它的协调者节点就是当前节点，之后通过 start_participant 方法启动的其他节点上的局部事务都受当前节点的统一控制。

5）如果事务运行于可重复读隔离级别（RR），则调用 set_trans_snapshot_version_for_serializable_ 方法获得事务级别的快照，这个快照实际上就是一个版本号，它将被用来在执行过程中判断行的可见性等并发控制操作。对于可重复读隔离级别的事务则无需获取事务级别的快照，每个 SQL 语句执行时会获得语句级别的快照。

6）判断事务是否可以采用 ELR 提前解行锁技术：同时满足三个条件时才会考虑使用 ELR：①非只读事务；②_max_elr_dependent_trx_count 参数大于 0；③当前租户不是系统租户。满足上述条件后，是否启用 ELR 取决于租户配置中的 enable_early_lock_release 参数值。

7）根据事务的类型在事务统计对象 ObTransStatistic 中做统计，它会按租户来统计。

（2）隐式事务启动

当自动提交设置打开且没有使用事务控制语句启动显式事务时，每一个被执行的 SQL 语句都会作为一个单语句的隐式事务执行。

DML 语句导致隐式事务启动的过程如图 6.5 所示，当每一个 DML 语句被执行时（与是否隐式事务无关），都会调用 ObResultSet：：open_plan() 开始执行计划，在该方法中首先会使用 ObResultSet：：auto_start_plan_trans() 确保该 DML 语句运行在一个事务中，即如果会话当前已经处于一个运行事务中[⊖]则继续使用该事务（不开启新事务而是加入现有事务），否则启动一个隐式事务。完成事务启动（加入）之后才真正调用执行器的 execute_plan 方法执行 DML 语句对应的执行计划。计划执行结束之后，如果执行计划还涉及其他节点上的分区，则调用 ObResultSet∷start_participant() 启动相应节点上的局部事务。

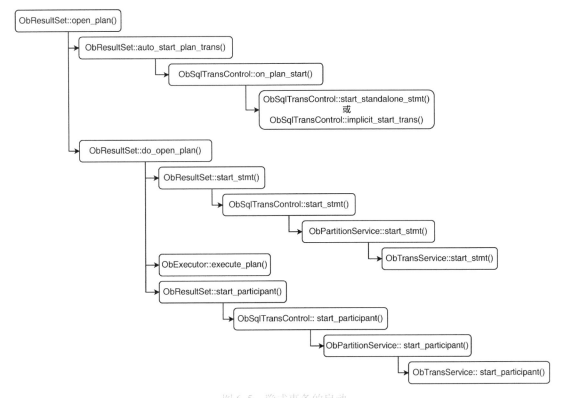

图 6.5　隐式事务的启动

由此可见，隐式事务的启动逻辑实现在 ObResultSet∷auto_start_plan_trans() 中，接下来将进一步通过对该方法的分析来解释隐式事务的启动过程。而图 6.5 中涉及的一系列 start_stmt 方法和 start_participant 方法将在后文分析。

auto_start_plan_trans 方法的顶层会区分两种执行的场景：①当前要执行的是分布式计划中的远程计划部分，这就意味着即将运行的这个事务是一个分布式事务落在当前节点上的一个局部事务，那么当前节点上无需对事务状态或者描述结构做更多处理，直接使用分布式事务协调者已经建立好的事务描述结构即可；②当前节点是分布式事务的协调者节点或者执行的是非分布式事务（如单分区事务），那么当前节点需要建立好事务所需的描述结构（ObTransDesc），此时需要通过 ObSqlTransControl∷on_plan_start() 进一步确定是加入已有的事务或者启动新的隐式事务。

针对前一种场景，auto_start_plan_trans 方法会为事务设置合适的快照：如果集群的版本低于 2.2.0 且当前租户开启了单调弱读设置（enable_monotonic_weak_read 参数），则为事务

⊖　由于之前执行过 BEGIN 等事务开始语句形成了一个显式事务，或者是因为自动提交设置被关闭导致前面已经执行的多个语句形成了一个多语句的隐式事务。

准备一个最小的可读快照。

在接下来的 ObSqlTransControl：：on_plan_start() 中首先会检查是否可以将要执行的语句当作单一语句事务（一个事务中仅有一个 SQL 语句）来处理，语句能够作为单一语句事务必须同时满足以下主要条件：①SELECT 语句且不是 SELECT FOR UPDATE；②会话不处于运行事务中，即事务 ID 无效且没有 IS_IN_TRANSACTION 标志；③自动提交设置打开。对于单一语句事务用 start_standalone_stmt 方法来完成初始化：

1）调用 decide_trans_read_interface_specs 方法获得一致性级别、一致性类型以及读快照类型。

2）进一步判断当前要执行的语句是否为本地单分区语句：①仅涉及一个分区；②分区的 Leader 就是当前节点；③快照类型是语句快照。

3）最后用收集到的快照、一致性级别、一致性类型等信息初始化事务描述结构的 standalone_stmt_desc 属性中的 ObStandaloneStmtDesc 对象。

4）如果单一语句为有界脏读且当前租户没有启动单调弱读，若当前会话并不处于运行的事务中则调用 implicit_start_trans 方法开启隐式事务，否则直接用当前事务执行语句。

5）如果单一语句不是有界脏读或者当前租户启动了单调弱读，则先为单一语句获取语句快照，再判断单一语句是否为有界脏读，是则用单一语句的快照更新事务使用的当前读快照。

ObSqlTransControl：：implicit_start_trans() 是真正启动隐式事务的地方：

1）首先确定事务的访问模式（设定在 ObStartTransParam 对象中）。

① 会话中有 READ ONLY 设定，则访问模式是 READ_ONLY。

② 会话中 autocommit 为真且会话当前已经在事务中且计划是 SELECT 且计划中没有 FOR UPDATE，则访问模式是 READ_ONLY。

③ 其他情况访问模式是 READ_WRITE。

2）从会话中获得事务类型设置在 ObStartTransParam 对象中。

3）设置 ObStartTransParam 对象中的事务隔离级别。

4）设置 ObStartTransParam 对象中的 autocommit 标志：如果会话中 autocommit 为真且当前会话不在事务中，则设置为真。

5）设置集群版本，设置是否为内部事务（内部事务是 OceanBase 为了处理非用户操作执行的事务）。

6）调用 ObSqlTransControl 的 start_trans 方法启动事务。

从显式事务和隐式事务的启动过程可以看到，两类事务的启动都是由 ObSqlTransControl：：start_trans() 执行，不同之处在于进入 start_trans 方法之前在一致性级别、一致性类型、快照等事务属性的确定和设置上有一些区别。按照通常的"隐式事务"的含义（隐式事务的开始和结束都不需要有显式的命令标记），OceanBase 中仅有单一语句事务才能算是这种一般意义上的"隐式事务"。而另一种在 OceanBase 中通过 implicit_start_trans 方法启动的隐式事务需要有一个显式的 COMMIT 或者 ROLLBACK 语句来结束事务，因此它们与一般意义上的"隐式事务"的表现并不完全一致。

（3）在事务中执行 SQL 语句

OceanBase 中每一个 SQL 语句的执行都是在某个隐式/显式事务中完成的，如图 6.5 所示，在进入事务中后，SQL 语句的执行过程会被包裹在一对 ObResultSet：：start_stmt（）和 ObResultSet：：end_stmt（）之间。和事务的启动过程一样，语句的开始和结束都是在 SQL 引擎发起，然后透过存储引擎一直传导到事务服务层，各层之间的分工也与事务的启动过程类似：事务服务层之上的层次仅为语句的开始和结束操作准备数据，最终的操作由事务服务层完成。

语句的执行由 ObResultSet：：start_stmt（）启动，该方法很快就会进入 ObSqlTransControl：：start_stmt（）。ObSqlTransControl：：start_stmt（）的主要工作是将当前语句的信息保存在事务中的当前语句描述（cur_stmt_desc_属性）结构中，然后调用 ObPartitionService：：start_stmt（）。后者不会做任何额外的工作，直接将调用转交至 ObTransService：：start_stmt（），该方法的主要工作包括：

1）一系列不合法情况的检查：

① 不允许涉及多个租户的语句，即非 SELECT 语句或分区涉及多个租户。

② 不能在只读事务里执行非只读语句或者 SELECT FOR UPDATE。

③ 事务闲置时间超时，则提示事务回滚。

④ 事务执行时长超时或者当前语句执行时长超时。

⑤ 当 GTS（Global Timestamp Service，全局时间戳服务）被禁用时，不允许进行跨节点的强一致性读（CURRENT_READ），但有一个例外是插入语句。

⑥ 事务已经被前面的操作标记为需要回滚。

⑦ 语句执行如果涉及复制表，则 GTS 不能被禁用。

2）调用 decide_trans_type_方法确定事务类型：一致性类型为 CURRENT_READ 和 BOUNDED_STALENESS_READ 的事务类型分别由 decide_trans_type_for_current_read_和 decide_trans_type_for_bounded_staleness_read_方法确定；然后重新确定当前事务是否仍然是本地事务，因为一个之前的本地事务可能因为新的语句执行变成非本地事务。

3）调用 decide_read_snapshot_方法确定快照。

4）确保单分区事务（包括 MINI_SP_TRANS 类事务）不会使用 CONSULT 类型的快照生成方式。

5）让分布式事务中的各个组成部分都感知到语句的开始：调用调度器（见 6.5.1 节）状态结构的 start_stmt 方法让调度器开始语句，该方法还会向语句的所有参与者发送 OB_TRANS_START_STMT_REQUEST消息（见 6.5.2 节）让所有参与者也开始语句。

6）最后校验快照的合法性。

图 6.6 和图 6.7 分别展示了 CURRENT_READ 和 BOUNDED_STALENESS_READ 方法中确定事务类型的规则。

在语句执行完成后（包括所有参与者都执行完后），ObResultSet：：end_stmt（）会被调用来结束语句的执行，该方法有一个布尔型参数用于表示在结束语句执行之前的过程中是否发生了需要回滚的事件，这个标志会一路向事务服务层传递，最终由事务服务层的 end_stmt 方法完成回滚操作。ObResultSet：：end_stmt（）几乎是直接调用 ObSqlTransControl：：end_stmt（），后者的主要工作包括：

1）根据事务执行结果中反馈的实际参与到语句执行的参与者信息（ObPartitionKey 数组）与根据查询涉及的表获得的参与者信息合并起来。

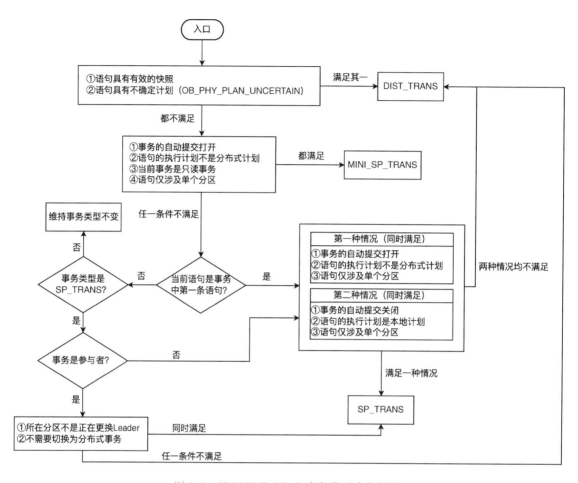

图 6.6　CURRENT_READ 事务类型确定规则

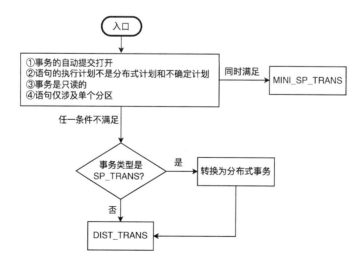

图 6.7　BOUNDED_STALENESS_READ 事务类型确定规则

2）对于嵌套会话：

① 将参与者的 ObPartitionKey 转换成 ObPGKey，即找到语句涉及的所有分区组（Partition Group）。

② 结束嵌套的语句执行。

3）对于非嵌套会话：

① 计算出需要放弃的参与者信息，其方法是从事务执行结果获取涉及的所有参与者以及做出了响应的参与者，然后两个集合作差即可。

② 将需要放弃的参与者、所有参与者的 ObPartitionKey 转换成 ObPGKey。

③ 调用 ObPartitionService∷end_stmt()，该方法会直接转向 ObTransService∷end_stmt()。

从方法名称上看，ObTransService∷end_stmt() 是负责结束（提交/回滚）语句执行的最终处理者，但这个方法实际只是收集了结束语句执行需要处理的参与者的信息，而对这些参与者的最终处理会在事务结束时完成。ObTransService∷end_stmt() 收集的参与者信息包括：

1）如果语句执行没有导致回滚（方法的 is_rollback 参数为假），则收集语句涉及的参与者，但排除需要放弃的参与者以及已经持有 Epoch 的参与者（不需要创建参与者事务上下文 ObPartTransCtx）。

2）如果语句执行导致了回滚，则收集语句涉及的参与者中创建了参与者事务上下文的部分。

3）收集所有持有 Epoch 的参与者的 Leader。

ObTransService∷end_stmt() 收集的各类参与者之间的共同点在于：它们都因为参与到当前语句的执行而在所在节点上维持了与事务相关的状态甚至中间结果，这些都会在所在节点上占用内存资源，通过 ObTransService∷end_stmt() 收集的信息才能在事务结束时准确地将它们释放。

（4）分布式事务中的参与者

如图 6.8 所示，在事务发起节点（协调者）启动其本地语句（事务）之后，会调用一系列 start_participant 方法通知语句所涉及的各个参与者在各自掌握的分区数据上开启局部事务，这些局部事务联合协调者节点上的全局事务一起完成整个分布式事务的工作。

图 6.8 展示了分布式事务中各节点的角色以及之间的关系，协调者与参与者之间交互由 ObResultSet∷start_participant() 发起，该方法会按照语句所对应的执行计划类型来收集所需的参与者信息，然后通过下层（ObSqlTransControl）的 start_participant 方法启动每一个参与者上的局部事务。ObResultSet∷start_participant() 收集参与者的方式如下：

1）对于本地事务，根据所涉及表的位置获得所有的参与者。

2）对于分布式事务，在协调者节点上仅收集计划中根任务（Root Job）的参与者，其他部分的参与者会在根任务参与者节点上进一步收集（并启动），最后在局部事务执行完毕后随着局部事务结果一起返回给协调者节点合并在一起。

ObResultSet 层收集参与者后会交由 ObSqlTransControl∷start_participant() 进一步处理：

1）对于 Fast Select 或者单一语句事务，实际上不存在参与者，因此无须进一步通知底层启动参与者。

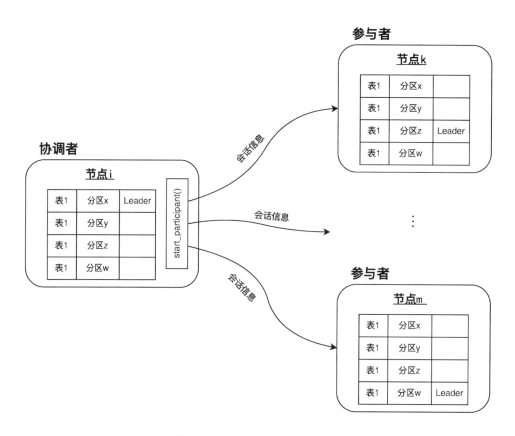

图 6.8　分布式事务中的参与者

2）将从方法参数中传入的参与者数组合并到事务结果中，这样事务结果中就汇集了事务开始依赖涉及的所有参与者。

3）将方法要启动的参与者转换成 PartitionGroup，然后用 ObPartitionService 层的 start_participant 方法启动参与者，该方法会将已经拥有 Epoch（即已经启动）的参与者通过方法的参数传回。

4）如果参与者启动正常，将这些参与者合并至事务结果中的有响应参与者数组，同时合并已经拥有 Epoch 的参与者数组。

ObPartitionService∷start_participant（）会直接将启动参与者的动作转发给 ObTransService 层的 start_participant 方法，如果中间出现问题导致需要回滚（ObPartitionService. is_rollback 为真）则转而调用 ObTransService∷end_participant（）来结束各个参与者上的操作。

ObTransService∷end_participant（）的主要工作由 ObTransService∷handle_start_participant_（）完成，其流程如图 6.9 所示。对单一分区事务，handle_sp_trans_方法被用来检查或者启动该分区的参与者。由于语句仅涉及一个分区，因此也仅需要一个参与者，handle_sp_trans_会从参与者事务上下文（ObPartTransCtx）管理器 ObPartTransCtxMgr 中查找参与者事务上下文，然后用当前语句的信息重新设置它，最后同样调用 decide_participant_snapshot_version_方法重新确定参与者应该使用的快照。对于分布式事务，ObTransService∷handle_start_participant_（）

会将该参与者上的任务信息（SQL 编号和快照）包装成为任务放入任务队列，同时增加提交任务计数（commit_task_count_），任务队列中的任务稍后会由后台线程通过 RPC 机制发往参与者节点，同时通过任务队列维持从相应参与者节点返回的结果和状态。

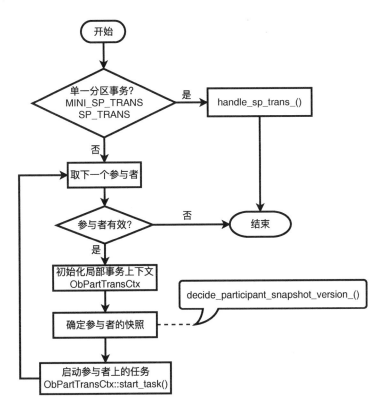

图 6.9　ObTransService：：handle_start_participant_()　流程

在参与者上的局部事务执行完成后，会依次通过 ObResultSet、ObSqlTransControl、Ob-PartitionService、ObTransService 层的 end_participant 方法来结束参与者上的局部事务。除最终的 ObTransService 层之外，前几个层面的 end_participant 方法仅仅是将控制权转交下一层的同名方法而已。ObTransService 层的 end_participant 方法核心则是 handle_end_participant_方法，该方法的内部层级基本和 handle_start_participant_方法相同，最终的工作集中于 ObPart-TransCtx：：end_task() 中。end_task 方法同样也会区分单一分区事务和分布式事务进行处理，但总体的处理逻辑类似：

1）将任务队列尾部的任务弹出。

2）处理参与者执行任务过程中产生的回滚需求（见 6.2 节），同时减少提交任务计数。

当提交任务计数被若干次 end_task 方法执行减为 0 时，实际就可以认为事务中所有的任务（语句）都需要被回滚掉，即整个事务需要回滚，之后事务结束时就会按照回滚进行处理。

（5）显式事务结束

如图 6.10 所示，显式事务的结束语句 END 的执行路径与 BEGIN 语句类似。

ObSqlTransControl 中有三个重载的 explicit_end_trans 方法，图 6.10 中展示的是其中只有两

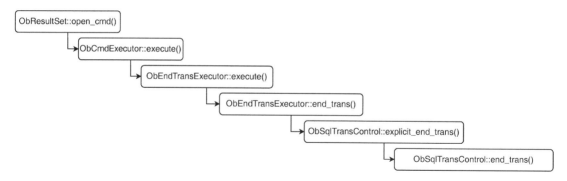

图 6.10　事务结束语句的执行路径

个参数的版本，它会根据语句执行的模式（异步或同步）准备好一个回调（ObEndTransAsync-Callback 或者 ObEndTransSyncCallback），然后分别调用另外两个版本的explicit_end_trans方法，它们分别对应于异步结束事务和同步结束事务。

对于异步结束事务的 explicit_end_trans 方法，它会将异步回调交给四参数版本的 end_trans 方法注册在系统中，采用回调的原因是避免在事务结束后一直等待事务提交的日志在多副本中形成多数派，这样可以释放出 SQL 执行线程（即 6.5.1 节中的调度器部分）以提升高并发场景的性能。

对于同步结束事务的 explicit_end_trans 方法，它在将同步回调交给三参数版本的 end_trans方法后会让回调进入同步等待状态（即协调者所在的线程进入等待），直到回调的主方法被调用完成事务的结束处理为止。

在最底层的 ObTransService：：end_trans（）中，最终会通过协调者（ObScheTransCtx）的 end_trans_方法进入到两阶段提交（Two-Phase Commit，2PC）的过程，详见 6.5.2 节。

（6）隐式事务结束

由于真正的隐式事务仅包含单一语句，因此在该语句执行完毕（end_stmt方法完成）后就会导致事务结束，即事务自动提交。隐式事务结束过程的调用路径如图 6.11 所示。ObSqlTransControl：：implicit_end_trans（）也是依赖于 ObSqlTransControl：：end_trans（），其原理见上文的显式事务提交过程分析。

6.1.3　语句级原子性

OceanBase 支持语句级的原子性，即一条语句的操作要么都成功要么都失败，不会存在部分成功部分失败的情况。

当一条语句执行过程中没有报错，那么该语句所做的修改都是成功的，如果一条语句执行过程中报错，那么该语句执行的操作都会被回滚，这种情况称为语句级回滚。语句级回滚有如下特点：

1）语句回滚时仅回滚本语句的修改，不会影响当前事务该语句之前语句所做的修改：例如，一个事务有两条 UPDATE 语句，第一条 UPDATE 语句执行成功，第二条 UPDATE 语句执行失败，则只有第二条 UPDATE 语句会发生语句级回滚，第一条 UPDATE 语句所做的修改会被保留。

2）语句级回滚的效果等价于语句没有被执行过，即语句执行过程中涉及的全局索引、

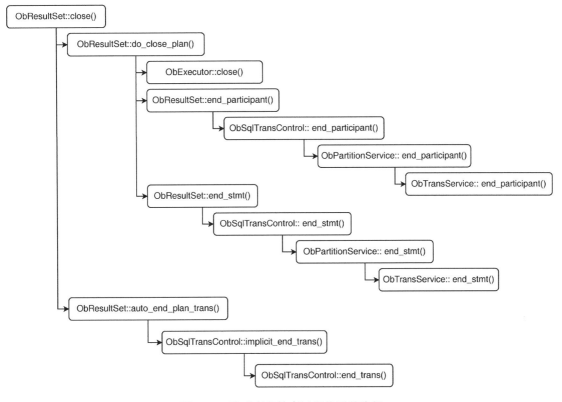

图 6.11　隐式事务结束过程的调用路径

触发器、行锁等均属于语句的操作，语句回滚需要将这些操作都回滚到语句开启之前的状态。

常见的语句级回滚主要有：

1）INSERT 操作出现主键冲突会导致语句级回滚。

2）单条语句执行时间过长，语句执行超时可能出现语句级回滚。

3）多个事务存在行锁冲突导致死锁，某个事务被死锁检测机制强制结束可能会出现语句级回滚。

不过，SQL 语句的语法解析报错不涉及语句级回滚，因为语句解析报错尚未对数据进行修改。

语句级原子性由事务中 SQL 语句执行结束时调用的 ObTransService：：end_stmt（） 来保障（见 6.1.2 节），其基本原理和回滚到指定保存点（见 6.2.4 节）的操作类似，只需要通过回调将该语句产生的暂存在 MemTable 中的数据修改删除即可。

此外，发生了语句级回滚后，其所在事务也处于一种"异常"状态，即该事务已经无法继续正常执行到结束，后续也不能执行其他 SQL 语句。此时，只有事务控制语句能够在这种"异常"事务中执行，例如通过 ROLLBACK 回滚整个事务或者 ROLLBACK TO 回滚到发生语句级回滚位置之前的保存点。

6.1.4 全局时间戳

从 6.1.1 和 6.1.2 两节可以看到，OceanBase 的 MVCC 设计严重依赖于各种版本信息：事务的提交版本、快照版本等，这些版本实际上就是一个个时间戳。为了保持版本之间的可比较性，大部分情况下，这些时间戳的获取渠道是一致的（从同一个时钟获取），在 Ocean-Base 中这个渠道通过全局时间戳服务实现。

OceanBase 会为系统中的每一个租户（系统租户除外）启动一个全局时间戳服务（Global Timestamp Service，GTS），事务提交时通过本租户的 GTS 服务获取事务版本号，保证全局的事务顺序。系统租户使用的是本地时间戳服务（Local Timestamp Service，LTS），因此 OceanBase 不推荐外部操作使用系统租户。

（1）服务高可用

GTS 服务是集群的核心，需要保证高可用。对于用户租户而言，OceanBase 使用租户级别系统表 __all_dummy 的 Leader 节点作为 GTS 服务提供者，GTS 的时间来源于该节点的本地时钟。GTS 服务默认是三副本的，其高可用能力跟普通表的能力一样。

（2）时间戳正确性保证

GTS 服务维护了全局递增的时间戳服务，异常场景下依然能够保证正确性：

1）Leader 发生变化：原 Leader 主动发起改选的场景，称为有主改选。新 Leader 上任之前先获取旧 Leader 的最大已经授权的时间戳作为新 Leader 时间戳授权的基准值。因此该场景下，GTS 提供的时间戳不会回退。

2）Leader 不变：原 Leader 与多数派成员发生网络隔离，等租约过期之后，之前的 Follower 们会重新选主，称为无主选举。选举服务保证了无主选举场景下，新旧 Leader 的租约是不重叠的，因此能够保证本地时钟一定大于旧 Leader 提供的最大时间戳。因此新 Leader 能够保证 GTS 提供的时间戳不回退。

（3）GTS 获取优化

尽管有副本保障可用性，但 GTS 本质上是系统中的一个单点，因此在系统并发很高时会对 GTS 产生比较高的竞争和压力。为了提升系统中对时间戳获取的效率，OceanBase 对 GTS 获取采取了一些优化手段：

1）语句快照获取优化：事务提交的时候都会更新其所在机器的全局提交版本（Global Committed Version，GCV），当一条语句可以明确其查询所在机器时，如果是一台机器，则直接使用该机器的 GCV 作为读版本，降低对于全局时间戳的请求压力。

2）事务提交版本号获取优化：多个事务可以合并获取全局时间戳，并且获取时间戳的请求可以提早发送，缩短事务提交时间。

（4）GTS 实现

在 GTS 服务所在节点的 ObServer 对象中有一个 gts_属性保存着对 GTS 服务的访问入口，该入口被表示为一个 ObGlobalTimestampService 类的对象。ObGlobalTimestampService 的核心是一个属性和一个方法：

1）ts_service_属性：这个属性归根到底是一个 ObElectionMgr 对象（ObElectionMgr 实现了 ObITimestampService 接口类），它有一个 get_timestamp 方法用来获得一个全局时间戳。

2）handle_request 方法：用于处理通过 RPC 接收到的时间戳请求，其中有两种可能：

① 请求者就是 GTS 服务所在节点，handle_request 方法直接用 ts_service_属性的 get_timestamp 方法获得一个全局时间戳即可。

② 请求者是其他节点，handle_request 方法先用 ts_service_属性的 get_timestamp 方法获得一个全局时间戳，然后用 RPC 机制将该时间戳返回给请求者。

在非 GTS 节点上需要访问 GTS 服务的地方，会实例化一个 ObTsMgr 对象，然后通过其 get_gts（）方法向 GTS 服务请求全局时间戳。GTS 请求最终会通过 ObGtsRequestRpc 的 post 方法发送，而 GTS 服务返回的时间戳信息则通过 ObGtsResponseRpc 的 post 方法回送。

6.2 保存点

为了细化事务的操作粒度，OceanBase 也支持在事务中创建保存点（Savepoint）。保存点是可以由用户定义的事务内的执行位置标记，通过在事务内定义若干保存点，可以在需要时将事务恢复到指定标记位置时的状态。

如果用户在执行过程中在定义了某个保存点之后执行了一些错误的操作，用户不需要回滚整个事务再重新执行，而是可以通过执行 ROLLBACK TO 命令回滚到该保存点，这样就能将该保存点之后的修改回滚（该保存点之前的修改保留）。如表 6.3 中给出的例子中，在一个事务中定义了两个保存点 sp1 和 sp2，在事务的后半段通过 ROLLBACK TO 回滚到了 sp1，那么在 sp1 至 ROLLBACK TO 命令之间所执行的修改动作就被撤销了，即 ROLLBACK TO 使得事务回到了定义 sp1 时的状态，这样该事务提交后数据库中实际发生的修改是插入了值为 1 和 3 的行，而值为 2 的行的插入则被回滚掉了。

表 6.3　保存点示例

命令	解释
BEGIN；	开启事务
INSERT INTO a VALUE （1）；	插入值为 1 的行
SAVEPOINT sp1；	创建名为 sp1 的保存点
INSERT INTO a VALUE （2）；	插入值为 2 的行
SAVEPOINT sp2；	创建名为 sp2 的保存点
ROLLBACK TO sp1；	将修改回滚到 sp1
INSERT INTO a VALUE （3）；	插入值为 3 的行
COMMIT；	提交事务

6.2.1 实现原理

OceanBase 中对提交和回滚的支持依赖于存储引擎（第 4 章）中 MemTable 与 SSTable 相结合的设计：事务对数据行的修改作为增量保留在内存中，在事务最终提交或者回滚之前，这些修改都处于一种"待定"的状态，事务提交或者回滚的工作实际上就是将属于相应事务的修改的状态"确定化"。如果事务最终提交，那么属于该事务的"待定"修改都被加上该事务的提交版本号，表示这些修改已经生效；如果事务最终被回滚，那么归属于该事务的

"待定"修改可以直接从 MemTable 中移除。而回滚到保存点的操作效果则介于事务的提交和回滚之间:回滚到某个保存点需要放弃该保存点之后的所有修改,但需要保留保存点之前做出的修改,即部分回滚事务。因此,回滚到保存点被实现为从内存中(MemTable)清除在该保存点之后产生的所有"待定"修改,但是在该保存点之前发生的修改仍处于"待定"状态,因为它们还可能被后面的 ROLLBACK TO 语句、COMMIT 语句或者事务级 ROLLBACK 语句进一步处理。

显然,基于保存点的回滚是以"语句"为粒度进行的,为了实现上述的回滚语义,首先需要将每个修改动作与产生它的语句关联起来。在 OceanBase 的实现中,事务执行过程中有一个 SQL 序列(SQL Sequence),它根本上就是一个整数值,该值在事务执行过程中是递增的,每一个新开始的语句都会导致该序列向前推进一步,同时该语句中会保留执行该语句时的序列值,该值被称为 SQL 编号(通常写作 sql_no_)。每一个语句执行过程中产生的修改数据也会被关联上该语句的 SQL 编号,而在事务中定义的保存点也会获得一个 SQL 编号,这样根据要回滚到的保存点的 SQL 编号,就能找到 MemTable 中哪些修改是在该保存点之后产生的,在执行回滚时仅需要将这些修改从 MemTable 中移除即可。

图 6.12 中给出了事务修改数据以及用于支撑提交和回滚的数据的组织方式。与 MemTable 关联的上下文 ObMemtableCtx 中通过事务回调管理器(ObTransCallbackMgr 对象)管理着一个事务回调列表(ObTransCallbackMgr::callback_list_属性),该列表中的每一个项都是一个 ObMvccRowCallback 对象,它对应于一个被修改过的行,而整个回调列表中的回调

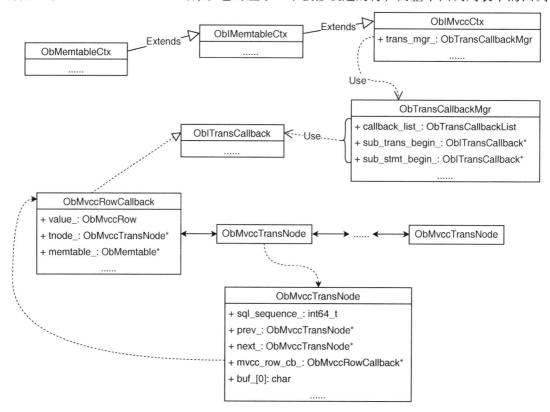

图 6.12　事务修改数据以及用于支撑提交和回滚的数据的组织方式

会按照产生顺序放入，因此越靠后的回调所对应语句的 SQL 编号越大。该行上产生的修改则被组织成一个由 ObMvccTransNode 对象构成的双向链表，挂接在该 ObMvccRowCallback 对象的 tnode_属性中。由图 6.12 可见，每个 ObMvccTransNode 对象表示了该行的一次修改动作，并且关联着产生该修改的 SQL 编号，而其中的 buf_属性则保存着该修改动作的细节。事务的各种提交、回滚（包括回滚到保存点）实际上就是通过事务回调来完成对 ObMvccTransNode 对象链中指向的数据修改操作的确定化。

6.2.2　定义保存点

定义保存点的 SAVEPOINT 语句由 ObCreateSavePointExecutor：：execute（）执行，其调用过程如图 6.13 所示。

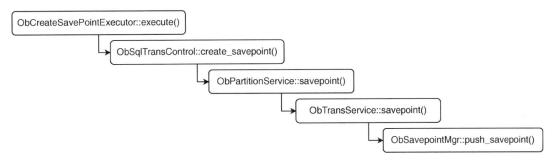

图 6.13　定义保存点的调用过程

定义保存点的整个流程中最核心的工作是将保存点的信息（名称和 SQL 编号）压入事务描述（ObTransDesc）中的保存点数组中。保存点的数据结构以及事务描述中对保存点的组织形式如图 6.14 所示。由于图 6.14 中的继承关系，一个事务描述同时也是一个保存点管理器（ObSavepointMgr），其中用 savepoint_arr_属性维持着一个保存点信息数组，其中每一个元素都是一个 ObSavepointInfo 对象，该对象的构成很简单：sql_no_是该保存点对应的 SQL 编号，id_和 id_len_共同存放了保存点的名称。

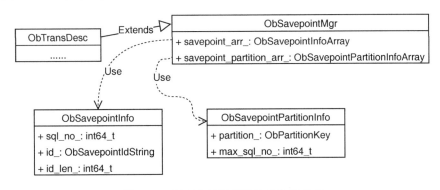

图 6.14　保存点的数据结构及组织形式

定义保存点的最后一步 ObSavepointMgr：：push_savepoint（）中会首先尝试从事务中删除（释放）同名的已定义保存点，然后用事务的当前 SQL 编号以及保存点名称构造一个 ObSavepointInfo 对象，最后将其放入 savepoint_arr_中的数组的尾部。

6.2.3 释放保存点

释放保存点的 RELEASE SAVEPOINT 语句由 ObReleaseSavePointExecutor：: execute（）执行，其调用过程也和定义保存点类似，依次调用 ObSqlTransControl、ObPartitionService、Ob-TransService 的 release_savepoint 方法。在最底层的 release_savepoint 方法中，会从 savepoint_arr_ 表示的保存点数组中删除指定保存点以及指定保存点之后的所有保存点。

6.2.4 回滚到指定保存点

ROLLBACK TO 语句由 ObRollbackSavePointExecutor：: execute（）执行，这也是保存点相关操作中实现机制最复杂的一种。其调用过程与前述两种保存点操作类似，最终会进入到 ObTransService：: rollback_savepoint（）中，该方法包括以下工作：

1）获得需要回滚的分区信息，这些信息由之前已经执行的各个语句的 end_stmt 方法根据语句执行结果更新在保存点管理器（ObSavepointMgr）中，这些分区是指在语句执行过程中真正发生了修改动作的分区。

2）调用 ObTransService：: do_savepoint_rollback_（）完成核心的回滚操作，上一步收集到的待回滚分区就是回滚操作的操作对象。

3）从保存点管理器中删除保存点及在其后定义的所有保存点。

回滚到保存的实现关键在于 ObTransService：: do_savepoint_rollback_（），其主要流程如图 6.15 所示。

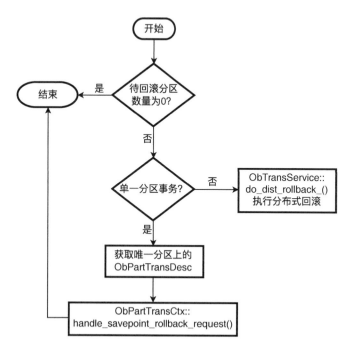

图 6.15　ObTransService：: do_savepoint_rollback_（）主要流程

ObPartTransCtx：: handle_savepoint_rollback_request（）的本来设计意图是用于在一个参与者节点上按要求执行回滚，并且会将操作的结果反馈给协调者节点。但在 ObTransService：:

156

do_savepoint_rollback_（）中，handle_savepoint_rollback_request 方法被用来处理单一分区事务的回滚，因此不存在协调者节点，所以也不需要向协调者节点回报回滚操作的状态。handle_savepoint_rollback_request 的主要工作包括：

1）通过 MemTable 上注册的回调回滚掉给定保存点之后产生的所有修改，这部分工作会经过 ObPartTransCtx、ObMemtableCtx 类的方法传递到 ObTransCallbackMgr∷rollback_to（）中，该方法会从事务回调管理器所管理的回调列表中找到所有位于给定保存点之后的回调，然后按 6.2.1 节所述将这部分回调以后进先出（Last In First Out，LIFO）的方式从回调列表中删掉。

2）将位于 ROLLBACK TO 语句和给定保存点之间的所有任务（Task）信息移除。

3）根据参数的指示向协调者节点反馈回滚操作的结果。

对于非单一分区事务，ObTransService∷do_dist_rollback_（）将被用来完成分布式事务的回滚：协调者节点向各个需要回滚的分区（参与者节点）发送回滚指令，并且等待它们都完成，然后确定分布式事务的最终回滚结果。ObTransService∷do_dist_rollback_（）的实现也体现了这一点：

1）从 ObTransDesc 获得协调者事务上下文（ObScheTransCtx）。

2）通过协调者事务上下文调用 start_savepoint_rollback 方法开始回滚到保存点的操作：逐一向需要回滚的分区发送 OB_TRANS_SAVEPOINT_ROLLBACK_REQUEST 类型的 RPC 消息，参与者节点上最终会由 ObPartTransCtx∷handle_savepoint_rollback_request_（）对这类消息进行处理并向协调者节点回报结果。

3）通过协调者事务上下文调用 wait_savepoint_rollback 方法等待各参与者节点的回应。

4）释放协调者事务上下文。

6.3　Redo 日志

Redo 日志是 OceanBase 用于宕机恢复以及维护多副本数据一致性的关键组件。Redo 日志是一种物理日志，它记录了数据库对于数据的全部修改历史，具体地说记录的是一次写操作后的结果。从某个持久化的数据版本开始逐条回放 Redo 日志可以还原出数据的最新版本。

OceanBase 的 Redo 日志有两个主要作用：

1）宕机恢复：与大多数主流数据库相同，OceanBase 遵循 WAL（Write-Ahead Logging）原则，在事务提交前将 Redo 日志持久化，保证事务的原子性和持久性（ACID 中的 "A" 和 "D"）。如果 OBServer 进程退出或所在的服务器宕机，重启 OBServer 会扫描并回放本地的 Redo 日志用于恢复数据。宕机时未持久化的数据会随着 Redo 日志的回放而重新产生。

2）多副本数据一致性：OceanBase 采用 Multi-Paxos 协议（见 7.1.1 节）在多个副本间同步 Redo 日志。对于事务层来说，一次 Redo 日志的写入只有同步到多数派副本上时才能认为成功。而事务的提交需要所有 Redo 日志都成功写入。最终，所有副本都会收到相同的一段 Redo 日志并回放出数据。这就保证了一个成功提交的事务的修改最终会在所有副本上生效并保持一致。Redo 日志在多个副本上的持久化使得 OceanBase 可以提供更强的容灾能力。

6.3.1 日志文件类型

OceanBase 采用了分区级别的日志流,每个分区的所有日志要求在逻辑上连续有序。而一台机器上的所有日志流最终会写入到一个日志文件中。

OceanBase 的 Redo 日志文件包含如下两种类型:

1)Clog:全称是提交日志(Commit log),用于记录 Redo 日志的日志内容,位于 store/clog 目录下,文件编号从 1 开始并连续递增,文件 ID 不会复用,单个日志文件的大小为 64MB。这些日志文件记录数据库中的数据所做的更改操作,提供数据持久性保证。

2)ilog:全称是索引日志(Index log),用于记录相同分区相同日志 ID 的已经形成多数派日志的提交日志的位置信息。ilog 位于 store/ilog 目录下,文件编号从 1 开始并连续递增,文件 ID 不会复用,单个日志文件的大小非定长。这个目录下的日志文件是 Clog 的索引,本质上是对日志管理的一种优化,ilog 文件删除不会影响数据持久性,但可能会影响系统的恢复时间。ilog 文件和 Clog 文件没有对应关系,由于 ilog 针对单条日志记录的内容会比 Clog 少很多,因此一般场景下 ilog 文件数目也比 Clog 文件数目少很多。

6.3.2 日志的产生

OceanBase 的每条 Redo 日志最大为 2MB。事务在执行过程中会在事务上下文中维护历史操作,包含数据写入、上锁等操作。在 3.x 之前的版本中,OceanBase 仅在事务提交时才会将事务上下文中保存的历史操作转换成 Redo 日志,以 2MB 为单位提交到 Clog 模块,Clog 模块负责将日志同步到所有副本并持久化。在 3.x 及之后的版本中,OceanBase 新增了即时写日志功能,当事务内数据超过 2MB 时,生成 Redo 日志,提交到 Clog 模块。以 2MB 为单位主要是出于性能考虑,每条日志提交到 Clog 模块后需要经过 Multi-Paxos 同步到多数派,这个过程需要较多的网络通信,耗时较多。因此,相比于传统数据库,OceanBase 的单条 Redo 日志聚合了多次写操作的内容。

OceanBase 的一个分区可能会有 3~5 个副本,其中只有一个副本可以作为 Leader 提供写服务,产生 Redo 日志,其他副本都只能被动接收日志。

6.3.3 日志的回放

Redo 日志的回放是 OceanBase 提供高可用能力的基础。日志同步到 Follower 副本后,副本会将日志按照 transaction_id 哈希到同一个线程池的不同任务队列中进行回放。OceanBase 中不同事务的 Redo 日志并行回放,同一事务的 Redo 日志串行回放,在提高回放速度的同时保证了回放的正确性。日志在副本上回放时首先会创建出事务上下文,然后在事务上下文中还原出操作历史,并在回放到提交日志时将事务提交,相当于事务在副本的镜像上又执行了一次。

6.3.4 日志容灾

通过回放 Redo 日志,副本最终会将 Leader 上执行过的事务重新执行一遍,获得和 Leader 一致的数据状态。当某一分区的 Leader 所在的机器发生故障或由于负载过高无法提供服务时,可以重新将另一个机器上的副本选为新的 Leader。因为它们拥有相同的日志和数据，新 Leader 可以继续提供服务。只要发生故障的副本不超过一半，OceanBase 都可以持续提供服务。发生故障的副本在重启后会重新回放日志，还原出未持久化的数据，最终会和 Leader 保持一致的状态。

对于传统数据库来说，无论是故障宕机还是重新选主，正在执行的事务都会伴随内存信息的丢失而丢失状态。之后通过回放恢复出来的活跃事务因为无法确定状态而只能被回滚。从 Redo 日志的角度看就是回放完所有日志后仍然没有提交日志。在 OceanBase 中重新选主会有一段时间允许正在执行的事务将自己的数据和事务状态写成日志并提交到多数派副本，这样在新的 Leader 上事务可以继续执行。

6.3.5　日志的控制与回收

日志文件中记录了数据库的所有修改，因此回收的前提是日志相关的数据都已经成功持久化到磁盘上。如果数据还未持久化就回收了日志，故障后数据就无法被恢复。

当前，OceanBase 的日志回收策略中对用户可见的配置项有两个：

（1）clog_disk_usage_limit_percentage

该配置项用于控制 Clog 或 ilog 磁盘空间的使用上限，默认值为 95，表示允许 Clog 或 ilog 使用的磁盘空间占总磁盘空间的百分比。这是一个刚性的限制，超过此值后该 OBServer 不再允许任何新事务的写入，同时不允许接收其他 OBServer 同步的日志。对外表现是所有访问此 OBServer 的读写事务报 "transaction needs rollback" 的错误。

（2）clog_disk_utilization_threshold

该配置项用于控制 Clog 或 ilog 磁盘的复用下限。在系统工作正常时，Clog 或 ilog 会在磁盘占用超过此限制时开始复用最老的日志文件，默认值是 Clog 或 ilog 独立磁盘空间的 80%，不可修改。因此，正常运行的情况下，Clog 或 ilog 磁盘空间占用不会超过 80%，超过则会报 "clog disk is almost full" 的错误，提醒 DBA 处理。

6.4　本地事务

本地事务是相对于跨机分布式事务而言的，特指事务所操作的表的分区 Leader 全部在同一个节点上，并且与会话建立的节点具有相同的事务。

根据操作的分区数量，本地事务可以继续细分为本地单分区事务和本地多分区事务。

6.4.1　本地单分区事务

本地单分区事务需要满足以下两个条件：

1）事务涉及的操作总共涉及一个分区。

2）分区的 Leader 与会话所在的节点相同。

本地单分区事务是最简单的模型，事务的提交可以获得极高的优化。因为本地单分区事务只涉及本地节点，事务提交的时候无须执行两阶段提交的流程，只需要本地事务提交成功即可，由于不需要通过网络等待其他远程节点的提交结果，本地单分区事务的提交性能很好。

6.4.2　本地多分区事务

类似于本地单分区事务，本地多分区事务也需要满足两个条件：

1）事务涉及表的多个分区，且它们的 Leader 在同一个节点上。

2）分区的 Leader 与会话所在的节点相同。

由于 OceanBase 分区级日志流的设计，单机多分区事务本质上也是分布式事务。为了提高单机的性能，OceanBase 对事务内参与者副本分布相同的事务做了比较多的优化，相对于传统两阶段提交，大大提高了单机事务提交的性能。

6.5　分布式事务

OceanBase 的事务类型由事务所属会话的位置和事务涉及的分区 Leader 数量两个维度来决定，主要分为分布式事务和单分区事务，除 6.4 节所说的单分区事务之外，其他的涉及多个分区的事务都被 OceanBase 当作分布式事务进行处理。

6.5.1　分布式事务的构造

就典型的分布式数据库来说，分布式事务强调下面几个概念：

1）全局事务：代表整个分布式事务的整体，对于用户或者应用来说，他们在分布式数据库中见到的就是一个个全局事务。

2）局部事务：分布式事务需要操作的数据会分布在分布式数据库的多个节点上，每个节点上需要执行全局事务中的一部分来操作以其所辖数据为主的数据，这种在每个节点上执行的全局事务片段就是所谓局部事务（有时也称本地事务）。

3）事务协调器：用于协调整个全局事务的执行状态改变，即协调组成全局事务的各个局部事务之间的关系以及对整体的影响。事务协调器也常被称为协调者。

4）本地事务管理器：和集中式数据库中事务的执行一样，每个节点上的局部事务同样需要有一个事务管理器来监管其执行过程，这个组件也被称为本地事务管理器。本地事务管理器除了监管局部事务执行之外，显然还需要负责和协调者进行交流，以便协调者了解所有局部事务的情况，本地事务管理器有时也可以被称为参与者。

从分布式事务的执行过程来看，一种很自然的观点是：协调者运行在用户连接到的数据库节点上，同时全局事务的相关信息也维持在协调者节点上，它负责协调包括协调者节点在内的所有节点上的局部事务，因此协调者节点有时也会同时充当一个参与者。

在 OceanBase 的设计中，分布式事务的构成与上述概念略有不同，OceanBase 的分布式事务中存在三种组成部分：

1）调度器（Scheduler）：OceanBase 分布式事务的事务协调器不一定运行在发起相应分布式事务的节点上，用户或者应用所连接的节点被称为调度器或者调度者。可以认为调度者在全局事务运行的前期大约等效于一个传统意义上的"事务协调器"，因为在全局事务结束（提交或者回滚）前各局部事务的信息都由调度器持有和维护。当然，由于调度器知晓参与到全局事务中各节点的位置，这些信息也使得调度器能在全局事务执行期间根据收到的

SQL 语句向各参与节点发出控制指令。

2）协调器（Coordinator）：OceanBase 分布式事务的协调器在全局事务结束时发挥作用，例如它会在全局事务提交时，担负起两阶段提交协议中的协调者角色。总体来说，调度器和协调器共同完成了全局事务层面的事务控制工作。

3）参与者（Participant）：OceanBase 分布式事务的参与者和前述的概念一致，即运行局部事务的节点都被称为参与者，由于调度器和协调器所在的节点也包含数据，因此它们也可能同时充当了参与者的角色，甚至有可能同一个节点同时承担三种角色。

下面对每一种角色的实现做进一步分析。

（1）调度器

调度器的状态在实现中由 ObScheTransCtx 类表示，其主要结构如图 6.16 所示。在每个节点本地对于事务的描述结构 ObTransDesc 中，分别有 part_ctx_和 sche_ctx_两个属性⊖用来存放该节点上的参与者和调度器状态信息。根据上文的介绍，会话所在的节点（或者说用户连接到的节点）扮演着调度器的角色，因此其上的 sche_ctx_属性值是有效的。如果该节点上存放的分区同时也被这个全局事务涉及，那么其上的 part_ctx_属性值也是有效的，否则 part_ctx_属性值为空。同样，在非会话所在的节点上，其 sche_ctx_属性值是无效的，part_ctx_属性值是否有效取决于其上的分区是否被全局事务所涉及。

ObScheTransCtx 中记录了一些与全局事务执行情况相关的信息：

1）last_stmt_participants_：包含参与了上一条语句执行的参与分区。

2）cur_stmt_unreachable_partitions_：当前语句执行中无法达到的分区，例如可能由于网络原因分区掉线。

3）stmt_rollback_participants_：执行语句时出现各种问题需要回滚的分区。

4）last_stmt_participants_pla_：与 last_stmt_participants_相对应，是这些参与分区的 Leader 信息。

5）participants_pla_：参与当前语句执行的参与分区的 Leader 信息。

6）gc_participants_：需要执行垃圾回收的参与分区。

调度器还需要了解协调器和参与者的信息，每一个 ObScheTransCtx 实例都是一个 ObDistTransCtx 实例，调度器使用一部分从 ObDistTransCtx 继承的属性来记录协调器和参与者：

1）scheduler_：如果当前的 ObDistTransCtx 对象就表示一个调度器，则 scheduler_属性表示调度器本身的地址信息。

2）part_trans_ctx_mgr_：参与者的 ObPartTransCtx 结构管理器，由于协调者只在最后的两阶段提交过程中才发挥作用，两阶段提交之前全局事务的参与者信息都需要维持在调度器处。

3）coordinator_：协调器所在的分区信息。

4）participants_：参与者所在的分区信息。

5）rpc_：用于调度器、协调器、参与者之间与事务相关的 RPC 通信。

在整个全局事务的执行期间，调度器就会使用 ObScheTransCtx 中的信息来调度各个参与节点上的局部事务执行，并且收集相关信息供最后事务结束时协调器决策使用。

⊖ 这两个属性在图 6.2 中没有列出。

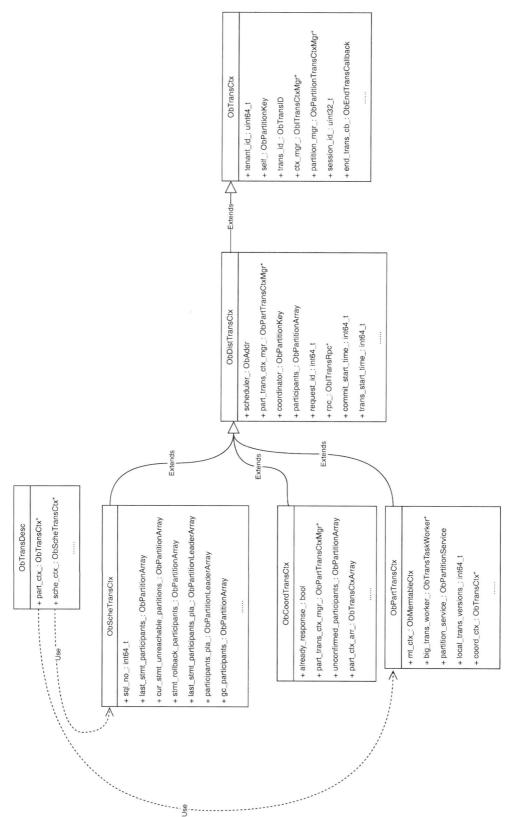

图 6.16 调度器、协调器、参与者的数据结构

（2）协调器

协调器的状态由 ObCoordTransCtx 实例来表示，ObCoordTransCtx 同样也继承自 ObDist-TransCtx。其 already_response_属性表示当调度器通知协调器开始进行提交后，协调器是否已经向调度器做出过响应。而图 6.16 中列出的其他三个属性则记录了即将被协调器协调进行两阶段提交的参与者的信息，以及过程中未能做出确认的参与者等信息。

OceanBase 中协调器的特别之处在于其产生（启动）时机，在分布式事务开始以及执行时都不需要协调器的参与，因此协调器直到分布式事务（全局事务）确定结束时才会出现。此外，协调器并不会简单地被放置在调度器所在的节点上，理论上所有参与到分布式事务中的节点都有可能作为协调器。事实上，当调度器需要确定一个参与者作为协调器的角色时，调度器会选择第一个被执行过写操作的参与者作为协调器所在地。换句话说，调度器会将自己收集到的参与者数组中的第一个参与者选为协调器。

分布式事务结束时调度器选取协调器并且向后者发送事务结束请求的主要过程如图 6.17 所示。

从图 6.17 中可以看到，协调器产生的时机是在 ObTransService：：end_trans（）被调用时。而根据 6.1.2 节，只有在事务结束时才会调用 ObTransService：：end_trans（）。在两参数版的 ObScheTransCtx：：end_trans_（）中会将调度器中保存的参与者数组（继承自 ObDist-TransCtx 的 participants_属性）的第一个元素确定为协调器，并保存在 ObScheTransCtx：：coordinator_中，然后调用 submit_trans_request 方法向协调器提交事务请求，包括提交请求（OB_TRANS_COMMIT_REQUEST）、放弃请求（OB_TRANS_DISCARD_REQUEST）等。

在 submit_trans_request 方法中会根据消息请求向不同的接收者通过 RPC 机制发送合适的事务消息。例如，当收到提交请求时，submit_trans_request 方法会向刚刚确立的协调者所在节点发出提交的消息，在协调者收到该消息后就会进入到两阶段提交的过程（见 6.5.2节）。而在收到放弃请求时，submit_trans_request 方法会向所有需要进行垃圾回收的参与者（gc_participants_属性中的数组）发出放弃的消息。

（3）参与者

分布式事务中参与者的状态由 ObPartTransCtx 表示，它也是 ObDistTransCtx 的子类。参与者的 mt_ctx_属性指向其所使用的 MemTable 上下文，对于一个分布式事务来说，该事务对数据所做的修改最终都散布在各个参与者中，与事务的调度器和协调器并不存在直接的联系。big_trans_worker_属性中收集了访问用于执行分配给该参与者的任务（子计划）的工作线程的入口信息。coord_ctx_属性则指向管理该参与者的协调器，通过这个属性中的信息，参与者才能找到并与协调器进行信息的交换。

在一个分布式事务中，虽然理论上每一个节点都可能会充当参与者，但并非一开始每个节点上都存在一个属于该分布式事务的 ObPartTransCtx。如图 6.18 中的例子所示，集群中有三个节点，表 t 被按照 key 值分别在三个节点上产生了覆盖三个不同范围的分区。在这个集群中执行图中所示的事务，语句与参与者状态 ObPartTransCtx 之间的创建和引用关系由图中的箭头表示，实线箭头表示参与者状态由该语句创建，虚线箭头则表示参与者状态是由其他语句创建，当前语句仅仅是引用而已。从这个例子可以看到，参与者状态是按需创建的，即只有相应节点上的分区真正被分布式事务中的语句使用到时才会创建对应的参与者状态。如图 6.18 所示，在执行 BEGIN 语句开始事务后，三个节点对应的参与者状态均未创建；在

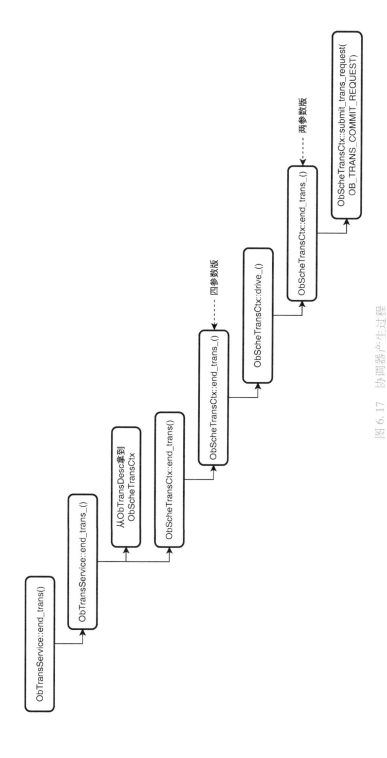

图 6.17 协调器产生过程

UPDATE 语句执行时，由于该语句仅需操纵节点 1 上的分区 1，因此 UPDATE 语句的执行会导致 ObPartTransCtx_1 首先被建立；然后在执行 INSERT 语句时需要向节点 2 上的分区 2 中插入数据，因此 ObPartTransCtx_2 成为第二个被创建的参与者状态；最后在执行 DELETE 语句时需要删除三个节点上的所有表 t 的数据，因此三个节点都要成为参与者，但由于前两者的参与者状态已经存在，因此 DELETE 语句的执行仅会导致 ObPartTransCtx_3 的创建，而对节点 1 和节点 2 的参与者身份的表示则会直接引用前两条语句创建的 ObPartTransCtx_1 和 ObPartTransCtx_2。

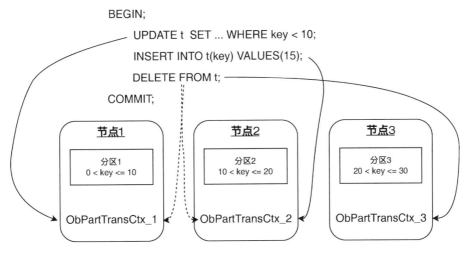

图 6.18　ObPartTransCtx 产生时机示例

参与者的启动过程如图 6.19 所示，在 ObResultSet::open_plan() 开始准备执行计划时，将使用 ObResultSet::auto_start_plan_trans() 为计划的执行做好事务方面的准备，该方法中将会为计划的执行启动所需的参与者，即调用图 6.19 中的 ObTransService::start_participant()，进而由 ObTransService::handle_start_participant_() 处理各参与者的启动。

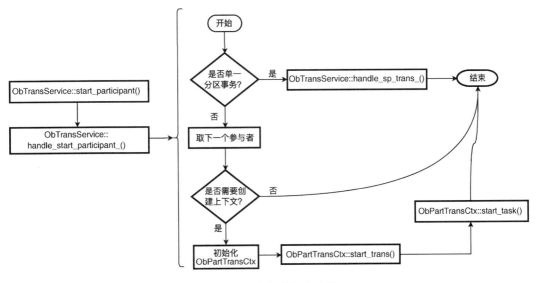

图 6.19　参与者启动过程

ObTransService∷ handle_start_participant_( ) 会区分事务的类型，如果当前分布式事务是单分区事务，那么参与者就是当前节点，因此参与者的启动动作只需要按照单分区事务的方式启动即可。如果不是单分区事务，则对每一个需要创建 ObPartTransCtx 的参与者建立一个 ObPartTransCtx，然后通过 ObPartTransCtx 的 start_trans 方法改变局部事务的状态，最后使用 ObPartTransCtx 的 start_task 方法向参与者发送任务（子计划）。

单分区事务与多分区分布式事务在 ObPartTransCtx 上的区别主要在于 trans_type_ 属性和 scheduler_ 属性的值。单分区事务的 trans_type_ 属性值为 MINI_SP_TRANS 或者 SP_TRANS，而多分区分布式事务的 trans_type_ 属性值为 DIST_TRANS。此外，单分区事务是不需要调度器的，因为调度器就与它在同一个节点上，而多分区分布式事务的局部事务是必须知道自己的调度器在什么位置的，因此需要将其 scheduler_ 属性值指向调度器的位置。

6.5.2　两阶段提交

为了保证分布式事务的 ACID 特性，OceanBase 实现了原生的两阶段提交协议。两阶段提交协议中包含两种角色，协调者（Coordinator）和参与者（Participant）。协调者负责整个协议的推进，使得多个参与者最终达到一致的决议。参与者响应协调者的请求，根据协调者的请求完成 PREPARE 操作及 COMMIT/ABORT 操作。

传统的和 OceanBase 的两阶段提交（2PC）流程如图 6.20 所示。

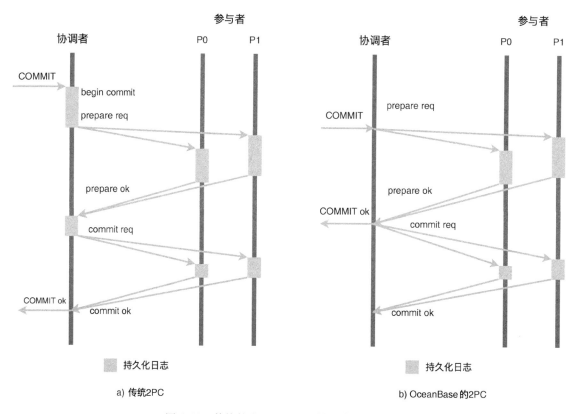

图 6.20　传统的和 OceanBase 的两阶段提交流程

OceanBase 的两阶段提交同样也包括预备（PREPARE）阶段和提交（COMMIT）阶段。如 6.5.1 节所述，整个两阶段提交过程的起点是从 ObTransService∷end_trans（）开始的，在其中调度器会通过 RPC 向选中的协调器发送提交请求消息。

在两阶段提交以及整个分布式事务运行过程中，分布式事务的三种组成角色之间需要依靠 RPC 机制对各种消息的交换进行协调。这些消息由于是用于分布式事务控制，因此它们统称为事务消息，事务消息的主要结构如图 6.21 所示。

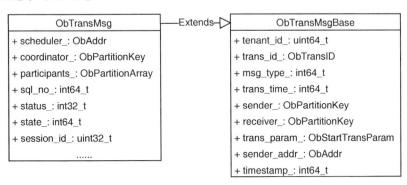

図 6.21　事务消息的主要结构

一个事务消息由一个 ObTransMsg 对象表达，同时它也可以看成是一个 ObTransMsgBase 对象，结合属性名以及前述的内容，事务消息中大部分属性的用途都是很容易理解的，例如 msg_type_ 属性表明了事务消息的类型，包括前述的 OB_TRANS_COMMIT_RESPONSE 和 OB_TRANS_ABORT_RESPONSE。

不管是全局事务中的何种角色，都会通过所在 OBServer 中的事务服务（ObTransService）来接收和处理经 RPC 到来的各种消息。ObTransService∷handle_trans_msg（）是所有事务消息的处理入口，它会将事务消息根据其目的地分为三大类来分别处理：

1）发给调度器的事务消息：调度器会对 OB_TRANS_ASK_SCHEDULER_STATUS_REQUEST 消息通过 RPC 返回一个 OB_TRANS_ASK_SCHEDULER_STATUS_RESPONSE 消息，表示调度器仍然存活。对于其他类别的消息，调度器将使用自身状态结构 ObScheTransCtx 的 handle_message 方法来分别处理。

2）发给协调器的事务消息：首先初始化一个 ObCoordTransCtx 对象，然后调用 construct_context 方法根据收到的消息类型改变事务状态，最后将发给协调器的事务消息都交该对象的 handle_message 方法分别处理。

3）发给参与者的事务消息：发给参与者的事务消息首先会由 ObTransService∷handle_start_stmt_request_（）处理 OB_TRANS_START_STMT_REQUEST 消息中不需要创建 ObPartTransCtx 的情况（直接返回响应消息），然后初始化一个 ObPartTransCtx 对象，调用其 handle_message 方法处理其他类型的消息。

如前所述，两阶段提交开始于调度器向协调器发送 OB_TRANS_COMMIT_REQUEST 类型的事务消息，协调器所在节点收到该 RPC 请求后，会调用本地的 ObCoordTransCtx∷handle_message（）进行处理。

（1）预备阶段

协调者的 ObCoordTransCtx∷handle_message（）会使得两阶段提交进入第一阶段：预备

阶段。预备阶段的标准过程如下：

1）协调者将 ObCoordTransCtx 的事务状态改成 PREPARE（预备状态）。

2）调用 ObCoordTransCtx∷drive_() 驱动整个两阶段提交，由于 ObCoordTransCtx 已经处于 PREPARE 状态，drive_方法会调用 post_2pc_request_方法向所有的参与者发送 OB_TRANS_2PC_PREPARE_REQUEST 消息通知它们进入预备状态。

3）参与者收到 OB_TRANS_2PC_PREPARE_REQUEST 消息后，会在本地的 ObPartTransCtx 对象中设置好调度器和协调器的信息，然后决定本地的局部事务是否可以提交，决定的依据是能否提交 OB_LOG_TRANS_PREPARE 日志，如果能成功则向协调器回送 OB_TRANS_2PC_PREPARE_RESPONSE 消息表示参与者已经预备好。

4）协调者收到 OB_TRANS_2PC_PREPARE_RESPONSE 消息时，会根据消息来自哪一个参与者更新协调者中收集的参与者状态列表，如果收到当前参与者的预备好消息后所有的参与者都已经预备好，则调用 ObCoordTransCtx∷switch_state_() 将协调者的状态转为 COMMIT（提交状态），表示将进入提交阶段，最后向所有的参与者发送 OB_TRANS_2PC_COMMIT_REQUEST 消息通知它们开始提交。

（2）COMMIT 阶段

提交阶段的起点是协调器向所有参与者发送 OB_TRANS_2PC_COMMIT_REQUEST 消息，提交阶段的标准过程如下：

1）参与者收到 OB_TRANS_2PC_COMMIT_REQUEST 消息后，根据参与者处 ObPartTransCtx 对象中记录的状态（应为 PREPARE）将执行 do_dist_commit_方法进行本地提交，其调用流程如图 6.22 所示。根据 6.2.1 节所述，局部事务的提交最终是将事务执行过程中挂在 MemTable 上的 ObTransNode 中的回调函数全部执行以解除行锁，在完成 do_dist_commit 方法调用之后同样会尝试提交一个 OB_LOG_TRANS_COMMIT 日志。在完成 do_dist_commit_方法调用且没有出现错误的情况下，ObPartTransCtx 的状态会被转变为 COMMIT，同时尝试向协调器发送 OB_TRANS_2PC_COMMIT_RESPONSE 类型的消息表示该参与者局部提交成功。

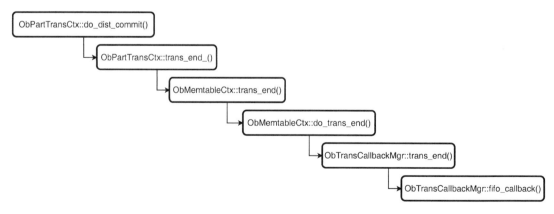

图 6.22　局部事务提交过程

2）协调器收到 OB_TRANS_2PC_COMMIT_RESPONSE 消息后，依据协调器的状态（应为 COMMIT）会把收到的局部提交成功的参与者标记为已提交，然后判断是否所有的参与者都已经提交成功，如果是则将协调器的状态改为 CLEAR，同时向调度器和所有参与者分别发送 OB_TRANS_COMMIT_RESPONSE 和 OB_TRANS_2PC_CLEAR_REQUEST 消息。

3）参与者收到 OB_TRANS_2PC_CLEAR_REQUEST 消息后无须做额外的动作。

4）调度器收到 OB_TRANS_COMMIT_RESPONSE 消息后调用事务级回调释放事务上下文结束分布式事务。

6.6 并发控制

为了更好地提高事务的处理能力，OceanBase 允许用户通过事务并发地访问与修改同一个数据。总体上，OceanBase 采用多版本并发控制（MVCC）技术来解决事务同时操纵同一个数据时可能出现的冲突。

6.6.1 MVCC

MVCC 的基本原则是：数据被修改时，修改并不是就地（In-place Update）进行，即修改不是直接应用在目标数据上，而是将目标数据标记为已删除，然后插入一个更新后的新数据，被标记删除的数据被称为"旧版本"，新插入的数据则称为"新版本"。通常来说，MVCC 机制下产生的同一个数据的新旧版本之间在逻辑上或者物理上构成一个按产生顺序排列的版本链，每一个版本上也会关联产生/删除该版本的事务信息（例如事务提交版本号）。

在 MVCC 机制中版本链的支持下，当并发事务访问同一个数据时，不同的事务将会看到版本链中的不同数据版本，每个事务看起来都运行在自己"专属"的版本上，因此不会发生冲突。

在 OceanBase 的 MVCC 机制中，可能的三种基本并发控制包括：读读、读写以及写写并发。

（1）读读并发控制

读读并发是指两个并发事务对同一个数据的访问方式都是读操作，由于数据不会被它们修改，所以即便没有 MVCC 机制的支持，读读并发的事务之间也不会产生冲突。在 OceanBase 的访问控制机制中，没有对读读并发做特殊的处理。

（2）读写并发控制

读写并发是指两个并发事务访问同一个数据，其中一个事务对该数据执行读操作，而另一个事务对该数据执行写操作。

在 MVCC 机制中，执行写操作的事务会把该数据的当前版本标记为删除然后插入一个新版本，旧版本在物理上依然存在，执行读操作的事务仍然能够读取该数据的当前版本完成自己的执行。因此在 OceanBase 的访问控制机制中，读写并发是不会产生冲突的。

不过，由于还要考虑写写并发控制，因此 OceanBase 中的写操作事务需要对要写的数据加上排他锁。OceanBase 的读操作对访问的数据是不加锁的，所以读不会阻塞写。不过如果用了 SELECT...FOR UPDATE 语法，则不会是快照读，会尝试加锁（共享锁），直到事务提交或者回滚才释放，这个时候就跟并发写有冲突。

（3）写写并发控制

OceanBase 中的写操作会先在数据上申请加排他锁（即行锁），如果已经有其他锁存在则需要在队列里等待。行锁保证了每个时刻最多只能有一个事务修改这个行，行锁释放的时候通知等待队列里的第一个事务，这个队列避免了锁等待的争抢。同时，根据 6.2.1 节所述，OceanBase 会在行上维护一个链表，记录历史修改和提交版本信息。

当然，处于锁等待队列中的事务不会无限制等待下去，每个 SQL 语句执行有个超时机制，由变量 ob_query_timeout 控制，默认为 10s。如果事务为了执行一个 SQL 语句等待了过长时间导致超过这个时间限制，事务会报告"lock wait timeout"。这个报错信息是取自 MySQL，在 MySQL 里变量 innodb_lock_wait_timeout 会控制锁等待超时时间。

6.6.2 多版本读一致性

为了支持数据读写不互斥，OceanBase 存储了多个版本的数据。为了处理多版本数据的语义，需要维护多版本一致性。OceanBase 的多版本一致性是通过读版本和数据版本来保证的，通过读取版本号返回小于读取版本号的所有提交数据，来定义多版本一致性。因此需要注意几点：

1）未提交事务：不能读到非本事务的未提交数据，否则若对应事务回滚，就会产生脏读（Dirty read）。

2）事务一致性点：要读取小于读取版本号的所有提交数据，来保证一个用户可理解的一致性点，否则就会返回断裂事务（Fractured read）。

3）读写不互斥：在满足未提交事务与事务一致性点的前提下，依旧要保证读写不互斥。

多版本读一致性在 OceanBase 内部是广泛使用的，也是实现并发控制的关键之一。

1）弱一致性读：OceanBase 的弱一致性读依旧提供了返回事务一致性点，不会返回未提交事务和断裂事务的情况。

2）强一致性读：OceanBase 的强一致性读分为两种，分别是事务级别读版本号和语句级别版本号，分别提供给快照读和读已提交两个隔离级别使用，需要提供返回事务一致性点的能力。

3）只读事务：OceanBase 的只读语句也是要求提供强一致性读相同的能力，需要提供返回事务一致性点的能力。

4）备份恢复点：OceanBase 需要提供可以备份到一个一致性的位点，防止备份了多余、未提交的事务或者没有备份需要备份的事务。

6.6.3 多版本读一致性实现

正在执行中的事务会存放在事务表内，根据不同的事务状态，来决定是否要读取到对应的数据。其中数据状态包含提交（COMMIT）、执行（RUNNING）、回滚（ABORT）、预备（PREPARE）。对于执行（RUNNING）的事务可能存在本地提交版本号（Local Commit Version，即 Prepare Version）。对于提交的事务，存在全局提交版本号（Global Commit Version，即 Commit Version）。其中全局提交版本号代表事务最终的版本，也是一致性点的决定因素。

如图 6.23 所示，事务 6 处于回滚状态；事务 7 处于提交状态，全局提交版本号为 80；事务 12 处于执行状态，不存在本地提交版本号；事务 15 处于执行状态，本地提交版本号为 130。

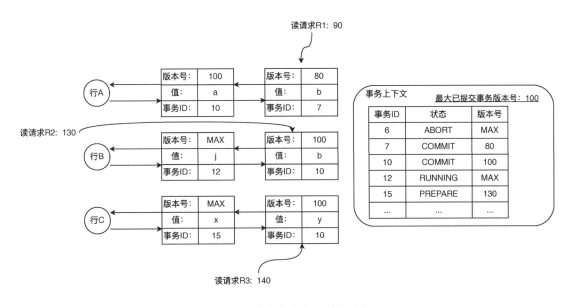

图 6.23　事务状态与可见性示例

在读取的时候，OceanBase 会使用读版本号来读取对应的数据。

在读取到提交或回滚的事务时，可以根据全局提交时间戳和事务状态比较简单地推测出是否需要读到对应数据。如图 6.23 所示，读请求 R1 以 90 作为读版本号进行读取，根据快照读的策略，会选择版本号为 80，值为 b 的数据进行读取。

当读取到执行状态的事务时，可以安全地跳过这个数据。如图 6.23 所示，读请求 R2 以 130 作为读版本号进行读取，可以安全跳过未进入两阶段提交的事务 12 产生的值为 j 的数据，从而读取到版本号为 100，值为 b 的数据。

当读取到 PREPARE 状态的事务时，无法确定事务是否会提交，因此会等在这行的事务上。如图 6.23 所示，读请求 R3 以 140 作为读版本号进行读取，等待两阶段提交状态且本地提交版本号为 130 的时候最后决定全局提交版本号和读版本号 140 的关系。

6.7　封锁及两阶段锁 2PL

OceanBase 使用了多版本两阶段锁来维护其并发控制模型的正确性，锁机制是保证正确的数据并发性和一致性很重要的一点。

OceanBase 的锁机制使用了以数据行为级别的锁粒度。同一行不同列之间的修改会导致同一把锁上的互斥；而不同行的修改是不同的两把锁，因此是无关的。OceanBase 的读取操作是不加锁的，因此可以做到读写不互斥，从而提高用户读写事务的并发能力。为了避免在内存中维护大量的锁信息，OceanBase 的行锁被实现为存储在行本身中的方式。不过，行锁的等待队列仍然需要被维持在内存中，这样才能在锁被释放的时候唤醒等待队列中的事务。需要注意的是，虽然 OceanBase 的并发控制机制中读写不冲突，但是在事务提交过程中，为了维护事务的一致性快照，会有短暂的读写互斥，称之为 Lock for Read。

6.7.1 锁使用

在深入之前，先来看一下如何使用 OceanBase 的行锁能力。如下所示是一个很常见的用于更新货物信息的 SQL 语句。

```
UPDATE GOODS SET PRICE=?,AMOUNT=?
WHERE GOOD_ID=AND LOCATION=;?
```

上述的 SQL 语句会根据用户填入的货物 ID 和地址，去更新对应的价格和存量。这个 SQL 语句当然会运行在一个事务中，在事务结束前，对应货物 ID 和地址的数据的一行会被加上行锁，所有并发的更新都会被阻塞并等待。这样就能预防并发修改导致的脏写（Dirty write）。由此可见用户在更新数据的同时，实际上隐式地为修改的数据行上加上了行锁，用户无须显式地指示锁的范围等信息就可以依赖 OceanBase 内部的机制做到并发控制的效果。

当然用户也可以显式地使用锁机制。例如下面是一个很常见的用于互斥获取货物信息的 SQL 语句。

```
SELECT PRICE=?,AMOUNT=?
FROM GOODS
WHERE GOOD_ID=?
AND LOCATION=?
FOR UPDATE;
```

上述的 SQL 语句会根据用户填入的货物 ID 和地址，去获取对应的价格和存量。在该语句所在的事务结束前，对应货物 ID 和地址的行会被加上行锁，所有并发的更新都会被阻塞并等待。从而做到用户指定的显示加锁。

6.7.2 锁粒度和互斥

OceanBase 现在不支持表锁，只支持行锁，且只存在互斥行锁。传统数据库中的表锁主要是用来实现一些较为复杂的 DDL 操作，在 OceanBase 中，还未支持一些极度依赖表锁的复杂 DDL，而其余 DDL 则通过在线 DDL 变更来实现。

在更新同一行的不同列时，事务依旧会互相阻塞，如此选择的原因是为了减小锁信息在行上的存储开销。而更新不同行时，事务之间不会有任何影响。

OceanBase 使用了多版本两阶段锁，事务的修改每次并不是就地修改，而是产生新的版本。因此读取可以通过一致性快照获取旧版本的数据，不需要行锁依旧可以维护对应的并发控制能力，所以能做到执行中的读写不冲突，这极大提升了 OceanBase 的并发能力。比较特殊的是 SELECT...FOR UPDATE 语句，此类执行依旧会加上行锁，并与修改或 SELECT...FOR UPDATE 语句产生互斥与等待。而修改操作则会与所有需要获取行锁的操作产生互斥。

6.7.3 锁存储

OceanBase 的锁存储在行上，从而减少内存中单独维护锁信息所需要的开销。事务对行加锁时，行应该是存在于 MemTable 中，即表现为 4.2.5 节中所述的 ObMvccRow 的形式。在每一行的 ObMvccRow 实例中，都有一个 row_lock_属性（ObLatch）用于对该行加锁。ObLatch 可以认为是一种低层次的锁，其是 latch_属性中的 lock_属性（uint32_t），lock_属性的值包含多方面的信息：

1) 最高位（WAIT_MASK 所标记的位）：是否有事务在等待这个锁，如果为 1 则 ObLatch 中的等待队列里有事务正在等待当前这个锁。

2) 次高位（WRITE_MASK 所标记的位）：是否加上了写锁，如果为 1 表示已经有事务持有了这个数据上的写锁。

3) 低 30 位：除两个标志位之外，其他位表示的是持锁事务，但并非事务的 ID，而是事务产生的 MVCC 上下文（ObMvccCtx）的 ID。

在内存中，当事务获取到行锁时，该事务就是所谓的行锁持有者。当事务尝试获取行锁时，会通过对应的事务标记发现自己不是行锁持有者而放弃并等待或发现自己是行锁持有者后获得行的使用权利。当事务释放行锁后，就会在所有事务涉及的行上解除对应的事务标记，从而允许之后的事务继续尝试获取行锁。

当数据被转储到 SSTable 中后，在宏块内部的数据上记录着对应的事务标记。其余事务依旧需要通过事务标识来辨识是否可以允许访问对应的数据。与内存中的锁机制不同的是，由于 SSTable 不可变的特性，无法在事务释放行锁后，立即清除宏块内部的数据上的事务标记。当然依旧可以通过事务标识找到对应的事务信息，进而确认事务是否已经解锁。

6.7.4 锁的获取与释放

类似于大部分的两阶段锁实现方案，OceanBase 的锁在事务结束（提交或回滚）的时候释放，从而避免数据不一致性的影响。OceanBase 还存在其他的释放时机：基于保存点的回滚。当用户选择回滚至某个保存点后，事务内部会将指定保存点及之后所有涉及数据的行锁，全部根据 OceanBase 的锁机制进行释放。

行锁的获取和释放分别由 ObMvccEngine 的 lock 和 unlock 方法实现，它们的参数中都有一个 ObMvccRow 类型的参数用于表示要被加锁或解锁的行。

（1）加锁

ObMvccEngine::lock() 在进行加锁时，首先会依据 ObLatch 中存放的持锁者信息判断当前加锁请求的目标锁是否已经被当前事务所持有，如果是，则无需额外的动作；否则才需要真正地进行加锁尝试。

低层的加锁操作由 ObMvccRow 的 lock_for_write 方法完成，该方法最终将传导到底层锁的 ObLatch::wrlock() 方法中。该方法会获取 ObLatch::lock_上的排他机制，然后在 lock_没有被其他事务占用的情况下把当前事务的 ObMvccCtx 标识写入，同时将 lock_中的写锁标记位标上。如果 ObLatch::wrlock() 无法成功获得锁，则一方面会将当前事务加入 ObLatch 的等待队列中，另一方面会调用锁等待管理器（ObLockWaitMgr）的 post_lock 方法将当前事务对锁的等待关系加入到锁等待管理器中。

（2）解锁

ObMvccEngine::unlock() 的解锁过程并不完全是 lock 方法的逆过程，unlock 方法完全依赖于 ObMvccRow 的 revert_lock_for_write 方法。该方法首先会判断要被解除的锁是否是当前事务所持有，如果不是则报错结束，如果是则继续调用底层锁的 ObLatch：：unlock（）清除写锁标志位以及持锁者信息。但完成这些之后还需要从 ObLatch 的等待队列中唤醒一个正在等待锁的事务，这一过程由 ObLatchWaitQueue：：wake_up（）完成。

6.7.5 唤醒等待事务

若事务在请求某个行锁时发生冲突，那么该事务应该暂停并等待该行锁被其他事务释放。为了维持这种等待关系，OceanBase 会在内存中建立锁等待管理器，以管理每一个等待事务与目标行锁之间的等待关系，以及等待同一个行锁的多个事务之间的顺序关系。从逻辑上来看，每个行锁都有自己的等待队列，等待事务按照先后顺序进入到这个队列中。当行锁被释放时，基本的思路将是从其等待队列中按先到先服务的方式唤醒一个等待事务，被唤醒的事务将能获得该行锁同时继续其执行。

如图 6.24 所示，行 A 被事务 T1 持有，被事务 T2 与事务 T3 等待。此等待关系的维护，是为了行锁释放的时候可以唤醒对应的事务 T2 与 T3。当事务 T1 释放行 A 后，会根据顺序唤醒事务 T2，并在事务 T2 释放行 A 后再依次唤醒事务 T3。

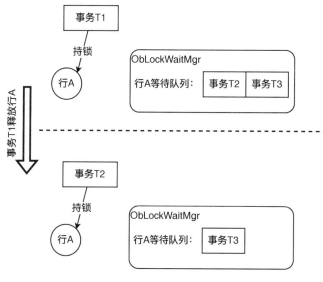

图 6.24　锁等待关系示例

除了行与事务的等待关系，OceanBase 可能会维护事务与事务的等待关系。为了减小对于内存的占用，OceanBase 内部可能会将行与事务的等待关系转换为事务与事务的等待关系。还是用图 6.24 中的例子，如果行 A 的行锁被事务 T1 持有并且被事务 T2 与事务 T3 等待，而事务 T1 同时还拥有很多被事务 T2 与事务 T3 等待的行锁，那么以行为粒度建立等待关系会耗费很多管理资源。这种情况下，事务 T2 与事务 T3 等待行锁的等待关系会被转换为事务 T2 与事务 T3 等待事务 T1。当事务 T1 结束后，由于不明确知道行之间的锁等待关系，会同时唤醒事务 T2 与事务 T3，再由它们同时去竞争自己所需的资源。

在对一个行解锁时实际分为两步：

1）调用 ObLatch：：unlock（）从 lock_属性上去除上一个加锁事务的标识，然后从 ObLatch 的等待序列中取出（唤醒）下一个正在等待的加锁请求，将其标识写入 lock_属性中。

2）调用 ObLockWaitMgr∷wakeup() 清除新唤醒事务的等待信息。

6.7.6 死锁处理

锁机制的实现会导致死锁，死锁是指对于资源的循环依赖。举例来说，在事务 T1 与事务 T2 都需要请求资源 A 与 B 的情况下，若事务 T1 先获取到资源 A 并去获取资源 B，而与此同时事务 T2 先获取到资源 B 并去获取资源 A。此时若没有任何事务愿意放弃自己已经获取到的资源，事务 T1 和 T2 就会相互等待，都无法执行下去。

OceanBase 当前主要依赖超时回滚机制来解决死锁问题，目前存在三种超时机制：

1）锁超时机制：依赖于锁超时时间，它由配置参数 ob_trx_lock_timeout 设置，默认与语句超时时间相同。若事务等待锁的时间超过锁超时时间，则会回滚对应的语句，并返回锁超时对应的错误码。此时，由于某一个循环依赖中的资源依赖已经消失，因此就不再存在死锁。以事务 T2 获取资源 A 超时为例，只要事务 T2 结束，那么资源 B 上的锁就会被释放，事务 T1 就可以获取到对应的资源 B 完成执行。

2）语句超时机制：依赖于语句超时时间，它由配置参数 ob_query_timeout 设置，默认为 10s。若语句执行的时间超过语句超时时间，则会回滚对应的语句，并返回语句超时对应的错误码。此时，由于某一个循环依赖中的资源依赖已经消失，因此就不再存在死锁。

3）事务超时机制：依赖于事务超时时间，它由配置参数 ob_trx_timeout 设置，默认为 100s。若事务执行的时间超过事务超时时间，则会回滚对应的事务，并返回事务超时对应的错误码。此时，由于某一个循环依赖中的资源依赖已经消失，因此就不再存在死锁。

6.8 ELR 技术

现今社会，商家为了促销，随处可见的"秒杀"活动已经被人们所熟知。从数据库的角度而言，"秒杀"给数据库提出了更大的技术挑战：热点行更新。随着移动互联网的发展，秒杀的性能与用户体验紧密关联，因此如何提高热点行上事务的并发性变得尤为重要。

对内部业务而言，账务是一个传统且非常核心的系统，传统的"主-备"库模式，在 Failover 过程中，如果要做到不丢数据，需要借助其他中间件的支持引入外部依赖，这种解决方案不够完美。为了解决这个问题，OceanBase 提出了"三地五中心"的部署架构，允许地域级宕机，可用性和正确性不受任何影响。然而，这种架构虽然完美，但事务提交延迟大大增加（杭州-深圳：25~30ms），从而导致系统的 TPS 降低。特别是"热点行+跨域"的这种场景，系统性能大受影响。所以，如何在跨域场景下提高系统的性能是用户关注的焦点。

热点行和跨域场景的数据库性能问题的主要原因是：事务提交过程中，会持有锁写日志，事务提交结束之前，不允许其他事务修改同一行，从而导致修改同一行的事务串行执行。其实，这一问题学术界早在 1984 年就已经提出提前解行锁（Early Lock Release，ELR）的方案。但很遗憾，现今的主流数据库系统中，目前还没有 ELR 的相关成熟产品实现。究其原因，主要是 ELR 的场景太过复杂，事务回滚场景下的级联回滚操作会导致大量关联的事务回滚,影响比较大。尽管如此,研究人员对 ELR 的研究脚步却从未停止,这说明 ELR 的价值是被大家公认的。本节将从 OceanBase 现有设计考虑,以单机事务为例,探索 ELR 的相关问题。

为了描述问题的方便,假设存在同一行的并发操作:T1、T2 和 T3,其中 T1 先执行,T2 直接依赖 T1,T3 直接依赖 T2。称 T1 是 T2 的前驱,T2 是 T3 的前驱。

6.8.1 解锁时机

(1)单分区事务

对于单条 Redo 日志的场景,只写一条类型为 OB_LOG_SP_TRANS_COMMIT 的日志,该日志提交给 Clog 之后,即可解开行锁,不需要等 Clog 同步多数派。对于多条 Redo 日志的场景,下文会单独详细分析。

(2)单机多分区事务

对于单机多分区事务,为了能够提前解锁,需要在 pre_prepare 阶段收集所有参与者的 logid 和 prepare_version,以便获取提交版本。协调者获取到事务的提交版本之后,会等 GTS 过去,然后给参与者发送 preapre 消息;参与者在收到消息之后,提交 redo_with_prepare 日志给 Clog,之后解开行锁。对于多条 Redo 日志的场景,参与者需要特殊处理。

6.8.2 解锁之后数据的可见性

即使有了提前解行锁功能,读写不相互阻塞也应该是设计的最高原则,具体的行为如下:

1)如果 T2 是 autocommit = 1 的 SELECT 语句,则 T2 不需要读到最新的修改,即不需要读 T1。

2)如果 T2 是 autocommit = 0 的只读事务,则 T2 也可以不需要读到最新的修改。

3)如果 T2 是读写事务,则需要读到最新的修改,但事务最终提交的结果需要等前驱事务结束。

下面讨论上述场景是否满足读已提交隔离级别。根据相关定义,只要没有脏读,即可说明满足读已提交级别。就 OceanBase 的 Lock for Read 逻辑而言,如果 T1 尚未 COMMIT/ROLLBACK,则 T2 是保证不会读到 T1 的修改的。有了提前解行锁之后,T2 也是必须在 T1 解开行锁之后才能访问。所以并发访问场景下,如果 T1 能够保证提交成功,上述场景是满足读已提交隔离级别的。

如果 T1 最终提交失败,T2 将会被数据库回滚。从业务的角度来看,系统既然返回 T1 的修改,客户端就有理由认为 T2 没有读到脏数据,那么业务可以放心地对 T2 的结果进行其他处理。然而 T1 最终提交失败,导致 T2 读到的数据无效,尽管 T2 在提交阶段被回滚,但业务仍有理由认为之前读到的数据是有效的,可以不做任何处理。最终,业务使用了脏数据。

从隔离级别的定义上看,OceanBase 是满足读已提交隔离级别的。在提前解行锁场景下,上述情况也是可能存在的:T2 读到的数据可能被回滚,因此需要用户修改业务代码,避免这种情况的发生。

6.9　事务隔离级别

隔离级别是根据事务并发执行过程中必须防止的现象来定义的，可能出现的现象包括：

1）脏读（Dirty Read）：一个事务读到其他事务尚未提交的数据。

2）不可重复读（Non Repeatable Read）：曾经读到的某行数据，再次查询发现该行数据已经被修改或者删除。例如：SELECT c2 FROM test WHERE c1 = 1；第一次查询 c2 的结果为 1，再次查询由于其他事务修改了 c2 的值，因此 c2 的结果为 2。

3）幻读（Phantom Read）：只读请求返回一组满足搜索条件的行，再次执行发现另一个提交的事务已经插入新的满足条件的行。

基于上述三种现象，ANSI 和 ISO/IEC 定义了四种隔离级别，这四种隔离级别如下：

1）读未提交（Read Uncommitted）。

2）读已提交（Read Committed）。

3）可重复读（Repeatable Read）。

4）可串行化（Serializable）。

四种隔离级别比较如表 6.4 所示。

表 6.4　隔离级别与不一致现象

隔离级别	脏读	不可重复读	幻读
读未提交	可能	可能	可能
读已提交	不会	可能	可能
可重复读	不会	不会	可能
可串行化	不会	不会	不会

OceanBase 支持两种隔离级别：读已提交和可串行化。读已提交的功能和问题不再赘述，这里再细说一下可串行化隔离级别。可串行化的定义是让并发的事务执行的效果跟按某种顺序串行执行效果一样。通常的实现方法就是事务期间访问的数据全程加锁（共享锁或排他锁），以防止事务期间访问的数据被其他事务修改了。这样做的并发太低，所以 OceanBase 在实现可串行化隔离级别的时候实际选用了快照读的策略，整个事务访问的数据是同一个快照版本。这样由于减少了读写并发冲突，整体并发的能力提上去了。不过 OceanBase 的可串行化级别可能有写偏序（Write Skew）问题，因此 OceanBase 的可串行化级别并不是真正的可串行化，而是快照隔离级别（Snapshot Isolation）。

6.10　弱一致性读

OceanBase 提供了两种一致性级别（Consistency Level）：STRONG 和 WEAK。STRONG 指强一致性，读取最新数据，请求路由给主副本；WEAK 指弱一致性，不要求读取最新数据，请求优先路由给从副本。OceanBase 的写操作始终是强一致性的，即始终由主副本提供服务；读操作默认是强一致性的，由主副本提供服务，用户也可以指定弱一致性读，由从副本优先提供服务。

有两种方式指定一致性级别：

1）通过 ob_read_consistency 系统变量指定：

① 如果在会话级别设置则仅影响当前会话，后续新建的会话不受影响。

② 如果设置为全局变量则会影响之后新建的所有会话。

2）指定 Hint 方式：

① 通过 Hint 指定弱一致性，其优先级会高于 ob_read_consistency。

② 指定强一致性。

6.10.1 SQL 语句的一致性级别

OceanBase 中不同类型的 SQL 语句采用的一致性级别各有不同：

1）涉及写操作的 DML（INSERT/DELETE/UPDATE）：强制使用强一致性，要求基于最新数据进行修改。

2）SELECT FOR UPDATE（SFU）：与涉及写操作的语句类似，强制使用强一致性。

3）只读语句 SELECT：用户可以配置不同的一致性级别，满足不同的读取需求。

6.10.2 事务的一致性级别

弱一致性读的最佳实践是为不在事务中的 SELECT 语句指定弱一致性级别，它的语义是确定的。对于显式开启事务的场景，OceanBase 在语法上允许不同的语句配置不同的一致性级别，这样会让用户很困惑，而且如果使用不当，SQL 会报错。因此，下面给出使用一致性级别的原则：

1）一致性级别是事务级的，事务内所有语句采用相同的一致性级别。

2）由事务的第一条语句决定事务的一致性级别，后续的 SELECT 语句如果指定了不同的一致性级别，则强制改写为事务的一致性级别。

3）写操作语句和 SFU 语句只能采用强一致性，如果事务级一致性级别为弱一致性，则报错 OB_NOT_SUPPORTED。

下面举例说明。

```
BEGIN;
--修改语句,consistency_level=STRONG, 整个事务应该是 STRONG
INSERT INTO t1 VALUES（1）;

--SQL 自身的 consistency_level=WEAK，但由于第一条语句为 STRONG,
--因此这条语句的 consistency_level 强制设置为 STRONG
SELECT/＊+READ_CONSISTENCY（WEAK）＊/FROM t1;
COMMIT;

BEGIN;
--SFU 属于修改语句，consistency_level=STRONG, 整个事务应该也是 STRONG
SELECT ＊ FROM t1 FOR UPDATE;
```

--SQL 自身的 consistency_level=WEAK，但由于第一条语句为 STRONG，
--因此这条语句的 consistency_level 强制设置为 STRONG
SELECT/ * +READ_CONSISTENCY（WEAK）* /FROM t1;
COMMIT;

BEGIN;
--第一条语句为 WEAK
SELECT/ * +READ_CONSISTENCY（WEAK）* /FROM t1;

--虽然本条语句为 STRONG，但是会继承第一条语句的 consistency level，会强制设置为 WEAK
SELECT * FROM t1;
COMMIT;

BEGIN;
--第一条语句为 WEAK
SELECT/ * +READ_CONSISTENCY（WEAK）* /FROM t1;

--修改语句，必须为 STRONG，由于第一条语句为 WEAK，这里会报错：NOT SUP-PORTED
INSERT INTO t1 VALUES（1）;

--SFU 属于修改语句，必须为 STRONG，这里同样会报错：NOT SUPPORTED
SELECT * FROM t1 FOR UPDATE;
COMMIT;

因此，对于单条 SQL 而言，一致性级别的确定规则按优先级从高到低可以概括为：

1）根据语句类型确定的一致性级别，例如写操作语句和 SFU 必须采用强一致性。

2）如果语句在事务中，而且不是第一条语句，则采用事务的一致性级别。

3）通过 Hint 指定的一致性级别。

4）系统变量指定的一致性级别。

5）默认采用强一致性级别。

一致性级别的概念与隔离级别之间也存在一定的约束关系：

1）强一致性级别支持所有的隔离级别。

2）弱一致性级别仅支持读已提交隔离级别，其他隔离级别下会报错 OB_NOT_SUP-PORTED。

6.10.3　弱一致性读配置项

如表 6.5 所示，OceanBase 中存在一些设置弱一致性读的配置项。

表 6.5　弱一致性读配置项

名称	范围	语义
enable_monotonic_weak_read	租户级	是否开启单调读，默认为 False
max_stale_time_for_weak_consistency	租户级	弱一致性读最大落后时间，默认值是 5s
weak_read_version_refresh_interval	集群级	弱一致性读版本号刷新周期，默认值 50ms

各个配置项具体含义如下：

（1）enable_monotonic_weak_read

这个配置项是租户级单调读开关。弱一致性读会被路由到不同副本上，不同副本上读到的数据新旧没有保证；单调读开关打开后，OceanBase 能保证读到的数据版本不回退，保证单调性。一个典型的应用场景是保证因果序：事务 T1 提交之后，事务 T2 才提交，如果客户端读到了 T2 事务提交的修改，那么之后一定可以读到 T1 事务提交的修改。

（2）max_stale_time_for_weak_consistency

这个配置项用于设置弱一致性读的最大落后时间。OceanBase 弱一致性读提供有界脏读保证，即保证读到的数据比起最新的数据最多落后 max_stale_time_for_weak_consistency 时间，默认配置值是 5s，支持租户级配置。

正常情况下，各个分区的从副本落后时间在 100ms~200ms，弱一致性读的时效性在百毫秒级别；当出现网络抖动、无主等情况，弱一致性读的时效性会降低，一旦一个副本落后时间超过 max_stale_time_for_weak_consistency，该副本将不可读，内部重试机制会重试其他有效副本；如果所有副本都不可读，则持续重试，直到语句超时。

当开启单调读开关后，OceanBase 内部会为每个租户维护一个集群级别的弱一致性读版本号，该版本号也满足 max_stale_time_for_weak_consistency 约束。它的生成方式是统计租户下所有分区副本回放进度的最小值，如果某些分区副本落后时间超过 max_stale_time_for_weak_consistency，则不统计该副本。目前机制下，一个落后的副本会影响整体单调读的版本号，例如有两个分区的两个副本，一个副本落后 100ms，一个副本落后 1s，那么整体的单调读版本号是 1s。我们认为副本长时间落后不会是常态，正常情况下，单调读版本号都应该在百毫秒级别。

（3）weak_read_version_refresh_interval

这个配置项用于设置弱一致性读版本号刷新周期。弱一致性读版本号刷新周期影响读取数据的新旧程度，它配置的值不能大于 max_stale_time_for_weak_consistency。当它配置为 0 时，弱一致性单调读功能关闭，即不再维护集群级别弱一致性读版本号。另外，它是集群级别配置项，不支持租户级别配置。

6.10.4　时间戳生成方式

OceanBase 的弱一致性读分为两大类：单调读和非单调读，它们的时间戳生成方式不同。

（1）单调读

单调读是指根据读请求发起的绝对时间生成时间戳，后发起的请求使用的读快照一定不比先行者小，确保读到的数据不会出现回退。这里的单调是针对语句读快照而言的。单调读依赖集群级别单调弱读版本号,全局版本号需要做到不回退。

全局版本号的生成来源于各个 OBServer 维护的最大安全版本号中最小的那一个,该版本号的生成依赖本机日志同步的进度。对于 OceanBase 而言,事务的日志数据由三个模块来维护:Clog、replay_engine 和 Transaction:

1)Clog 负责事务日志的本地落盘、发送备机、接收 Leader 同步的日志等操作。对备机而言,它为每个分区维护了一个滑动窗口,将收到的日志按照 logid 从小到大管理起来。日志从滑动窗口中顺序滑出,提交给 replay_engine 去回放。

2)replay_engine 负责日志的回放,它将同一个事务的多条日志哈希到同一个工作线程,保证同一个事务的日志顺序回放,但是同一个分区的多个事务是并发回放的。对一个分区的日志而言,日志按照提交时间戳有序串到链表中,由多个线程并发回放。

3)Transaction 负责事务状态的管理。

由以上描述可知,一条日志从 Clog 接收到提交 replay_engine 回放任务,再通过 Transaction 回放事务日志。为保证单个分区备机不会读到一半的事务,需要找到该分区备机读的安全版本号,保证该版本号之前的所有事务都已经回放完成。计算公式如下:

```
slave_read_ts = min ( clog_ts, replay_engine_ts, trans_service_
ts) -1
```

其中 clog_ts 表示 Clog 滑动窗口中下一条将要滑出或将要生成的日志的时间戳,replay_engine_ts 表示该分区上尚未回放的日志的时间戳最小值,trans_service_ts 表示当前所有正在回放事务的 prepare_log_ts 的最小值。

(2)非单调读

相对于单调读,非单调读保证的能力较弱。非单调读不保证前后发起的请求快照递增,由于同一份数据不同副本同步进度的差异,如果前后两次读取不同的副本,数据可能出现回退。

6.11　小结

OceanBase 的事务系统和并发控制机制是一个相当复杂的体系,除了本章提及的这些内容之外,还需要存储引擎、SQL 引擎的支持和配合,同时还涉及高可用架构中的多副本设计。下一章将对 OceanBase 的高可用架构进行解析,并结合前面章节的内容阐述这些设计如何与系统的其他部分进行配合。

第 7 章

高可用

在 OceanBase 中，数据的高可靠机制主要有多副本的容灾复制、回收站和备份恢复等，备份恢复是保护用户数据的最后手段，本章将对这些机制进行分析。

7.1 高可用架构

OceanBase 集群中的多台机器可以同时提供数据库服务，并利用多台机器提供数据库服务高可用的能力。在数据库节点（OBServer）组成的集群中，所有的数据以分区为单位存储并提供高可用的服务能力，每个分区有多个副本。一般来说，一个分区的多个副本分散在多个不同的区里。多个副本中有且只有一个副本接受修改操作，称为主副本（Leader），其他称为从副本（Follower）。主从副本之间通过基于 Multi-Paxos 的分布式共识协议实现了副本之间数据的一致性。当 Leader 所在节点发生故障的时候，一个 Follower 节点会被选举为新的 Leader 并继续提供服务。

选举服务是高可用的基石，分区的多个副本通过选举协议选择其中一个作为主副本（Leader），在集群重新启动时或者主副本出现故障时，都会进行这样的选举。选举服务依赖集群中各台机器时钟的一致性，每台机器之间的时钟误差不能超过 200ms，集群的每台机器应部署 NTP 或其他时钟同步服务以保证时钟一致。选举服务有优先级机制保证选择更优的副本作为主副本，优先级机制会考虑用户指定的 Primary Zone 以及机器的异常状态等。

当主副本开始服务后，用户的操作会产生新的数据修改，所有的修改都会产生日志，并同步给其他的从副本（Follower）。OceanBase 也采用 Multi-Paxos 分布式共识协议进行日志的同步。Multi-Paxos 协议保证日志信息在副本列表中的多数派副本中持久化成功后即可达成共识，在任意少数派副本故障时信息均不会丢失。Multi-Paxos 协议同步的多个副本保证了在少数节点故障时系统的两个重要特性：数据不会丢失、服务不会停止。用户写入的数据可以容忍少数节点的故障，同时，在节点故障时，系统总是可以自动选择新的副本作为主副本继续数据库的服务。

OceanBase 的每个租户还有一个全局时间戳服务（GTS），为租户内执行的所有事务提供事务的读取快照版本和提交版本，保证全局的事务顺序。如果全局时间戳服务出现异常，租户的事务相关操作都会受到影响。OceanBase 使用与分区副本一致的方案保证全局时间戳服务的可靠性与可用性。租户内的全局时间戳服务实际会由一个特殊的分区来决定其服务的位置，这个特殊分区与其他分区一样也有多副本，并通过选举服务选择一个主副本，主副本所在节点就是全局时间戳服务所在节点。如果这个节点出现故障，特殊分区会选择另一个副本作为主副本继续工作，全局时间戳服务也自动转移到新的主副本所在节点继续提供服务。

7.1.1　Paxos 协议

作为一个基于多副本设计的分布式数据库系统，副本间的一致性以及集群的高可用是 OceanBase 必须要考虑的问题。OceanBase 使用 Paxos 协议的优化 Multi-Paxos 来解决这些问题。

早在1990 年，Leslie Lamport（莱斯利·兰伯特[⊖]）就以讲故事的方法在 "The Part-Time Parliament[⊖]" 一文中提出了 Paxos 算法，之后 Lamport 又在 2001 年以通俗易懂的语言重新讲解了 Paxos 算法，形成了 "Paxos Made Simple[⊜]" 一文。这篇文章也让越来越多的技术人员和爱好者开始接受和使用 Paxos 算法。

1. Paxos 算法

Paxos 是一种提高分布式系统容错能力的一致性算法，其目标是让分布式系统中的多个组成部分就某件事（某个值）形成一致的意见。

Paxos 算法一般用于允许成员故障的分布式系统中，依靠成员之间的消息通信来工作，Paxos 并不要求消息传递的安全可靠，可以容忍消息的丢失、延迟、重复以及顺序混乱。Paxos 算法根本上依赖多数（Majority）机制来保障系统的容错能力，对于拥有 2N+1 个参与者的系统，Paxos 允许在其中 N 个发生故障的情况下系统仍正常运行。

在 Paxos 算法中有三种参与角色：Proposer（提议者）、Acceptor（决策者）和 Learner（学习者）。在实际系统应用中，一个节点可能出任不止一种角色，不过在 Paxos 算法中并不关心这种问题。三种角色在 Paxos 中的作用如下：

1）Proposer：负责提出提案（Proposal），Proposal 由提案编号（Proposal ID）和提案值（Proposal Value）组成。

2）Acceptor：负责参与决策是否批准 Proposer 提出的提案。Acceptor 收到提案后可以接受/否决提案，如果提案被多数 Acceptor 接受，则称该提案被批准。

3）Learner：不参与决策过程，仅从 Proposer 和 Acceptor 的决策过程学习（接收）最新批准的提案值。

通过这三者之间的交互，Paxos 算法中批准一个提案的全过程可以分为三个阶段：

（1）Prepare 阶段

1）Proposer 为将要提交的提案选择一个编号 M_n，然后 Proposer 向所有 Acceptor 中某个超过半数的子集发出预备（Prepare）请求，预备请求中会携带该提案的编号 M_n。

2）Acceptor 们针对收到的预备请求进行承诺（Promise）：如果一个 Acceptor 收到编号

　⊖　Leslie Lamport 是 2013 年图灵奖得主。

　⊜　http：//research. microsoft. com/en-us/um/people/lamport/pubs/lamport-paxos. pdf

　⊜　http：//research. microsoft. com/en-us/um/people/lamport/pubs/paxos-simple. pdf

为 M_n 的预备请求，且 M_n 大于该 Acceptor 已经响应的所有预备请求中的编号，那么这个 Acceptor 会将它批准过的提案中最大的编号作为回应发送给 Proposer，同时该 Acceptor 承诺不再批准编号小于 M_n 的提案。

（2）Accept 阶段

1）Proposer 收到多数 Acceptor（超过半数）针对编号为 M_n 的提案的承诺后，向 Acceptor 们发出一个针对 $[M_n, V_n]$ 提案的 Accept 请求，其中，V_n 是 Proposer 收到的响应中的最大编号。

2）Acceptor 收到 Accept 请求后，如果该 Acceptor 还未响应过大于 M_n 的 Prepare 请求，该 Acceptor 就可以通过 M_n 代表的提案并发送 Accept 确认给 Proposer。

（3）Learn 阶段

在 Proposer 收到多数 Acceptor 发回的 Accept 确认消息之后就标志着其提交的提案得到了批准（即对 V_n 达成了一致），Proposer 会将形成的提案发送给所有的 Learner。

2. Multi-Paxos 算法

基本 Paxos 算法需要通过多轮的 Prepare/Accept 过程才能够对一个值达成一致，Lamport 将确定一个值的整个过程称为 Instance（实例）。基本 Paxos 算法虽然在一致性达成上能做到可靠，但每一个实例至少需要两次的网络交互才能完成，在高并发的场景中可能会需要更多次的交互，在极限场景下甚至可能会出现活锁。而在实际的工程应用中，往往需要连续就多个值达成一致，基本 Paxos 算法无法应付这样的场景。

为了使 Paxos 算法能够克服原有的问题并且更适合在实际工程中应用，Lamport 也提出了 Multi-Paxos。Multi-Paxos 更像是一种思想，它使用多个基本 Paxos 实例来就一系列值达成共识。能实现 Multi-Paxos 思想的算法都可以被称为 Multi-Paxos 算法，事实上目前的 Multi-Paxos 算法并不唯一，例如 Raft、Chubby 等算法就是一种 Multi-Paxos 思想的算法实现。

Multi-Paxos 针对基本 Paxos 的核心改进是增加了选"主"（Leader）的过程：Multi-Paxos 会在所有 Proposer 中选举一个 Leader，之后一段时间内都由 Leader 作为唯一能提交提案的 Proposer。Leader 的产生可以避免系统中的 Proposer 竞争，解决了活锁问题。此外，在仅有一个 Leader 提交提案的情况下，就可以跳过 Prepare 阶段，从而提高提案被批准的效率。

因此，Multi-Paxos 算法可以分成选举和提案两个阶段：

1）选举阶段：选出 Leader 的过程可以看成是一个基本 Paxos 实例，一个想要成为 Leader 的 Proposer 会发起选举，它选择 M 作为提案编号，向系统中的 Acceptor 发送 Prepare 请求；Acceptor 收到提案后会将其编号 M 与 Acceptor 承诺过的最小提案编号进行比较，如果 M 较大，Acceptor 将会向 Proposer 做出回应；Proposer 如果收到了多数 Acceptor 的回应就当选为 Leader，同样将响应中最大的 V 值作为第一个需要达成一致的值。

2）提案阶段：Leader 当选后向所有的 Acceptor 发送 Accept 请求广播第一个 V 值，如果收到多数 Acceptor 的 Accept 确认，就说明 V 值达成了一致；接下来 Leader 会不断重复这个过程：通过 Accept 请求发起需要达成一致的值，根据是否收到多数派的确认来选中该值。

在分布式系统里，有时会出现系统中没有 Leader 但又有多个 Proposer 都想成为 Leader 的情况，Multi-Paxos 允许有多个自认为是 Leader 的节点并发提交提案而不影响其安全性，这样的场景即退化为基本 Paxos 算法，最终也能选举出一个 Leader。

3. Paxos 协议与 OceanBase

OceanBase 基于 Multi-Paxos 思想实现了高可用选举和日志同步协议，一方面保证数据安全，另一方面提供了很好的服务连续性保证。

OceanBase 的高可用选举保证在任一时刻，只有得到多数派的认可，一个节点才能成为主节点（Leader）提供读写服务。由于集合中任意两个多数派均会存在交集，保证不会同时选举出两个主节点。

在一个节点当选为主节点后，通过租约（又称作 Lease）机制保证服务的连续性：

1）在少数派的备节点出现故障时，Leader 的服务不受任何影响。

2）在 Leader 故障或网络分区时，多数派的备节点会首先等待租约过期，在租约过期后，原 Leader 保证不再提供读写服务，此时 OceanBase 会自动从剩余节点集合中选举一个新的 Leader 继续提供服务。

OceanBase 的日志同步协议，要求待写入的数据在多数派节点持久化成功。以 OceanBase 典型的同城三机房部署为例，任意事务持久化的日志，均需要同步到至少两个机房，事务才会最终提交：

1）在少数派的备节点出现故障时，Leader 的服务同样不受任何影响，数据不会丢失。

2）在 Leader 故障或网络分区时，余下节点中仍保留有完整的数据，高可用选举会首先选出一个新的 Leader，该节点会执行恢复流程，从余下节点中恢复出完整数据，在此之后可以继续提供服务，整个过程是完全自动的。

基于上述机制，OceanBase 通过基于 Multi-Paxos 实现的高可用选举和日志同步协议，避免了"脑裂"，同时保证了数据安全性和服务连续性。

7.1.2 分布式选举

在分布式系统的设计中，要解决的最主要问题之一就是单点故障问题（Single Point of Failure，SPOF）。为了能在某个节点宕机后，系统仍然具备正常工作的能力，通常需要对节点部署多个副本，互为主备，通过选举协议在多副本中挑选出主副本（Leader），并在主副本发生故障后通过选举协议自动切换至从副本（Follower）。

在分布式系统中，一个工作良好的选举协议应当符合两点预期：

1）正确性：当一个副本认为自己是 Leader 的时候，不应该有其他副本同时也认为自己是 Leader，在集群中同时有两个副本认为自己是 Leader 的情况称为"脑裂"，OceanBase 通过 Lease 机制避免对多数派的访问，确保在任意的时间点上只有一个副本能认为自己是 Leader。

2）活性：任意时刻，当 Leader 宕机时，只要集群中仍然有多数派的副本存活，那么在有限的时间内，存活副本中应当有副本能够成为 Leader。在满足正确性和活性的基础上，OceanBase 的选举协议还提供了优先级机制与切主机制。优先级机制在当前没有 Leader 的情况下，在当前可当选 Leader 的多个副本中，选择其中优先级最高的副本成为下一任 Leader；切主机制在当前有 Leader 的情况下可以无缝将 Leader 切换至指定副本。

Leader 角色只在一个 Lease 周期内有效，在 Lease 周期内，如果有超过半数的成员（称为投票者，包括当前 Leader 本身）同意它继续作为 Leader，那么它的 Leader 角色就可以延续一个 Lease 周期。超出 Lease 周期后则 Leader 角色就会失效，之后就需要重新选出 Leader。

获得 Leader 角色后，当选的 Leader 会立刻向所有成员广播其角色，每个参与者都会维持一个它所知的当前 Leader 的信息，可以分为四种可能：

1）成员 A 投票选择 B 为 Leader，那么 A 就会保存 B 为 Leader，但这种 Leader 是还未经确认的 Leader（可能其他多数成员投票给 C 使得 C 成为 Leader），这种未确认 Leader 可以被替换为确认后的 Leader。

2）A 收到 C 发出的 C 成为 Leader 的广播，如果 A 保存的 Leader 不同于 C 且是经过确认的、有效的 Leader，则报错（协议故障，但有主选举的改选除外）；否则 A 把保存的 Leader 替换为 C，这种 Leader 就是确认的 Leader。确认的 Leader 在有效期内不可被替换（有主选举的改选除外）。

3）A 从收到的选票中，发现 C 获得了超过半数的选票，那么 A 认为 C 是确认的 Leader（无论 A 是否投票给 C）。

4）如果选举者 A 保存了一个 Leader（无论是否确认），那么 A 在 Lease 有效期内不会给 Leader 之外的竞选者投票，除非 A 保存的 Leader 发起"有主改选"，此种情况下 A 会给新的 Leader 候选者投票，并且保存新的 Leader 候选者为（未确认的）Leader；一个刚刚启动的成员保存的 Leader 虽然是 UNDEF（未确认的 Leader），但 Lease 是有效的［从启动时刻起按 T_ELECT2（1.4s）对齐的一个 Lease 周期］，因此它在一个 Lease 周期内不参与任何无主投票（因为它可能在上次投票后立刻退出，然后又马上重启）。

每个投票者在它保存的 Leader 的 Lease 过期后，会在 T_CYCLE_V1（7s）整数倍的时刻发起无主选举。每个投票者有三种状态：STATE_IDLE（空闲）、STATE_DECENTRALIZED_VOTING（无主选举，或者称为去中心化投票）、STATE_CENTRALIZED_VOTING（有主选举，或者称为中心化投票）。

1. 无主选举（Decentralized Election）

每个投票者在它保存的 Leader 的 Lease 过期后，会在 T_CYCLE_V1 整数倍的时刻发起无主选举，假设这个时间点是 TIMESTAMP1，整个选举的过程如下：

（1）选举开始

竞选者生成一个投票权重（其中可能包含一个随机数），并向所有投票者广播 OB_ELECTION_DEVOTE_PREPARE 消息，其中会包含发起无主选举的时间戳 TIMESTAMP1、消息发送的时间戳 SEND_TIMESTAMP、投票权重以及发送者的信息。不过，没有被选举权的竞选者不发送消息。

无论是否有被选举权，竞选者都进入 STATE_DECENTRALIZED_VOTING（无主选举）状态，并将在下文定义的 TIMESTAMP4 时刻自动进入 STATE_IDLE 状态。

如果一个竞选者连续两轮都处于 Lease 过期状态，则报错。

（2）选举投票

将 OB_ELECTION_DEVOTE_PREPARE 消息到达每个投票者的投票者本地时间记为 TIMESTAMP2。

投票者记录收到的 OB_ELECTION_DEVOTE_PREPARE 消息（可能有多个）并等待到时间点 TIMESTAMP2，届时如果投票者不在无主选举状态，则忽略这些消息，否则从中选出有被选举权且投票权重最大的竞选者 L1 并投票：即广播 OB_ELECTION_DEVOTE_VOTE 消息，其中会包括 TIMESTAMP2、TIMESTAMP1 两个时间戳，还有发送时间戳、最后接收到 OB_E-

LECTION_DEVOTE_PREPARE 消息的时间戳、投票信息（投票给 L1）以及发送这个消息的投票者的信息。同时，该投票者保存 L1 为其（未确认的）Leader。

（3）选举结束

将 OB_ELECTION_DEVOTE_VOTE 消息到达每个投票者的投票者本地时间记为 TIMESTAMP3。

投票者记录收到的 OB_ELECTION_DEVOTE_VOTE 消息（可能有多个）并等待到时间点 TIMESTAMP3，然后统计票数，此时如果有超过半数的参与者选择 L2 为 Leader，进行下面的判断：①假如投票者自身保存的 Leader 为确认的、有效的 Leader 且与 L2 不同，则报错（协议异常）；②否则，保存 L2 为确认的 Leader 并从 TIMESTAMP1 开始 Lease 计时，如果这个 L2 恰好是投票者自身，则立即向所有参与者（包括投票者、竞选者和观察者）广播 OB_ELECTION_DEVOTE_SUCCESS 消息（无主选举成功消息），其中包含 TIMESTAMP3、TIMESTAMP1 两个时间戳，以及发送时间戳、最后接收到 OB_ELECTION_DEVOTE_VOTE 消息的时间戳、选中的 Leader（L2）和发送者的信息。如果 L2 不是投票者，那么投票者不做任何动作。

（4）选举计票

将 OB_ELECTION_DEVOTE_SUCCESS 消息到达每个参与者的参与者本地时间记为 TIMESTAMP4。

参与者（包括投票者、竞选者和观察者）都会在其本地时间 TIMESTAMP4 前收到的选举成功的消息，如果参与者保存的 Leader 是经过确认的、有效的且与消息中当选的 Leader 不同，则报错（协议异常）；否则把该 Leader 及其 Lease（从 TIMESTAMP1 开始计）保存为本地确认的 Leader。

不论选举情况如何，投票者将在 TIMESTAMP4 时刻进入 STATE_IDLE 状态。

由上面的分析可见，在无主选举的场景中，如果选举成功并且网络通信等正常，从选举开始到选举结束（收到 Leader 广播的选举成功消息）所花的时间最多是 TIMESTAMP4、TIMESTAMP1 之间的差值。

由于网络原因，某些参与者可能收不到选举成功的广播消息，因此这些参与者保存的可能是错误的 Leader。无论如何，只要参与了选举或者收到了选举 Leader 成功的广播，Leader 的 Lease 都是 TIMESTAMP1 时刻开始计时的。

2. 有主选举（Centralized Election）

有主选举也称为连任或者改选。正常情况下，现任的 Leader 需要在 Lease 过期之前获得超过半数（包括自己）的投票者的同意以便延续 Lease。另外，出于管理等原因，也可能需要现任 Leader 主动把自己的 Leader 角色转给另外一个已确定或者未确定的竞选者。有主选举（连任或改选）总是由当前有效的 Leader 发起：

（1）选举开始

Leader 在 Lease 过期前预留足够的时间，向所有投票者发送 OB_ELECTION_VOTE_PREPARE 消息，其中包括发起选举的时间戳 TIMESTAMP1、发送消息的时间戳、当前的 Leader、新的 Leader、发送者等信息。新的 Leader 可以是当前 Leader 本身（即连任），也可以是其他某个竞选者（即改选），改选的情况一般用于 DBA 指定某个参与者为 Leader 或者要求当前 Leader 不再继续为 Leader 以便将该参与者下线。此时，当前 Leader 需要立刻主动终止自己的 Leader 角色。如果 DBA 没有指定新的 Leader，则当前 Leader 会选择一个竞选者。发送消息后，现任 Leader 进入 STATE_CENTRALIZED_VOTING（有主选举）状态。

（2）选举投票

与无主选举时类似，投票者在 TIMESTAMP2 时刻广播 OB_ELECTION_VOTE_VOTE 消息，消息中包括 TIMESTAMP2、TIMESTAMP1 两个时间戳，还有发送消息的时间戳、最后一次收到 OB_ELECTION_VOTE_PREPARE 消息的时间戳、当前 Leader、投票 Leader、消息发送者等信息。同时，投票者会把 L3 保存为（未确认的）Leader。

（3）选举结束

如果当前是连任，则与无主选举时类似，投票者记录这些 OB_ELECTION_VOTE_VOTE 消息直到 TIMESTAMP3。然后统计票数，如果有超过半数的参与者选择某个参与者 L2 为 Leader，那么有两种可能：①假如该投票者保存的 Leader 为确认的有效 Leader（在 Lease 周期内）且与 L2 不同，则报错（协议异常）；②否则，保存 L2 为确认的 Leader 并从 TIMESTAMP1 开始 Lease 计时。如果这个 L2 恰好是投票者自己，则立刻向所有参与者（包括投票者、竞选者和观察者）广播 Leader 连任成功的消息（类型为 OB_ELECTION_VOTE_SUCCESS），消息中包含 TIMESTAMP3、TIMESTAMP1 等时间戳以及投票的 Leader、上任的新 Leader 等。

如果当前是改选，则当前 Leader 记录这些 OB_ELECTION_VOTE_VOTE 消息直到 TIMES-TAMP3。然后统计票数，此时如果 L3 获得超过半数的投票，则当前 Leader 将自己设置为失效并立刻向所有的参与者广播 Leader 改选成功的消息（类型为 OB_ELECTION_VOTE_SUCCESS），消息中包含 TIMESTAMP3、TIMESTAMP1 等时间戳以及投票的 Leader、上任的新 Leader 等。

（4）选举结束

每个参与者在收到选举成功消息 OB_ELECTION_VOTE_SUCCESS 时，如果当前是连任，则该参与者更新 Lease 周期；如果当前是改选，则该参与者将 Leader 更新为 L3 并从 TIMES-TAMP1 开始计时 Lease；如果该参与者正好就是 L3，则该参与者将自己设置为 Leader。不论选举情况如何，投票者将在 TIMESTAMP4 时刻进入 STATE_IDLE 状态。

有主选举的优先级高于无主选举，一个在无主选举状态的投票者，接收到有主选举消息后，会终止无主选举，并转入有主选举状态。

3. 分布式选举的实现

在每一个参与者节点上，OBServer 都会为每一个分区（副本）启动一个选举定时器（ObElectionTimer），这些选举定时器属于分区日志服务（ObPartitionLogService）的组成部分。

选举定时器启动（ObElectionTimer 的 start 方法）时，会注册一个一次性[⊖]的定时任务 ObElectionGT1Task，该任务会在前述的无主或者有主选举的开始时刻被执行，其执行过程将会运行 ObElection：：run_gt1_task()。该方法将会完成前述无主或者有主选举过程的第一阶段工作，同时根据执行的状态注册一个一次性的定时任务 ObElectionGT2Task 或者 ObElec-tionGT4Task，该任务的执行时刻是前述的 TIMESTAMP2 或 TIMESTAMP4。

类似地，当 ObElectionGT2Task 等任务执行时，也会分别运行 ObElection：：run_gt2_

⊖ 所谓"一次性"，是区别于 OceanBase 中其他定时触发的任务，这种一次性定时任务在被触发执行之后就会自动从定时器中删除，即一次注册只会导致一次执行。

task( ) 等方法, 这些方法分别会完成前述无主或者有主选举过程的第二阶段的工作并推进选举状态, 当最后选举成功之后, 还会再次注册一个一次性的定时任务 ObElectionGT1Task, 用于触发下一次的选举。

基于这种可靠的分布式选举机制, OceanBase 就能将多种服务或者数据设计成一个 Leader 多个 Follower 副本的结构, 并且在 Leader 失效之后能及时地选出新的接替者, 从而实现了很高的可用性。

7.1.3 节点故障处理

以 7.1.2 节介绍的分布式选举机制为基础, OceanBase 中的很多重要服务和功能都可以设计成一主多备的形式, 当服务或功能的主节点因为某些原因下线后, 剩余节点之间会自动通过分布式选举的方式选出新的主节点来继续提供服务或功能, 从而保障整个数据库集群的可用性。接下来就以 RootService 和全局时间戳服务 (Global Timestamp Service, GTS) 为例简要介绍服务节点故障后的自动恢复机制。

（1）RootService

在 OceanBase 中, RootService 提供集群的各类管理服务, RootService 的高可用使用如下的方式实现: RootService 使用 Paxos 协议实现高可用, 可以通过集群配置, 指定 RootService 副本数, RootService 的各副本基于 Paxos 协议选举 Leader, Leader 上任后为集群提供 RootService 服务。当 RootService 的当前 Leader 发生故障卸任时, 其他的 RootService 副本重新选举产生新的 Leader, 并继续提供 RootService 服务。RootService 的各副本不是一个单独的进程, 仅是某些 OBServer 上启动的一个服务。

OceanBase 中使用系统配置项 rootservice_list 指定 RootService 的 Leader 和 Follower 位于哪些服务器上, 这个配置项是一个字符串, 其中列出了各个 RootService 候选节点的 IP 地址以及端口。当集群启动后选举产生 RootService 的 Leader 时, 各个候选节点都能从这个配置项联络到参与选举的其他节点, 从而完成分布式选举过程中需要的各种消息的定向以及广播式发送。

作为集群的中控服务, RootService 负责集群的 OBServer 管理, 各个 OBServer 通过心跳数据包 (HeartBeat) 的方式, 定期 (每 2s) 向 RootService 汇报自己的进程状态, RootService 通过监测 OBServer 的心跳数据包, 来获取当前集群中各个 OBServer 进程的工作状态。OBServer 心跳状态相关的系统配置项包括:

1) lease_time: 当 RootService 累计超过 lease_time 时间没有收到过某 OBServer 的任意心跳数据包时, RootService 认为该 OBServer 进程短暂断线, RootService 会标记该 OBServer 的心跳状态为 OB_HEARTBEAT_LEASE_EXPIRED。

2) server_permanent_offline_time: 当 RootService 累计超过 server_permanent_offline_time 时间没有收到过某 OBServer 的任意心跳数据包时, RootService 认为该 OBServer 进程断线, RootService 会标记该 OBServer 的心跳状态为 OB_HEARTBEAT_PERMANENT_OFFLINE。

RootService 的 Leader 在启动服务时将会注册一个 ObRefreshServerTask 定时任务, 该任务被执行时将会尝试刷新各 OBServer 的状态, 这一工作最终通过 ObRootService::request_heartbeats( )完成, 即 Leader 会向各个短暂掉线的 OBServer 发送心跳请求, 然后根据它们返回的心跳包以及之前的状态重新确定这些 OBServer 的当前状态。

RootService 根据心跳数据包可以获得 OBServer 的工作状态：

1）收到 OBServer 心跳数据包，心跳数据包中的 OBServer 磁盘状态正常，此时 RootService 认为 OBServer 处于正常工作状态。

2）收到 OBServer 心跳数据包，心跳数据包中的 OBServer 磁盘状态异常，此时 RootService 认为 OBServer 的进程还存活，但 OBServer 磁盘故障。此种状态下，RootService 会尝试将该 OBServer 上的全部 Leader 副本切走。

3）未收到 OBServer 心跳数据包，OBServer 心跳数据包的丢失时间还比较短（介于 lease_time 和 server_permanent_offline_time 之间），OBServer 的心跳状态为 OB_HEARTBEAT_LEASE_EXPIRED，此种状态下，RootService 仅将该 OBServer 的工作状态设置为 OB_SERVER_INACTIVE，暂时不做其他处理，等下一轮检查时重试。

4）未收到 OBServer 心跳数据包，OBServer 心跳数据包丢失时间超过 server_permanent_offline_time，OBServer 的心跳状态为 OB_HEARTBEAT_PERMANENT_OFF-LINE，此时 RootService 会将该 OBServer 上包含的数据副本从 Paxos 成员组中删除，后续将会由第 8 章 8.3 节中介绍的资源均衡机制补充 Paxos 副本，以保证数据副本的 Paxos 成员组完整。

（2）全局时间戳服务 GTS

OceanBase 内部为每个租户启动一个全局时间戳服务，事务提交时通过本租户的 GTS 获取事务版本号，保证全局的事务顺序，因此 GTS 是集群的核心，也需要保证高可用。

对于非系统租户，OceanBase 使用租户级别的系统表 __all_dummy 的 Leader 作为 GTS 服务提供者，GTS 中提供的时间来源于该 Leader 所在服务器的本地时钟。GTS 默认采用三副本的配置，其高可用能力跟普通表的能力一样，保证单节点故障场景下恢复时间目标（Recovery Time Objective，RTO）小于 30s。

GTS 同样也依靠有主改选和无主选举的方式来应对异常场景：

1）有主改选：新 Leader 上任之前先获取旧 Leader 的最大已经授出的时间戳作为新 Leader 时间戳授予的基准值。因此该场景下，GTS 整体上提供的时间戳不会回退。

2）无主选举：无主选举发生的原因是原 Leader 与多数派成员发生网络隔离，等 Lease 过期之后，原 Follower 会重新选主。选举服务保证了无主选举场景下，新旧 Leader 的 Lease 是不重叠的，能够保证本地时钟一定大于旧 Leader 提供的最大时间戳，因此新 Leader 也能够保证 GTS 提供的时间戳不回退。

7.1.4 多副本日志同步

OceanBase 中的日志服务除了为分布式事务的 ACID 特性提供保障之外，还结合 Paxos 协议以及分布式选举机制为数据库系统的高可用提供了基础：通过 Paxos 协议将日志在多数派副本上实现强同步，为分布式数据库的数据容灾以及高可用提供支持，并进而支持各类副本类型（只读副本、日志副本等）。

（1）成员组管理

分区日志服务（ObPartitionLogService）维护着每个分区的成员组信息，成员组信息包括当前 Paxos 组的成员列表以及多数派（Quorum）信息。

分区日志服务支持的功能如下：

1）增减成员：通过 add_member 和 remove_member 两个方法实现。负载均衡机制发起的迁移、宕机引起的补副本操作，均需要通过这些功能修改分组的成员组。

2）修改多数派：通过 change_quorum 方法实现，修改 Paxos 组的法定副本数。执行 Locality 变更（例如 3 副本改 5 副本）、地域级故障降级容灾（例如 5 副本改 3 副本），均需要通过该功能修改 Paxos 组的法定副本数。

（2）有主改选

OceanBase 作为使用 LSM 树实现的数据库系统，需要周期性地将 MemTable 中的内容转储或合并到磁盘，在执行合并时需要消耗大量 CPU。为了避免合并时影响正常的业务请求，也为了加快合并速度，OceanBase 通过轮转合并，在执行合并前将分区 Leader 切换到同 Region 的另外一个副本上。

日志服务为有主改选提供支持。有主改选执行分两步：

1）RootService 查询每个待改选分区的有效候选者。

2）RootService 根据候选者列表以及 Region、Primary Zone 等信息，确定改选目标，然后下发命令执行改选请求。

（3）故障恢复

OceanBase 在运行过程中难免遇到各类故障（磁盘、网络故障、机器异常宕机等）。作为高可用的分布式数据库系统，必须能够在各种故障场景应对自如，保证恢复点目标（Recovery Point Objective，RPO）为 0 且 RTO 尽量短。这里按照不同的故障类型分别讲述日志服务在其中所起到的作用：

1）Leader 节点以外的其他节点出现少数派宕机：由于 Paxos 协议要求日志只需要同步到多数派即可，对可用性无影响，那么 RPO 和 RTO 都为 0。

2）包括 Leader 节点在内出现少数派宕机：通过无主选举以及 Paxos 恢复流程，保证在 Lease 过期后很短的时间内即选出新的 Leader 提供服务，且数据无任何丢失，那么 RPO 为 0，RTO 小于 30s。

3）Leader 节点以外的其他少数派节点出现网络分区：由于 Paxos 协议要求日志只需要同步到多数派即可，对可用性无影响，那么 RPO 和 RTO 都为 0。

4）包括 Leader 节点在内的少数派节点出现网络分区：通过无主选举以及 Paxos 恢复流程，保证在 Lease 过期后很短的时间内即选出新的 Leader 提供服务，且数据无任何丢失，那么 RPO 为 0，RTO 小于 30s。

5）多数派节点宕机：此时集群的服务中断，需要重启宕机节点进行副本恢复。

6）集群全部宕机：此时集群的服务中断，需要重启宕机节点进行副本恢复。

除上述描述的宕机或网络分区场景外，真实业务的故障场景会更加多样化。OceanBase 除了可以处理上述场景外，还会对多种磁盘故障（写入缓慢等）进行自动检测，在 1min 内切走 Leader 和备机读流量，保证业务及时恢复。

（4）多副本日志提交

多副本是 OceanBase 中高可用的基础，那么保障多副本间数据的一致性就变得至关重要。在对数据进行修改之后，OceanBase 中通过将数据修改对应的事务日志提交到多数副本上来确保同样的数据修改能够最终在多数副本上达到一致，这样就形成了高可用的基础。

多副本日志提交也同样依赖于 Paxos 协议的保障：数据的修改都在数据所在分区的

Leader 副本上进行，事务日志将同时提交给 Leader 本地以及其他 Follower 副本，当日志在多数副本上提交成功之后，就认为该日志提交成功。图 7.1 中展示了事务日志提交的主要过程。

每一个分区都通过其分区日志服务（ObPartitionLogService）对外提供 ObPartitionLogService::submit_log() 接口，用于修改该分区数据的日志提交，日志提交时会调用这一接口将日志持久化到多数副本上。

每一个分区的日志服务核心是一个滑动窗口（ObLogSlidingWindow），其中由一个日志缓冲区（sw_属性，类型是 ObLogExtRingBuffer）维持着最近一段时间内在该分区上提交的事务日志。当事务调用 ObPartitionLogService::submit_log() 提交一条事务日志时，会调用滑动窗口的同名方法将该日志包装成一个 ObLogTask 对象加入滑动窗口缓冲区中。由于此处的滑动窗口缓冲区仅属于分区 Leader 本地（该日志甚至都还没有被发送到磁盘缓冲区），因此该日志还不能被称为"已提交成功"，还需要等待后续操作的结果才能判断其最终状态。

ObLogSlidingWindow::submit_log() 将分区日志服务下发的日志加入其日志缓冲区后，会执行两个重要步骤：

1）将日志通过 RPC 提交给该分区的 Follower 成员们，期望能获得多数副本该日志提交成功的响应。

2）将该日志移交给 ObLogEngine 进行本地持久化，ObLogEngine 是一个服务器级的模块，因此该服务器上多个分区的滑动窗口中的日志都会被汇聚到 ObLogEngine 中进行本地的持久化。

在从滑动窗口将日志提交给 ObLogEngine 时，ObLogEngine 实际会将收到的日志放入磁盘日志缓冲区（实际由一个 ObBachBuffer 实现，简称为 BatchBuffer）中等待被刷出到磁盘。只要事务提交的日志到达了磁盘日志缓冲区的 BatchBuffer 中，就可以认为该日志被提交成功，即此时事务线程的日志提交动作完成（ObPartitionLogService::submit_log() 返回）可以进行下一个事务操作了，同时滑动窗口中该日志的 ObLogTask 的状态也会被标记为 LOCAL_FLUSHED。

实际的日志落盘动作由一个服务器级的 CLGWR 线程负责，它将监控 BatchBuffer 中的日志累积程度，达到一定的阈值后将其中的日志批量刷出到磁盘中完成日志的本地持久化。

被提交的日志完成本地持久化并不意味着该日志的多副本提交真正完成，还需要等待该分区 Follower 们对于该日志提交动作的响应，只有收到确认提交完成的响应数达到多数派时，才能认为该日志的多副本提交完成。这部分工作由以下几个部分组合完成：

1）分区 Follower 上接收并处理 Leader 发来的日志提交：Follower 上最终仍然是由 ObPartitionLogService 提供对日志提交请求的处理，用于接收 Leader 发来的日志的方法是 receive_log。该方法与 Leader 上事务提交日志的过程类似：先将日志交给 Follower 副本的滑动窗口，然后从滑动窗口提交给 Follower 所在服务器的 BatchBuffer，最后等待 CLGWR 线程将 BatchBuffer 中的日志批量持久化到 Follower 所在服务器的存储中。同样地，receive_log 方法在日志被成功放入 BatchBuffer 之后就认定该日志已经在 Follower 上提交完成，此时 receive_log 方法中将会向 Leader 方通过 RPC 返回有关于该日志（包括日志 ID）的确认信息。

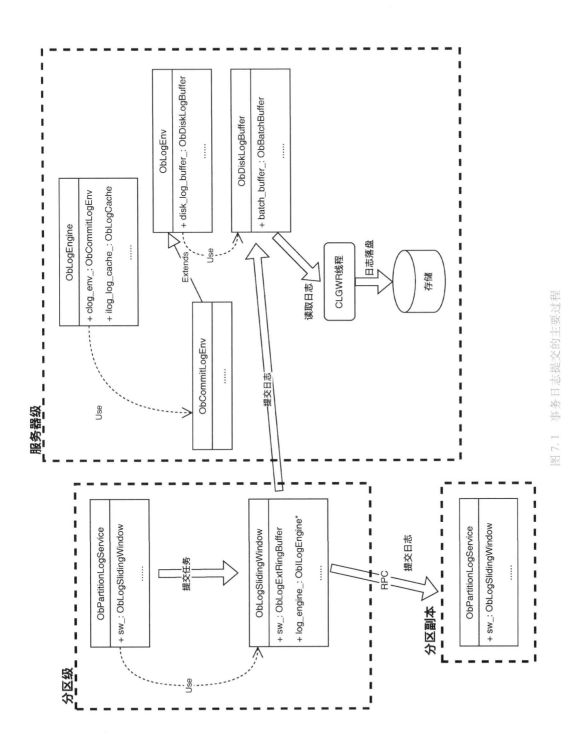

图 7.1 事务日志提交的主要过程

193

2）Leader 上的 ObPartitionLogService 使用 ack_log 方法响应 Follower 发回的日志提交确认，收到确认后将该确认消息的来源服务器（忽略非成员和自身）加入 ObLogTask 的已确认列表 ack_list_（ObAckList）中，如果 Leader 本地提交成功且已确认的 Follower 数量超过多数，即确认的 Follower 数量已加上 Leader 超过 ObLogTask∷majority_cnt_ 属性中记录的多数派值，则表示该日志已经得到确认，在 Leader 的滑动窗口中将该日志的 ObLogTask 的状态设置为 IS_CONFIRMED。

事务日志提交除了取得多数副本的确认之外，还需要很多其他模块的配合，处理各种异常的情况。图 7.2 中列出了分区日志服务中的主要模块：

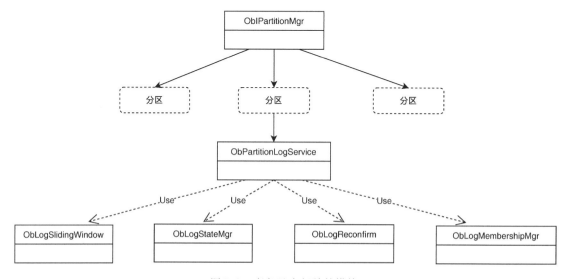

图 7.2　事务日志相关的模块

1）ObLogStateMgr：反映所对应分区的整体状态，例如分区是否离线、是否正在切换 Leader、是否正在恢复中等，因此当分区发生主备切换时，需要使用 ObLogStateMgr 提供的接口来调整分区的整体状态。

2）ObLogReconfirm：用于重新确认一些不确定状态的日志。当新的 Leader 上任时，可能会有一些 Leader 本地的日志的状态不确定（例如旧 Leader 在滑动窗口中的日志还没完全变成 IS_CONFIRMED 时就离线了），ObLogReconfirm 的责任就是在这种情况下重新确认这些日志的状态，最终使它们变成 IS_CONFIRMED。在正常工作状态下，ObLogReconfirm 是不工作的，它只在发生 Leader 切换时才会被调用。

3）ObLogMembershipMgr：管理成员组的切换，它负责维护该分区上的成员列表，发生成员的增减时需要由它来更新成员列表。

7.2　对象闪回

除了各种软硬件异常导致的失效，数据库受损的另一大主因是误操作。OceanBase 对此提供了对象闪回机制作为防护手段，即当数据库对象被删除时并不是从物理上直接删除，而是被转移到回收站中。如果之后发现数据库对象是被误删除，那么就可以从回收站中将数据库对象重新恢复。这种从回收站中恢复被删除数据库对象的操作称为对象闪回（Flashback）。

7.2.1　回收站

当数据库对象被删除到回收站时，数据库对象的相关数据（包括目录、数据文件中的数据等）并没有从物理上被删除，它们仍然停留在原有的位置上，例如表的数据仍然留在SSTable 中。但被删除对象的元数据将被移动到回收站中，因此用户和应用访问数据库时将无法找到这些被删除对象。而在利用对象闪回还原被删除对象时，仅需要将该对象的元数据从回收站中移出放回到相应的系统表中即可完成还原。如果确实不再需要被删除到回收站的数据库对象，也可以利用清理回收站的操作彻底删除这些对象。

回收站从原理上来说就是一个系统表＿ ＿all_recyclebin（见表 7.1），被删除到回收站的数据库对象都会在该表中插入一行。它们都会获得一个回收站内的临时名称（表 7.1 中的object_name），临时名称的格式为"＿ ＿recycle＿ $ _###_###"，其中第一段###表示集群的 ID，第二段###表示执行删除动作时的模式版本号（转换成长整型显示）。而被删除对象原本的名称则被保存在 original_name 列中。此外，如果被删除对象是一个表、索引或者视图，那么表 7.1 中的 table_id 列将保存该对象的 ID；而当被删除的对象是一个数据库时，table_id 中的值无效。如果被删除的是一个租户，则 table_id 和 tablegroup_id 中的值都无效。

表 7.1　＿ ＿all_recyclebin 系统表结构

列名	数据类型	允许为空	主键	默认值	用途
gmt_create	timestamp（6）	Y		CURRENT_TIMESTAMP（6）	创建时间
tenant_id	bigint（20）	N	Y	NULL	租户 ID
object_name	varchar（128）	N	Y	NULL	数据库对象名
type	bigint（20）	N		NULL	对象类型
database_id	bigint（20）	N		NULL	所属数据库 ID
table_id	bigint（20）	N		NULL	所属表 ID
tablegroup_id	bigint（20）	N		NULL	所属表组 ID
original_name	varchar（256）	N		NULL	对象的原始名称

回收站目前支持表（Table）、索引（Index）、视图（View）、数据库（Database）以及租户（Tenant），不过对于索引的支持有些特殊：①单独通过 DROP INDEX 或者 ALTER TA-BLE...DROP INDEX 语句删除某个索引时，该索引会直接被删除而不会进入回收站；②通过 DROP TABLE 语句将索引的基表删除到回收站时，该表上除主键索引之外的其他索引都将被级联地删除到回收站中。

回收站机制的开关由系统变量 recyclebin 控制，默认为关闭。可以通过 SET 语句在全局级别（Global）或者会话级别（Session）将其打开。

7.2.2　删除到回收站

在回收站机制被开启的情况下，受其支持的数据库对象的 DROP 语句会默认将其删除到回收站，不需要附加任何特殊的关键字或者子句。

（1）表和视图删除

DROP TABLE 和 DROP VIEW 语句的执行器是 ObDropTableExecutor，其 execute 方法会通过 RPC 调用 RootService 的 drop_table 方法，经过图 7.3 所示的调用路径后进入 ObDDLOperator::drop_table_to_recyclebin() 中。将表删除到回收站的主要过程包括：

1）在 ObDDLService::drop_table() 中：

① 检查目标表是否存在，防止删除不存在的表。

② 如果目标表或者其所在的数据库已经在回收站中，则不允许删除表。

③ 如果目标表被其他表的外键所引用，也不允许删除表。

2）在 ObDDLService::drop_table_in_trans() 中先递归删除表上的辅助对象（ObAuxTableMetaInfo），包括索引、视图等。

3）在 ObDDLOperator::drop_table_to_recyclebin() 中：

① 检查当前租户的_ _recyclebin 数据库是否存在。

② 获得最新的模式版本号。

③ 为被删除表生成一个用于回收站中的名称。

④ 将被删除表的模式移入当前租户的_ _recyclebin 数据库。

⑤ 将被删除表的信息插入系统表_ _all_recyclebin 中。

⑥ 删除外键。

⑦ 将被删除表上的约束同步改名。

⑧ 从_ _all_ _table_stat、_ _all_column_stat、_ _all_histogram_stat 中清除被删除表的统计信息。

⑨ 将删除表的动作记录在系统表_ _all_ddl_operation（见表 9.3）中。

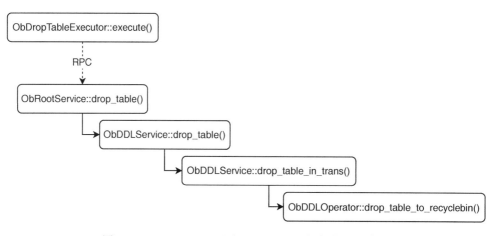

图 7.3 DROP TABLE 以及 DROP VIEW 语句的调用路径

（2）数据库删除

DROP DATABASE 语句的执行器是 ObDropDatabaseExecutor，其 execute 方法会通过 RPC 调用 RootService 的 drop_database 方法，经过图 7.4 所示的调用路径后进入 ObDDLOperator::drop_database() 中。将数据库删除到回收站的主要过程包括：

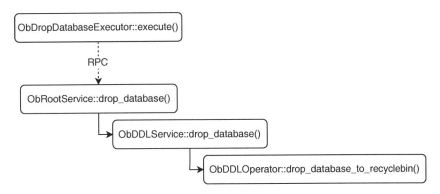

图 7.4　DROP DATABASE 语句的调用路径

1）强制删除被删除数据库中的所有物化视图。

2）调用 ObDDLOperator∷drop_database_to_recyclebin（）：

① 获得最新的模式版本号。

② 为被删除的数据库构造一个回收站中的名字。

③ 将被删除的数据库信息插入_ _all_recyclebin 中。

④ 更新该数据库在系统表_ _all_database 中的状态为在回收站中。

对数据库的删除比起对于表的删除要更简单一些，从上可以看到数据库的删除并未引起其所包含表等更细粒度数据库对象的级联删除，其原因在于当数据库的元数据被移入回收站后，用户就已经无法连接到该数据库中查看其中的数据库对象了，因此无须专门"隐藏"它们。

（3）租户删除

DROP TENANT 语句的执行器是 ObDropTenantExecutor，其 execute 方法会通过 RPC 调用 RootService 的 drop_tenant 方法，经过图 7.5 所示的调用路径后进入 ObDDLOperator∷drop_tenant_to_recyclebin（）中。将租户删除到回收站的主要过程包括：

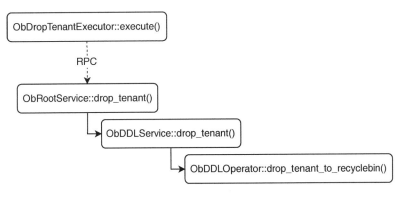

图 7.5　DROP TENANT 语句的调用路径

1）获得最新的模式版本号。

2）将被删除租户的信息插入_ _all_recyclebin。

3）调用 ObTenantSqlService∷replace_tenant（）：

① 在_ _all_tenant 中把被删除租户的状态标记为位于回收站中。

② 在_ _all_tenant_history 中记录对租户的操作历史。

③ 将删除表的动作记录在系统表_ _all_ddl_operation 中。

7.2.3 从回收站恢复

使用 FLASHBACK 语句可恢复回收站中的表、视图、数据库和租户，只有租户的管理员用户才可以使用该命令。恢复时可能需要重新为对象命名，但是不能与已有对象重名。

用 FLASHBACK 语句恢复数据库对象时，需要遵循由大到小的规则，即只有在恢复了较大的对象之后才能恢复其中较小的对象。此外，表的附属对象（索引）也会随着表一起被恢复。

（1）恢复表

FLASHBACK TABLE 语句可将回收站中的表恢复，同时还可以选择将恢复后的表重新命名。该语句的执行器是 ObFlashBackTableFromRecyclebinExecutor，其 execute 方法会通过 RPC 调用 RootService 的 flashback_table_from_recyclebin 方法，经过图 7.6 所示的调用路径后进入 ObDDLOperator：：flashback_table_from_recyclebin（）中。从回收站恢复表的主要过程包括：

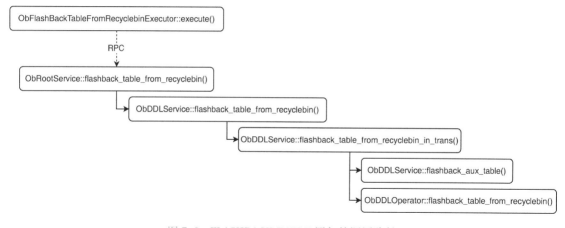

图 7.6　FLASHBACK TABLE 语句的调用路径

1）在 ObDDLService：：flashback_table_from_recyclebin（）中：

① 如果闪回语句中给出的是表的原始名称，则用表的原始名称从_ _all_recyclebin 中获得它在回收站中的名称，否则闪回语句给出的是表在回收站中的名字，那么会在_ _ all_recyclebin 中检查指定的表是否存在。

② 防止将表闪回到租户的_ _recylcebin 数据库中。

③ 检查被闪回表所在数据库是否存在。

④ 调用 ObDDLService：：flashback_table_from_recyclebin_in_trans（）。

2）在 ObDDLService：：flashback_table_from_recyclebin_in_trans（）中：

① 调用 ObDDLOperator：：flashback _aux _table（）将表上的附属对象（索引）闪回，每一个附属对象实际也是调用 ObDDLOperator：：flashback _table _from _recyclebin（）完成闪回。

② 调用 ObDDLOperator：：flashback_table_from_recyclebin（）闪回表本身。

3) 在 ObDDLOperator::flashback_table_from_recyclebin( ) 中：

① 检查是否有同名表已经存在。

② 将表的模式信息插回系统表中。

③ 在_ _all_table_history 记录对表的操作历史。

④ 在_ _all_ddl_operation 中插入关于这次 DDL 操作的记录。

⑤ 从_ _all_recyclebin 中删除被闪回表的信息。

（2）恢复数据库

FLASHBACK DATABASE 语句可将回收站中的数据库恢复，同时还可以选择将恢复后的
数据库重新命名。该语句的执行器是 ObFlashBackDatabaseExecutor，其 execute 方法会通过
RPC 调用 RootService 的 flashback_database 方法，经过图 7.7 所示的调用路径后进入 ObDDL-
Operator::flashback_database( ) 中。从回收站恢复数据库的主要过程包括：

1) 在 ObDDLService::flashback_database( ) 中：

① 检查被闪回数据库是否在回收站中。

② 检查被闪回数据库的名称是否已经存在。

2) 在 ObDDLOperator::flashback_database_from_recyclebin( ) 中：

① 将被闪回数据库的模式信息插入系统表_ _all_database 中。

② 在_ _all_database_history 记录对数据库的操作历史。

③ 在_ _all_ddl_operation 中插入关于这次 DDL 操作的记录。

④ 将被闪回数据库的信息从回收站中删除。

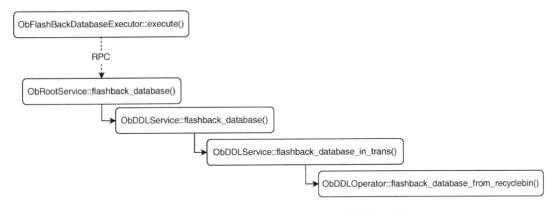

图 7.7　FLASHBACK DATABASE 语句的调用路径

（3）恢复租户

FLASHBACK TENANT 语句可将回收站中的租户恢复，同时还可以选择将恢复后的租户
重新命名。该语句的执行器是 ObFlashBackTenantExecutor，其 execute 方法会通过 RPC 调用
RootService 的 flashback_tenant 方法，经过图 7.8 所示的调用路径后进入 ObDDLOperator::
flashback_tenant_from_recyclebin( ) 中。从回收站恢复租户的主要过程包括：

1) 检查被闪回的租户是否已经存在。

2) 将租户信息插入_ _all_tenant。

3) 在_ _all_tenant_history 记录对租户的操作历史。

4）在_ _all_ddl_operation 中插入关于这次 DDL 操作的记录。

5）从_ _all_recyclebin 中删除被闪回租户的信息。

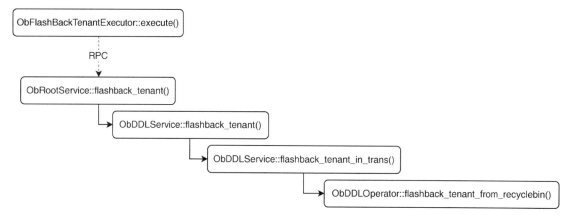

图 7.8　FLASHBACK TENANT 语句的调用路径

7.2.4　清理回收站

频繁删除数据库对象并重建，会在回收站产生大量数据，这些回收站数据可以通过 PURGE 语句清理。执行 PURGE 语句后，在回收站中将再也查不到被清理对象的信息，被清理对象的物理数据也最终会被垃圾回收。清理操作也具有级联的特性，即当一个对象被清除时，其所包含的更小粒度对象也会被一起清除掉。

（1）清除表

PURGE TABLE 语句可以将已经在回收站中的表清除，该语句的执行器是 ObPurgeTable-Executor，其 execute 方法会通过 RPC 调用 RootService 的 purge_table 方法，经过图 7.9 所示的调用路径后进入 ObDDLOperator：：purge_table_with_aux_table（）中。从回收站中清除表的主要过程包括：

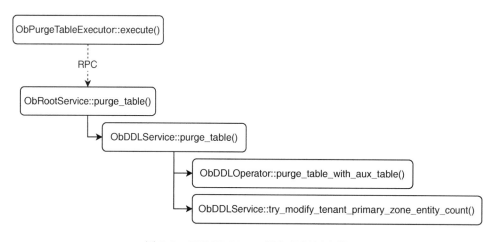

图 7.9　PURGE TABLE 语句的调用路径

1）清除表的附属对象（索引）：①从系统表_ _all_recyclebin 中删除该索引的信息；②调用 ObDDLOperator∷drop_table() 从物理上删除索引。

2）对表本身做同样的事情。

3）更新系统隐藏变量_primary_zone_entity_count 的值，它记录主 Zone 上的数据库对象数，仅供开发人员在故障排查或紧急运维时使用。

（2）清除数据库

PURGE DATABASE 语句可以将已经在回收站中的数据库清除，该语句的执行器是 ObPurgeDatabaseExecutor，其 execute 方法会通过 RPC 调用 RootService 的 purge_database 方法，经过图 7.10 所示的调用路径后进入 ObDDLOperator∷purge_database_in_recyclebin() 中。从回收站中清除数据库的主要过程包括：

1）调用 ObDDLOperator∷drop_database() 从物理上删除数据库，该方法会自动处理递归删除。

2）从系统表_ _all_recyclebin 中删除该数据库的信息。

3）更新系统隐藏变量_primary_zone_entity_count 的值，它记录主 Zone 上的数据库对象数，仅供开发人员在故障排查或紧急运维时使用。

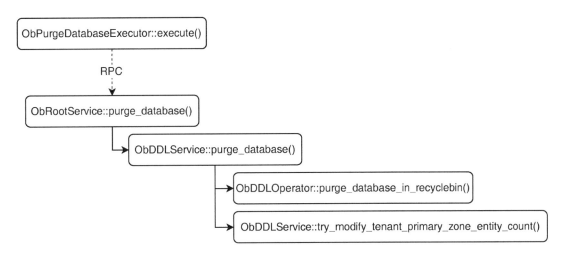

图 7.10　PURGE DATABASE 语句的调用路径

（3）清除租户

PURGE TENANT 语句可以将已经在回收站中的租户清除，该语句的执行器是 ObPurgeTenantExecutor，其 execute 方法会通过 RPC 调用 RootService 的 purge_tenant 方法，经过图 7.11 所示的调用路径后进入 ObDDLOperator∷purge_tenant_in_recyclebin() 中。从回收站中清除表的主要过程包括：

1）调用 ObDDLOperator∷delay_to_drop_tenant() 将该租户设置为延迟清除，延迟清除租户是指租户被标记为在晚些时候才真正被删除，因此这里只会将该租户在系统表__all_tenant 中的记录的 drop_tenant_time 列值设置为租户真正要被删除的时间，延迟删除租户的时延由系统配置项 schema_history_expire_time 控制，默认为 7 天。

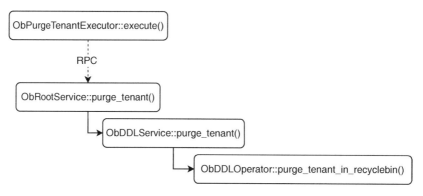

图 7.11　PURGE TENANT 语句的调用路径

2）从系统表 __all_recyclebin 中删除该租户的信息。

（4）清空回收站

PURGE RECYCLEBIN 语句可以将当前回收站清空，该语句的执行器是 ObPurgeRecycleBinExecutor，其 execute 方法是一个循环，每次循环都会通过 RPC 调用 RootService 的 purge_expire_recycle_objects 方法清除一些回收站中的对象，然后检查这一次 RPC 调用删掉了多少个对象，如果此轮循环删除的对象数不足 10 个（由常量 DEFAULT_PURGE_EACH_TIME 定义）则表示没有更多对象需要清除，语句执行完成。

PURGE RECYCLEBIN 语句的调用路径如图 7.12 所示：

1）ObDDLOperator∷fetch_expire_recycle_objects() 负责从回收站中找出一批可以清除的对象。

2）ObDDLService∷purge_recyclebin_except_tenant() 负责从上述对象中清除除租户之外的其他对象，一次清除的对象数不超过 DEFAULT_PURGE_EACH_TIME 定义的值，具体的清理方式可以视作前述单一对象的清除过程的组合。

3）ObDDLService∷purge_recyclebin_tenant() 负责清除回收站中的租户。

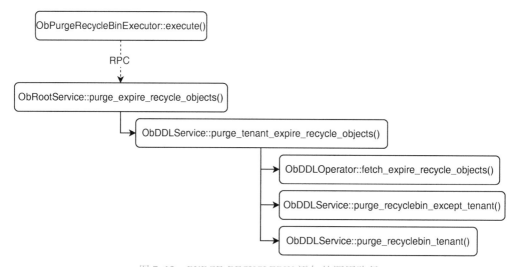

图 7.12　PURGE RECYCLEBIN 语句的调用路径

7.3 备份恢复

备份恢复是一个数据库系统必不可少的可靠性维护手段，OceanBase 也将备份恢复作为数据高可靠的核心组件之一。

OceanBase 内建支持集群级别的物理备份以及租户级别的恢复。物理备份由基线数据、日志归档数据两种数据组成，因此物理备份由日志归档和数据备份两个功能组合而成：

1）日志归档指的是日志数据的自动归档功能，OBServer 会定期自动将日志数据归档到指定的备份路径；

2）数据备份指的是备份基线数据的功能，该功能分为全量备份和增量备份两种：

① 全量备份是指备份所有的需要基线的宏块：如第 4 章 4.2 节所述，OceanBase 将数据切分为大小为 2MB 的宏块，宏块是数据文件 I/O 的基本单位，一个 SSTable 就由若干个宏块构成。

② 增量备份是指备份上一次备份以后新增和修改过的宏块。

在 OceanBase 中，用户通过执行 SQL 命令来使用完整的备份和恢复功能，典型的备份语句使用顺序如下：

1）使用 ALTER SYSTEM SET 语句设置备份目标位置，例如：

```
ALTER SYSTEM SET backup_dest='file:///nfs/data/backup';
```

2）启动日志转储，例如：

```
ALTER SYSTEM ARCHIVELOG;
```

3）对集群发起一轮合并操作，例如：

```
ALTER SYSTEM MAJOR FREEZE;
```

4）执行全量备份，例如：

```
ALTER SYSTEM BACKUP DATABASE;
```

5）执行若干次增量备份，例如：

```
ALTER SYSTEM BACKUP INCREMENTAL DATABASE;
```

下面先介绍 OceanBase 的物理备份架构，然后针对各个备份操作的实现进行分析。

7.3.1 物理备份架构

OceanBase 的物理备份是一种热备份（不停机备份），因此在备份基线数据时系统中仍允许运行数据读写操作，因此整个备份中的数据一致性必须依赖事务日志（OceanBase 的 CLog 日志）才能纠正。所以在进行物理备份之前，必须确保日志能够完整可靠地保存（归档）下来。

日志归档是一种持续动作，只需要用户发起一次 ALTER SYSTEM ARCHIVELOG 语句，日志归档就会在后台持续进行，并定期将日志备份到目标位置上。如图 7.13 所示，日志归档具体由一个 LogArchive 线程组实现，在每个分区组（Partition Group，PG）的 Leader 节点上都会有一个 LogArchive 线程组，它会定期将该分区组的日志归档到备份目标位置上的指定路径，集群的 RootService 会定期统计日志归档的进度，并更新在系统表中。

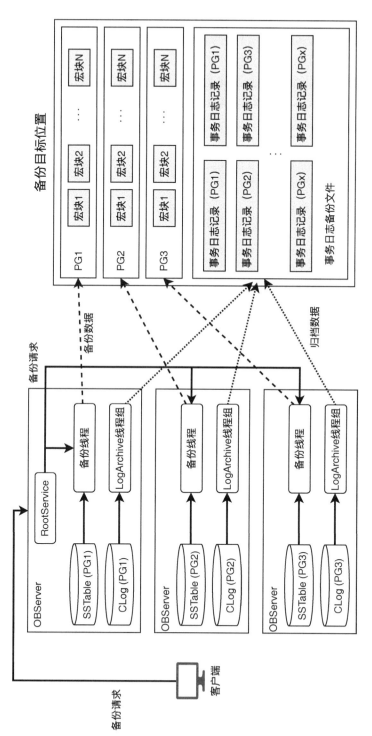

图 7.13　物理备份架构

物理备份中的数据备份动作是需要用户触发的，比较常见的场景是周六触发一次全量备份，周二和周四触发一次增量备份。如图 7.13 所示，当用户发起数据备份请求时，该请求会首先被转发给 RootService，RootService 会根据当前的租户和租户包含的分区组生成备份数据的任务，然后把备份任务分发到各个 OBServer 上并行地执行备份任务。各个 OBServer 负责备份分区组的元信息和宏块到指定的备份目录（备份目标位置），宏块以分区组为单位进行组织。

OceanBase 目前支持使用阿里云对象存储服务（Object Storage Service，OSS）、网络文件系统（Network File System，NFS）和腾讯云对象存储（Cloud Object Storage，COS）三种文件系统作为备份目标位置，备份后会在备份的目标位置上形成如图 7.14 所示的目录结构及文件。

图 7.14 中的顶层目录 backup 是用户指定的备份目标位置，其路径由系统配置项 backup_dest 指定，在没有进行过备份的情况下这个配置项值是空值，因此在第一次进行备份之前首先要通过 ALTER SYSTEM SET 语句设置好目标位置。虽然 OceanBase 并未严格要求，但一般推荐将这个位置指向 OSS、NFS 或者 COS 上的目录。在备份目标位置下将会是针对每个集群的目录，采用集群的名称命名，例如图 7.14 中的 ob1 目录。在集群名称目录下是以集群 ID 命名的目录，例如图 7.14 中 ob1 下面的目录 1。再向下一级是 incarnation_1 目录，其中就是真正的备份数据，这些备份数据可以被分成三部分：

1）全局信息文件：由四个文件组成：

① tenant_info：其中是最新的租户信息。

② tenant_name_info：其中是租户名称与租户 ID 的映射关系。

③ cluster_data_backup_info：集群级的数据备份信息。

④ cluster_clog_backup_info：集群级的日志归档信息。

2）clog_info 目录：集群中每一个 OBServer 节点在这个目录中都有一个文件，以"集群编号_IP 地址_端口号"为文件名，例如图 7.14 中的"1_192.168.1.220_12553"，文件中记录着相应 OBServer 上的起始归档时间（来自 ObArchiveMgr 的 server_start_archive_tstamp_属性值）。该文件中的这个起始归档时间仅对当前归档轮次有效，重新开始归档后该值会被新的时间戳值覆盖，当节点宕机重启后会从这个文件中获取服务器级别的起始归档时间用于恢复。

3）租户的备份数据目录：每个租户都有自己独立的备份数据目录，以该租户的 ID 为目录名。租户的备份数据目录下分为 clog 和 data 两个子目录，前者保存的是 CLog 归档，后者保存的是数据备份。

租户的日志归档目录（clog）之下按照归档日志轮次（Archive Log Round）数组织日志归档目录，所谓归档日志轮次是指日志归档过程中的循环次数，每个轮次中产生的日志会被归档在以该轮次命名的日志归档目录中。其中，data 目录下记录 CLog 数据的文件，文件名从 1 开始编号；index 目录下记录 CLog 数据文件的索引文件，其中的信息可以用来快速定位属于该分区组的某条日志。

租户的数据备份目录（data）之下会以备份集（Backup Set）为单位组织数据备份，

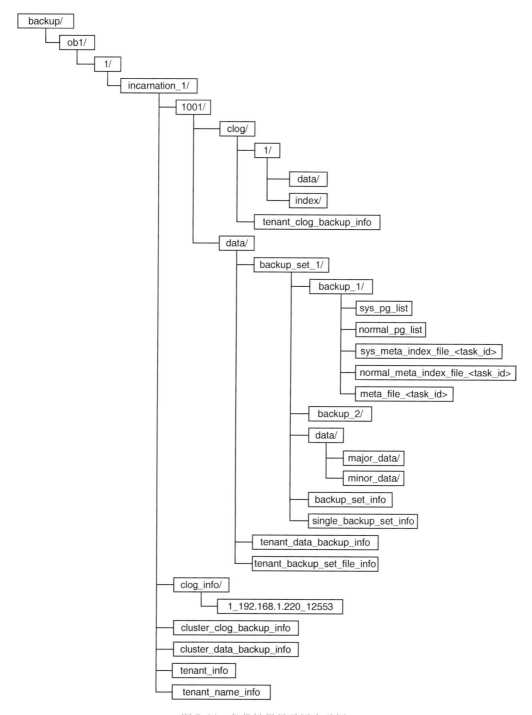

图 7.14　备份结果目录层次示例

每一次的全量数据备份都会对应一个备份集，而每一个备份集都会在所属租户的数据备份目录下形成一个名为 backup_set_#的目录，其中#表示备份集的编号（即是第几个全量备份）。与备份集目录同级别的还有一个名为 tenant_data_backup_info 的文件，其中记录了该租户的所有备份信息。在备份集目录下还会包括下列子目录：

1）多个名为 backup_#的子目录：每一个子目录对应于在父目录对应的全量备份之后产生的一个增量备份，目录名中的#表示增量备份的顺序号。其中第一个增量备份的目录是全量的元数据备份。

2）backup_set_info 文件：其中记录了所在备份集目录中各个增量备份的信息。

3）data 子目录：这个目录中是真正的宏块数据备份所在地。

7.3.2　日志归档

日志归档（或者备份）由系统租户下执行 ALTER SYSTEM ARCHIVELOG 语句触发，该语句和停止日志归档的语句 ALTER SYSTEM NOARCHIVELOG 共用一个执行器 ObArchiveLogExecutor。ObArchiveLogExecutor 的 execute 方法会通过 RPC 调用 RootService 的 handle_archive_log 方法。

按 7.3.1 节所述，日志归档的核心工作由每个分区组的 Leader 节点上的 LogArchive 线程组完成，集群中的多个分区组上的多个 LogArchive 线程组并非是完全独立地完成日志归档工作，它们都受到 RootService 节点上的 LogArchiveScheduler 和 ObArchiveMgr 两个线程联合驱动。

如图 7.15 所示，LogArchiveScheduler 线程由一个 ObLogArchiveScheduler 实例表示，该线程随着 RootService 的启动而启动。RootService 的 handle_archive_log 方法会调用ObLogArchiveScheduler 的 handle_start_log_archive_ 或 handle_stop_log_archive_方法来处理日志归档动作的启动和停止。

ObLogArchiveScheduler：：handle_start_log_archive_( ) 的主要工作是控制整个日志归档工作的状态：

1）从系统表__all_backup_log_archive_status_v2（见表 7.2）中查询日志归档的状态，只有当前没有启动日志归档（归档状态是 ObLogArchiveStatus：：STOP）的情况下才能启动日志归档。实际上，系统表__all_backup_log_archive_status_v2 中从始至终仅有一个记录，它就表示集群中的日志归档状态，这个信息在 OceanBase 内部由一个 ObLogArchiveBackupInfo 对象表示。

2）从系统表__all_backup_info（表 7.3）中获得最大的备份片 ID，__all_backup_info 可以看成是一个简单的 Key-Value 数据库，其中有一行对应着最大备份片 ID 的值（Key 是 "max_backup_piece_id"），图 7.16 给出了一个__all_backup_info 内容的示例。备份片（Backup Piece）的概念是为了将整个归档的日志序列切分成较小的片段维护，如果用户配置了以天为单位拆分日志序列，那么每一天的日志序列就可以称为一个"备份片"。若用户没有配置日志序列拆分，则每一次启动日志归档后就仅有一个备份片存在，只有重启日志归档后才会切换到一个新的备份片。

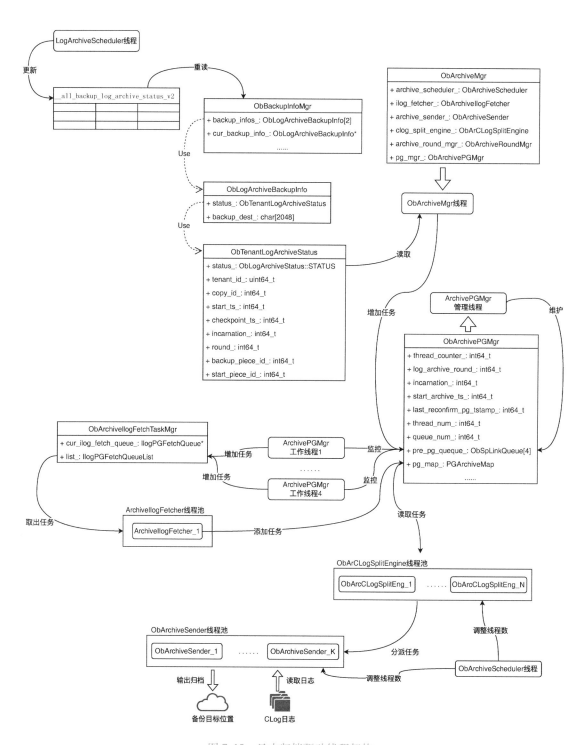

图 7.15　日志归档驱动线程架构

表 7.2　__all_backup_log_archive_status_v2 系统表结构

列名	数据类型	允许为空	主键	默认值	用途
gmt_create	timestamp（6）	Y		CURRENT_TIMESTAMP（6）	创建时间
gmt_modified	timestamp（6）	Y		CURRENT_TIMESTAMP（6）	修改时间
tenant_id	bigint（20）	N	Y	NULL	租户 ID
incarnation	bigint（20）	N		NULL	分身数
log_archive_round	bigint（20）	N		NULL	日志归档轮次
min_first_time	timestamp（6）	N		NULL	归档开始时间
max_next_time	timestamp（6）	N		NULL	最后一个检查点时间
input_bytes	bigint（20）	N		0	输入字节数
output_bytes	bigint（20）	N		0	输出字节数
deleted_input_bytes	bigint（20）	N		0	已删除输入字节数
deleted_output_bytes	bigint（20）	N		0	已删除输出字节数
pg_count	bigint（20）	N		0	涉及的分区组数
status	varchar（64）	N		NULL	归档状态
is_mount_file_created	bigint（20）	N		0	挂载文件标志
compatible	bigint（20）	N		0	兼容版本号
start_piece_id	bigint（20）	N		0	起始 Piece ID
backup_piece_id	bigint（20）	N		0	最新 Piece ID
backup_dest	varchar（2048）	N			备份目标位置

表 7.3　__all_backup_info 系统表结构

列名	数据类型	允许为空	主键	默认值	用途
gmt_create	timestamp（6）	Y		CURRENT_TIMESTAMP（6）	创建时间
gmt_modified	timestamp（6）	Y		CURRENT_TIMESTAMP（6）	修改时间
name	varchar（1024）	N	Y	NULL	Key 的名字
value	longtext	N		NULL	Key 对应的值

```
MySQL [oceanbase]> select * from __all_backup_info;
+----------------------------+----------------------------+----------------------+----------+
| gmt_create                 | gmt_modified               | name                 | value    |
+----------------------------+----------------------------+----------------------+----------+
| 2022-10-15 21:36:45.061129 | 2022-10-15 21:36:45.061129 | inner_table_version  | 3        |
| 2022-10-15 21:36:45.076219 | 2022-10-26 17:14:52.314378 | max_backup_create_date | 20221026 |
| 2022-10-15 21:36:45.069877 | 2022-10-15 21:36:45.069877 | max_backup_piece_id  | 0        |
+----------------------------+----------------------------+----------------------+----------+
3 rows in set (0.008 sec)
```

图 7.16　__all_backup_info 系统表行实例

3）更新__all_backup_log_archive_status_v2 将日志归档状态改为 ObLogArchiveStatus：：
BEGINNING。

4）创建一个新的备份片，将其信息插入系统表__all_backup_piece_files（表 7.4）中，
备份片的 ID 使用刚刚获得的最大备份片 ID 之后的下一个 ID。

表 7.4　__all_backup_piece_files 系统表结构

列名	数据类型	允许为空	主键	默认值	用途
gmt_create	timestamp（6）	Y		CURRENT_TIMESTAMP（6）	创建时间
gmt_modified	timestamp（6）	Y		CURRENT_TIMESTAMP（6）	修改时间
incarnation	bigint（20）	N	Y	NULL	分身数
tenant_id	bigint（20）	N	Y	NULL	租户 ID
round_id	bigint（20）	N	Y	NULL	归档轮次
backup_piece_id	bigint（20）	N	Y	NULL	备份片的 ID
copy_id	bigint（20）	N	Y	NULL	未用
create_date	bigint（20）	N		0	创建日期
start_ts	bigint（20）	N		0	开始时间戳
checkpoint_ts	bigint（20）	N		0	检查点时间戳
max_ts	bigint（20）	N		0	最大时间戳
status	varchar（64）	N			备份片状态
file_status	varchar（64）	N			文件状态
backup_dest	varchar（2048）	Y		NULL	备份目标位置
compatible	bigint（20）	N		0	兼容版本号
start_piece_id	bigint（20）	N		0	起始备份片的 ID

5）调用 ObLogArchiveScheduler：：set_enable_log_archive_（）将内部配置项 enable_log_
archive 设置为 true 表示日志归档被启用。

6）唤醒 LogArchiveScheduler 线程，进入 ObLogArchiveScheduler 的 run3 方法中。

run3 方法是 LogArchiveScheduler 线程的主函数，其中是一个主循环：每次循环都被称为
是日志归档的一个轮次（Round），在每个轮次中都会根据当前日志归档的状态对状态进行
更新，例如当前日志归档状态为 BEGINNING 时，LogArchiveScheduler 线程会通过收集各个租
户的日志归档状态来确定是否可以将整体日志归档状态推进到 DOING，同时更新系统表中的归
档和备份片状态。每一轮循环结束后 LogArchiveScheduler 线程都会休眠一段时间：①如果归
档状态为 BEGINNING 或者 STOPPING，将会休眠 10s（由常量 FAST_IDLE_INTERVAL_US
定义）；②其他状态下休眠时间取决于系统配置项 log_archive_checkpoint_interval（默认
120s），但实际的休眠时间最终会被限制在 10~60s 之间。

LogArchiveScheduler 线程只是一个日志归档机制启停以及进度报告的控制者，而各个分

区组的 Leader 节点上会有另一个线程 ObArchiveMgr 负责驱动归档的进行。ObArchiveMgr 是分区服务（ObPartitionService）的组成部分，该线程每隔 60s 检查一次备份信息管理器（ObBackupInfoMgr）中的日志归档状态，根据该状态来判断是否要开始新一轮的备份。ObArchiveMgr 的 check_if_need_switch_log_archive_ 方法被用来执行该判断，当前分区组需要开始日志归档必须同时满足以下条件：① 当前分区组的日志归档状态未处于 BEGINNING 或 DOING；② 集群的状态处于两者之一；③ 当前分区组的 Incarnation 值以及归档轮次值有一个与集群的值不同；④ 当前 Zone 没有禁用 I/O。

如果需要启动当前分区组的日志归档工作，ObArchiveMgr 线程会执行以下步骤：

1）从备份信息管理器（ObBackupInfoMgr）获得当前的备份信息（ObLogArchiveBackupInfo 对象），从中取得由 LogArchiveScheduler 线程设置的 Incarnation 值和归档轮次。

2）向 ObArchivePGMgr 和 ObArchiveIlogFetcher 设置 Incarnation 值和归档轮次。

3）通知 ArCLogSplitEngine 线程池和 ObArchiveSender 线程池启动。

4）向 ObArchivePGMgr 中加入所有分区组的启动归档任务。

日志归档机制中用到的备份信息管理器是一个 ObBackupInfoMgr 实例，它随着分区组 Leader 节点上的 OBServer 启动而建立，该实例启动时会在系统中注册一个周期为 10s（由常量 DEFAULT_UPDATE_INTERVAL_US 定义）的定时任务，该任务的作用是从系统表 __all_backup_log_archive_status_v2 中更新日志归档状态信息。备份信息管理器为分区组 Leader 节点上协作完成日志归档工作的线程提供了全局的日志归档状态。

ObArchivePGMgr 所形成的 ArchivePGMgr 线程组负责管理各个分区组 Leader 节点上的日志归档相关线程的工作。如图 7.15 所示，ObArchivePGMgr 的属性中包含了线程组的线程数（thread_num_ 属性）、队列数（queue_num_ 属性）以及分区组准备任务队列数组（pre_pg_queue_ 属性）。当前，ArchivePGMgr 线程组中的线程数通常情况下被设置为五个（由常量 PG_MGR_THREAD_COUNT 定义），即 thread_num_ 属性值为 5。ArchivePGMgr 线程组中的线程分为两种角色：① 一个管理线程；② 四个工作线程。

ArchivePGMgr 管理线程是线程池中索引号为 0（第一个）的线程，它负责监控所在分区组的分区情况，如果发现有新的分区（未在准备任务队列中）则及时将它加入到准备任务队列中，同时将日志归档的状态传播给其下游线程组 ArchiveIlogFetcher。每个 ArchivePGMgr 工作线程对应一个准备任务队列，因此 queue_num_ 属性值为 4，每个分区的准备任务按照其分区键值对 queue_num_ 值取模的余数放入相应下标的准备任务队列中。

ArchivePGMgr 工作线程的工作循环以 1s（由常量 THREAD_RUN_INTERVAL 定义，包括循环的工作耗时）为循环间隔，如果单次循环内的工作耗时超过 1s 则不休眠。ArchivePGMgr 工作线程在每次循环中的工作由 ObArchivePGMgr∷do_dispatch_pg_()完成：

1）从该线程负责的准备任务队列中弹出一个准备任务。

2）对于能够执行归档的分区组：

① 定位进行归档的初始日志 ID 和 Ilog 文件的 ID。

② 查询下一个被归档的索引文件和数据文件 ID。

③ 将归档开始标记作为一个新生成日志（归档内容类型是 OB_ARCHIVE_TASK_TYPE_KICKOFF）提交到由 ObArchivePGMgr∷pg_map_ 指向的归档任务表中。

④ 将前两步得到的日志信息包装为一个归档任务推入 ArchiveIlogFetcher 线程的任务管

理器 （ObArchiveIlogFetcher：：ilog _ fetch _ mgr _ 属性指向的 ObArchiveIlogFetchTaskMgr 实例）中。

ArchivePGMgr 线程组的下游 ArchiveIlogFetcher 实际也是一个线程池，不过目前在其启动阶段将线程池的线程数限制为 1（由常量 ARCHIVE_ILOG_FETCHER_NUM 定义）。ArchiveIlogFetcher 线程的核心作用是根据 ILog 文件的信息拉取 ILog 日志，用其中的索引信息找到相应分区 CLog 归档的开始信息，然后将其包装成分区归档任务（ObPGArchiveTask）放入归档任务表中。为了避免过于频繁地尝试暂时无法执行归档的分区组，在无法获得分区组的 PGFetchTask 任务（ILog 拉取）信息时，ArchiveIlogFetcher 线程将会休眠 0.1s。

日志归档的 "最后 100 米" 由 ObArCLogSplitEngine 线程池和 ObArchiveSender 线程池中的线程联手完成。ObArCLogSplitEng 线程将从归档任务表中取出归档任务，然后调用 ObArchiveSender 线程池的 submit_send_task 方法将任务分配给一个 ObArchiveSender 线程。而 ObArchiveSender 线程则会在其 do_archive_log_方法中完成该任务的执行：即根据任务中的信息从 CLog 文件中取出所需的日志数据并写入到日志备份目标位置的相应文件中，同时该方法也会完成必要的日志拆分（备份片）工作。

在整个日志归档线程体系中，位于各分区组 Leader 节点上的 ObArchiveScheduler 线程负责每隔 1s 对 ObArCLogSplitEngine 线程池和 ObArchiveSender 线程池中的线程数进行调整，两者的调整策略保持一致：

1）计算出一个新的线程数。

2）如果算出的线程数与当前线程池中线程数不同，则将线程池的线程数调整为计算出的线程数。

ObArchiveSender 线程池的线程数 thread_num 按以下方式计算：

1）如果系统配置项 log_archive_concurrency 值非零，则 total_cnt 取 log_archive_concurrency 的值，否则 total_cnt 取常量值 OB_MAX_LOG_ARCHIVE_THREAD_NUM（值为 20）。

2）根据 total_cnt 计算 normal_thread_num：

① total_cnt 不能整除 3：normal_thread_num 值为（total_cnt/3 * 2+1）。

② total_cnt 可以整除 3：normal_thread_num 值为（total_cnt/3 * 2）。

3）如果 OBServer 不处于 Mini 模式，则 thread_num 取 normal_thread_num 与 1 之间的较大者，否则 thread_num 取值为 1（由常量 MINI_MODE_SENDER_THREAD_NUM 定义）。

ObArCLogSplitEngine 线程池的线程数 thread_num 按以下方式计算：

1）如果系统配置项 log_archive_concurrency 值非零，则 total_cnt 取 log_archive_concurrency 的值，否则 total_cnt 取常量值 OB_MAX_LOG_ARCHIVE_THREAD_NUM（值为 20）。

2）根据 total_cnt 计算 normal_thread_num：

① total_cnt 除 3 余 1 或者整除 3：normal_thread_num 值为（total_cnt/3）。

② total_cnt 除 3 余 2：normal_thread_num 值为（total_cnt/3+1）。

3）如果 OBServer 不处于 Mini 模式，则 thread_num 取 normal_thread_num 与 1 之间的较大者，否则 thread_num 取值为 1（由常量 MINI_MODE_SPLITER_THREAD_NUM 定义）。

所谓 Mini 模式，是指 OBServer 的服务器内存限制值介于 MINI_MEM_LOWER（常量值 4294967296，即 4GB）和 MINI_MEM_UPPER（17179869184，即 16GB）之间时 OBServer 的运行模式。

7.3.3　数据备份

在有了持续可靠的日志归档后，用户随时可以通过 ALTER SYSTEM BACKUP DATABASE 语句（全量备份）和 ALTER SYSTEM BACKUP INCREMENTAL DATABASE 语句（增量备份）开始数据备份。

OceanBase 的基线宏块具有全局唯一的逻辑标识，这个逻辑标识提供了增量备份重用宏块的能力。在 OceanBase 中，一次增量备份指的是全量的元信息的备份外加增量的数据宏块的备份。增量备份的恢复和全量备份的恢复流程基本上是一致的，性能上也没有差别，只是会根据逻辑标识在不同的备份集之间读取宏块。

如图 7.17 所示，数据备份的全过程以三个系统表__all_tenant_backup_info（表 7.5）、__all_tenant_backup_task（表 7.6）、__all_tenant_pg_backup_task（表 7.7）作为调度和状态交换的核心。RootService 端根据全量或增量备份的 SQL 语句请求把集群的备份任务逐步分解成各级别备份任务放入上述三个系统表中，然后通过集群级负载均衡机制（见第 8 章 8.3 节）从系统表中发现分区组级别的备份任务，将这些任务分别通过 RPC 机制发送到相应的 OBServer 上完成备份任务的执行。下面分别从备份发起、备份任务生成、备份任务执行三个阶段分析整个数据备份过程。

（1）备份发起

全量备份和增量备份语句的执行器都是 ObBackupDatabaseExecutor，两者通过收到的 ObBackupDatabaseStmt 对象参数的 incremental_属性值加以区分。在 ObBackupDatabaseExecutor::execute() 中会通过 RPC 调用 ObRootService::handle_backup_database()，在该方法中初始化备份调度器（ObBackupScheduler 实例），通过备份调度器调用其 start_schedule_backup 方法进行数据备份的初始化阶段。ObBackupDatabaseExecutor::execute() 中会针对 RPC 调用返回的结果进行检查，如果 RPC 返回的结果表明数据备份失败但不致命则会进行重试，最大重试次数为六次（由常量 UPDATE_SCHEMA_ADDITIONAL_INTERVAL 和重试间隔时间决定），重试间隔时间为 1s。

ObBackupScheduler::start_schedule_backup() 首先会执行一些检查并准备后续生成备份任务所需的信息：

1）调用 get_tenant_ids 方法获得系统中的租户 ID 数组：并不是所有的租户都会放入这个数组中，因为正在被删除或者正在被恢复而无法进行备份的租户将被排除在外。

2）调用 check_gts_方法检查各租户的 GTS 服务是否正常，没有 GTS 服务将不能实行租户的备份，由于 OceanBase 目前的数据备份仅支持集群级备份，因此单个租户的 GTS 失效会导致整个数据备份操作无法执行。

3）调用 check_log_archive_status 方法检查日志归档状态：如前所述，数据备份需要配合完整的日志归档才能保证数据的一致性，因此进行数据备份时要求日志归档的状态（从表 7.2 的__all_backup_log_archive_status_v2 中获取）处于 ObLogArchiveStatus::DOING。

4）初始化一个备份信息管理器（ObBackupInfoManager），备份信息管理器是数据备份过程中访问基础备份信息的主要接口。基础备份信息存放在系统表__all_tenant_backup_info（表 7.5）中，__all_tenant_backup_info 也可以看成一个小型的 KV（Key-Value）型数据库，其中记录了各个租户的各种基础数据备份信息，例如 backup_dest（备份的目标位置）、

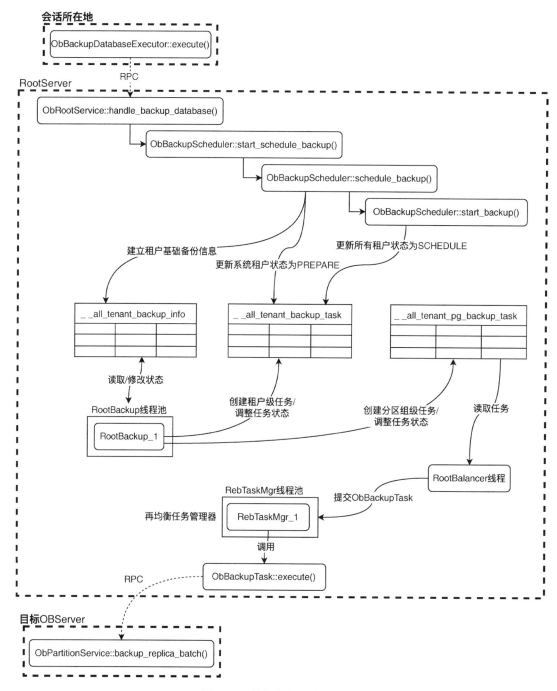

图 7.17　数据备份的交互过程

backup_scheduler_leader（备份调度器的 IP 地址和端口）、backup_status（备份状态）、backup_type（备份类型，全量或增量），每一项备份信息都作为一行保存在该表中。在初始化备份信息管理器后，将通过它获取将要备份的租户的基础备份信息形成一个数组，数组中每一个元素都是一个 ObBaseBackupInfoStruct 对象，它代表某一个租户的基础备份信息。

表 7.5　__all_tenant_backup_info 系统表结构

列名	数据类型	允许为空	主键	默认值	用途
gmt_create	timestamp（6）	Y		CURRENT_TIMESTAMP（6）	创建时间
gmt_modified	timestamp（6）	Y		CURRENT_TIMESTAMP（6）	修改时间
tenant_id	bigint（20）	N	Y	NULL	租户 ID
name	varchar（1024）	N	Y	NULL	键名称
value	varchar（4096）	N		NULL	值

5）基于获得的基础备份信息数组检查数据备份是否能够执行，需要同时满足下面的条件才能开始执行数据备份：

① 基础备份信息数组的第一个元素必须是系统租户的基础备份信息，这一点由上一步的获取过程保证。

② 每个租户的基础备份信息中的备份状态（ObBaseBackupInfoStruct∷backup_status_）应该是 STOP 或者不存在该租户的租户级备份任务和分区组级备份任务。租户级备份任务保存在系统表__all_tenant_backup_task（表 7.6）中，在数据备份进行过程中每个租户在其中都有一行记录该租户的租户级备份任务。分区组级备份任务保存在系统表__all_tenant_pg_backup_task（表 7.7）中，在数据备份进行过程中，每个分区组在其中都有一行记录该分区组上的分区组级备份任务；

表 7.6　__all_tenant_backup_task 系统表结构

列名	数据类型	允许为空	主键	默认值	用途
gmt_create	timestamp（6）	Y		CURRENT_TIMESTAMP（6）	创建时间
gmt_modified	timestamp（6）	Y		CURRENT_TIMESTAMP（6）	修改时间
tenant_id	bigint（20）	N	Y	NULL	租户 ID
incarnation	bigint（20）	N	Y	NULL	分身数
backup_set_id	bigint（20）	N	Y	NULL	备份集 ID
backup_type	varchar（1）	N		NULL	备份类型
device_type	varchar（64）	N		NULL	设备类型
snapshot_version	bigint（20）	N		NULL	快照版本
prev_full_backup_set_id	bigint（20）	N		NULL	前一个全量备份集 ID
prev_inc_backup_set_id	bigint（20）	N		NULL	前一个增量备份集 ID
prev_backup_data_version	bigint（20）	N		NULL	前一个备份数据版本
pg_count	bigint（20）	N		NULL	分区数
macro_block_count	bigint（20）	N		NULL	宏块数
finish_pg_count	bigint（20）	N		NULL	实际完成的分区数

（续）

列名	数据类型	允许为空	主键	默认值	用途
finish_macro_block_count	bigint（20）	N		NULL	实际完成的宏块数
input_bytes	bigint（20）	N		NULL	输入字节数
output_bytes	bigint（20）	N		NULL	输出字节数
start_time	timestamp（6）	N		NULL	任务开始时间
end_time	timestamp（6）	N		NULL	任务结束时间
compatible	bigint（20）	N		NULL	是否兼容
cluster_version	bigint（20）	N		NULL	集群版本
status	varchar（64）	N		NULL	任务状态
result	bigint（20）	N		NULL	上一状态结果
cluster_id	bigint（20）	Y		NULL	集群 ID
backup_dest	varchar（2048）	Y		NULL	备份目标位置
backup_data_version	bigint（20）	Y		NULL	备份数据版本
backup_schema_version	bigint（20）	Y		NULL	备份模式版本
cluster_version_display	varchar（64）	Y		NULL	用于显示的集群版本
partition_count	bigint（20）	Y		NULL	分区数
finish_partition_count	bigint（20）	Y		NULL	完成的分区数
encryption_mode	varchar（64）	N		None	加密模式
passwd	varchar（128）	N			加密口令
start_replay_log_ts	bigint（20）	N		0	开始重放日志的时间戳
date	bigint（20）	N		0	备份日期

表 7.7　__all_tenant_pg_backup_task 系统表结构

列名	数据类型	允许为空	主键	默认值	用途
gmt_create	timestamp（6）	Y		CURRENT_TIMESTAMP（6）	创建时间
gmt_modified	timestamp（6）	Y		CURRENT_TIMESTAMP（6）	修改时间
tenant_id	bigint（20）	N	Y	NULL	租户 ID
table_id	bigint（20）	N	Y	NULL	表 ID
partition_id	bigint（20）	N	Y	NULL	分区 ID
incarnation	bigint（20）	N	Y	NULL	分身数
backup_set_id	bigint（20）	N	Y	NULL	备份集 ID

（续）

列名	数据类型	允许为空	主键	默认值	用途
backup_type	varchar（1）	N		NULL	备份类型
snapshot_version	bigint（20）	N		NULL	快照版本
partition_count	bigint（20）	N		NULL	分区数
macro_block_count	bigint（20）	N		NULL	宏块数
finish_partition_count	bigint（20）	N		NULL	完成分区数
finish_macro_block_count	bigint（20）	N		NULL	完成宏块数
input_bytes	bigint（20）	N		NULL	输入字节数
output_bytes	bigint（20）	N		NULL	输出字节数
start_time	timestamp（6）	N		NULL	任务开始时间
end_time	timestamp（6）	N		NULL	任务结束时间
retry_count	bigint（20）	N		NULL	重试次数
replica_role	bigint（20）	N		NULL	副本角色
replica_type	bigint（20）	N		NULL	副本类型
svr_ip	varchar（128）	N		NULL	服务器 IP
svr_port	bigint（20）	N		NULL	服务器端口
status	varchar（64）	N		NULL	任务状态
task_id	bigint（20）	N		NULL	任务 ID
result	bigint（20）	N		NULL	上一状态结果
trace_id	varchar（64）	Y		NULL	任务的 trace_id

6）调用 get_max_backup_set_id 方法取得最大的备份集 ID（Backup Set ID），即从基础备份信息数组中的所有 ObBaseBackupInfoStruct 中找到最大的备份集 ID（ObBaseBackupInfoStruct：：backup_set_id_），然后在最大备份集 ID 基础上加一得到此次数据备份产生的备份集 ID。

7）调用 schedule_backup 方法进入调度备份阶段，即备份任务的生成阶段。

（2）备份任务生成

ObBackupScheduler：：schedule_backup（）中分为三个阶段进行整体备份状态的推进：

1）将系统租户的基础备份信息中的备份状态（backup_status_）设置为 PREPARE、备份集 ID（backup_set_id）设置为本次备份的备份集 ID，其他备份信息项根据备份语句中的选项设置，并将系统租户的基础备份信息更新至系统表中，设置 ObRootBackup 中的准备标志（is_prepare_flag）为真。

2）在确认系统租户的基础备份信息中的备份状态为 PREPARE 的前提下，对需要备份的非系统租户逐一调用 schedule_tenant_backup 方法更新租户的基础备份信息，除备份状态设置为 SCHEDULE 之外，其他备份信息项的取值与前一阶段中系统租户的值相同。

3）将系统租户的基础备份信息中的备份状态更新为 SCHEDULE，系统租户的基础备份信息可以视为是整个集群备份的总体状态的表现，只有其他非系统租户的备份状态都推进到一个新的状态后，系统租户的状态才会最后被更改为该状态。

在将数据备份的整体状态改为 SCHEDULE 之后，备份调度器 ObBackupScheduler 将会唤醒 RootBackup 线程继续进行各级备份任务的生成工作。RootBackup 线程由 ObRootBackup 实现，ObRootBackup 原本实现的是一个线程池，但目前将其初始线程数固定为 1（由常量 root_backup_thread_cnt 定义）。RootBackup 线程的作用是定期查看基础备份信息系统表（表 7.5），根据各租户的备份状态决定下一步的动作。RootBackup 线程的入口函数是 ObRootBackup：：run3()，该方法是一个循环间隔 5min（集群级内建参数_backup_idle_time 定义）的循环，每次循环中都会执行下面的动作：

1）各种先决条件检查：①租约应该有效；②系统表版本需要大于 OB_BACKUP_INNER_TABLE_V2（2）。

2）检查需要备份的租户是否能够备份：①租户不处于恢复状态；②租户不处于被删除状态；③租户没有被删掉；④租户的基础备份信息有效。

3）对每个可以备份的租户根据其状态执行相应的动作：

① 对于基础备份信息中状态处于 SCHEDULE 的租户，分别调用 do_scheduler 方法为它们生成备份任务。

② 对于基础备份信息中状态处于 DOING 的租户，分别调用 do_backup 方法更新其基础备份信息的状态以及 start_replay_log_ts。

③ 对于基础备份信息中状态处于 CLEANUP 的租户，分别调用 do_cleanup 方法清除它们的各级备份任务（租户级备份任务以及分区组级备份任务），将该租户的备份状态改为 STOP，同时还要更新备份数据中相关文件内的信息。

④ 对于基础备份信息中状态处于 CANCEL 的租户，分别调用 do_cancel 方法将该租户的各级备份任务状态改为 CANCEL，如果是系统租户还需要连带地将非系统租户的备份任务状态也改为 CANCEL。

4）如果系统租户的状态是 STOP 或者 CLEANUP，则表示整个集群的备份已经结束，此时将会清除各租户的备份任务，同时将各租户的备份状态改为 STOP。

RootBackup 线程的关键工作在于通过其 do_scheduler 方法为可以进行备份的租户（备份状态为 SCHEDULE）生成备份任务，其主要过程包括：

1）将该租户的各种备份信息更新至外部文件中，即图 7.14 中位于备份目标位置的 cluster_data_backup_info（系统租户）或 tenant_data_backup_info（非系统租户）、tenant_info、cluster_backup_set_file_info（系统租户）或 tenant_backup_set_file_info（非系统租户），这些文件的作用类似于一种保存点，例如当集群重启后可以根据外部文件中的信息检查重启前数据备份的执行情况，然后继续进行备份。

2）向__all_tenant_backup_task 中插入该租户的租户级备份任务（内存中表现为一个 ObTenantBackupTaskInfo 对象）。如果是系统租户，其备份任务的状态设为 DOING；如果是非系统租户，其备份任务的状态设为 GENERATE。

3）在__all_tenant_backup_info 中更新该租户的基础备份信息中状态为 DOING。

在 RootBackup 线程的上一轮工作循环中状态变为 DOING 的租户，在后续的一次循环中会交由 do_backup 方法进行分区组级备份任务的生成，同样也分为系统租户和非系统租户进行处理。

do_sys_tenant_backup 方法被用来处理系统租户：

1）检查每一台服务器的磁盘统计信息，防止服务器的磁盘剩余空间不足导致备份失败。如果系统配置项 data_disk_usage_limit_percentage 不是 100 且服务器的已用空间百分比超过 data_disk_usage_limit_percentage 设置的比例，则报告该服务器磁盘快满了（错误信息为 "backup server disk is almost full"），同时将系统租户的租户级备份任务的结果（ObTenantBackupTaskInfo：：result_）更新为 OB_CS_OUTOF_DISK_SPACE。

2）检查整个集群中失败的租户级备份任务（可能是任一租户的），将系统租户的租户级备份任务结果（ObTenantBackupTaskInfo：：result_）更新为错误原因。如果这一过程中发现有失败的租户级备份任务，则将所有租户的非完成（不是 FINISH）和取消（CANCEL）状态的租户级备份任务的状态改为 CANCEL，结果改为 OB_CANCELED。如果集群中没有失败的租户级备份任务，则将系统租户备份任务的 start_replay_log_ts_ 改成所有其他租户备份任务的 start_replay_log_ts_ 的最小值。

3）遍历所有租户，过滤出备份任务状态不为 STOP 的。如果所有租户的租户级备份任务都完成了，检查它们的结果是否都成功作为全局状态更新到系统租户的租户级备份任务，同时将状态更新到外部文件中。

普通租户则通过 do_tenant_backup 方法处理：

1）如果该租户的备份任务状态为 GENERATE：对于独立表（不属于表组）的每一个还没有备份任务的分区都建立一个分区组级备份任务（内存中表现为 ObPGBackupTaskInfo 对象），对于构成表组的表则为每一个表组中的每一个分区也都建立一个分区组级备份任务。在生成分区组级备份任务时，一个批次（即 RootBackup 线程的一次工作循环中）允许生成的任务数被限制为 1024 个（由常量 MAX_BATCH_GENERATE_TASK_NUM 定义），如果达到这一限制，剩余的独立表分区以及表组分区会留给下一次循环来生成任务。这一批次生成的分区组级备份任务将被批量插入系统表__all_tenant_pg_backup_task。最后，根据是否完成当前租户的所有分区组级备份任务的创建来更新租户级备份任务。

① 当前租户的分区组级备份任务还未创建完，将已创建任务涉及的分区组数量、分区数量累加在租户级备份任务中，并将租户级备份任务的结果（result）属性置为 OB_SUCCESS。

② 当前租户的分区组级备份任务已经全部创建完，将已创建任务涉及的分区组数量、分区数量累加在租户级备份任务中，将租户级备份任务的结果（result）属性置为 OB_SUCCESS，其状态推进为 DOING。此外，将所有分区组级备份任务中涉及的分区组 ObPGKey 值写入所属租户的 pg_list 文件中（系统租户是 sys_pg_list，非系统租户是 normal_pg_list，见图 7.14）。最后，唤醒 RootBalancer 线程进入执行备份任务阶段。

2）如果该租户的备份任务状态为 DOING：这种状态下，由于前面的工作循环中已经完成分区组级备份任务的创建且唤醒了 RootBalancer 线程开始执行备份，这里仅需要监控备份任务的执行情况，并逐级向上尝试改变各级备份任务的状态。这里会首先从系统表__all_tenant_pg_backup_task 中获得已经完成的分区组级备份任务，如果其数量等于租户级备份任务中记载的分区组数则表示备份任务全部完成，可以将该租户的租户级备份任务的状态改为 FINISH。

3）如果该租户的备份任务状态为 FINISH：目前没有做实质性的工作。

4）如果该租户的备份任务状态为 CANCEL：这里主要用来处理通过 ALTER SYSTEM CANCEL BACKUP 语句中途取消数据备份的情况，此种情况下正在执行中的分区组级备份任务（状态为 DOING）不能被取消，只能将还未开始执行的分区组级备份任务状态标记为取消（CANCEL），随后待正在执行的任务结束后，这种 CANCEL 状态会逐级向上返回，最终由 RootBackup 线程识别并清除该租户的两个级别上的备份任务。

到这里，最细粒度的分区组级备份任务就已经生成完毕，负责执行这些备份任务的机制（由 RootBalancer 线程发起）将会感知到系统表中这些备份任务的存在，然后将它们取出执行，并将执行结果和状态通过系统表反馈给上述的任务调度机制。

（3）备份任务执行

备份任务的最终执行由 RootServer 上的 RootBalancer 线程调度实施，RootBalancer 线程的主要作用是执行集群的自动负载均衡（详见第 8 章 8.3 节），执行数据备份只是 RootBalancer 线程的兼职工作。

如图 7.18 所示，RootBalancer 线程在执行某个租户内资源均衡时，将会调用 ObPartition-Backup∷partition_backup() 方法来尝试执行该租户的分区组级备份任务：

1）首先查看再均衡任务管理器（ObRebalanceTaskMgr）中处于高优先级的任务数是否超过了任务队列总数（由常量 TASK_QUEUE_LIMIT 定义，值为 65536）的一半，如果超过则表明系统中有很多紧要的任务需要处理，对于非紧急任务的备份任务来说可以稍后再执行，因此将会停止尝试执行备份任务，等到 RootBalancer 线程的下一次工作循环中再尝试。

2）将起始任务 ID 设置为该租户名下的分区组级备份任务中任务 ID 的最小值。

3）从起始任务 ID 开始，将不超过 1024（由常量 MAX_TASK_NUM 定义）个位于同一台服务器上的分区组级备份任务收集起来，构造成一个 ObBackupTask 任务提交给再均衡任务管理器（ObRebalanceTaskMgr）。尚未被使用的分区组级备份任务将留到 RootBalancer 线程的后续工作循环中再分批次提交给再均衡任务管理器中的低优先级队列。

再均衡任务管理器（ObRebalanceTaskMgr）也是一个单独的线程（见第 8 章 8.3 节），它会按照自己的策略（主要是根据任务优先级）执行处于任务队列中的各种与再均衡有关的任务。

如图 7.17 所示，当备份任务（ObBackupTask）被再均衡任务管理器执行时，其 execute 方法将被执行，进而通过 RPC 调用备份任务目标服务器上的 ObPartitionService∷backup_replica_batch()，同时将备份任务中的信息作为 RPC 参数传递给被调用方法。ObPartitionService∷backup_replica_batch() 则会将参数中的多个分区的备份任务还原出来形成类型为备份副本（BACKUP_REPLICA_OP）的 ObReplicaOpArg 任务列表，然后将任务列表提交给分区组迁移器（ObPartGroupMigrator）调度。

从分区组迁移器（ObPartGroupMigrator）开始，备份任务的调度和执行会多次依赖 OB-Server 中由 DagScheduler 线程管理的 DAG 线程池，一个起始的 Dag 任务被提交给 DagScheduler，当它包含的任务被执行时又会形成新的 Dag 任务，以此类推直至到达真正负责物理复制数据的任务。

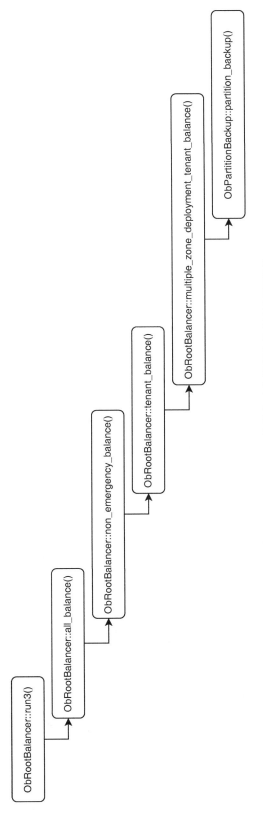

图 7.18 RootBalancer 线程启动备份任务执行的调用路径

ObPartGroupMigrator 会将备份任务包装成一个 ObGroupMigrateDag 实例，其中含有一个表示本批次分区组备份任务的 ObPartGroupBackupTask 对象（其 task_list_ 中是由 ObReplica-OpArg 任务包装形成 ObPartMigrationTask 列表），这个 ObGroupMigrateDag 将被提交给OBServer 上的 DagScheduler 线程调度执行。

当 ObGroupMigrateDag 被某个 DAG 线程执行时，最终将会进入到分区组备份任务（Ob-PartGroupBackupTask）的 do_task 方法中，该方法分为三步：

1）执行分区组备份中针对 Minor SSTable（见第 4 章 4.3 节）的备份工作（BACKUP_MINOR）。

2）备份分区组的元数据。

3）执行分区组备份中针对 Major SSTable（见第 4 章 4.3 节）的备份工作（BACKUP_MAJOR）。

第 1、3 两个步骤的流程相同，只是产生的 Dag 任务类型不同。两个步骤中都会为每一个任务（ObPartMigrationTask）创建一个 ObMigrateCtx 作为执行环境挂在每个任务中。然后对每一个 ObPartMigrationTask 任务，在 ObDagScheduler 中加入一个 ObBackupDag（任务是ObBackupPrepareTask），类型是 BACKUP_MINOR 或 BACKUP_MAJOR。

由于整个数据备份依赖于多 DAG 线程（每个线程执行一个任务）并行执行，为了限制数据备份占用的系统资源，在 1、3 两个步骤中都采用了限流的措施：只有在 DagScheduler 线程中待调度的备份任务（类型为 ObIDag∷DAG_TYPE_BACKUP）数小于备份并发度（由系统配置项 backup_concurrency 控制）时才会调度任务进行执行，如果系统没有设置备份并发度（backup_concurrency 为 0），则采用默认工作线程数⊖和 10 之间的较小者作为备份并发度。

包含 ObBackupPrepareTask 任务的 ObBackupDag 被某个 DAG 线程执行时会进入 ObBack-upPrepareTask∷process()中，该方法会在所属的 ObBackupDag 中加入一个 ObBackupCopy-PhysicalTask 和一个 ObBackupFinishTask，并且后者对前者有依赖关系（即后者要等前者执行完才能执行）。

ObBackupCopyPhysicalTask 任务被执行时将真正实现将物理数据复制到备份目标位置的工作。按第 4 章 4.2 节所述，要备份的分区数据在物理上由 sstable 文件中的宏块组成，因此对于分区备份的工作在这里就变成了对一个个宏块的备份。宏块的复制工作由 ObBackup-CopyPhysicalTask∷backup_physical_block()实现，其中用到一个备份文件追加器（ObBa-ckupFileAppender）和一个读取器（ObPartitionMacroBlockBackupReader），后者用于根据任务中给出的宏块列表从存储中读取宏块交给前者，前者则将获得的宏块写入备份文件中。前述的BACKUP_MINOR 以及 BACKUP_MAJOR 两种任务类型在这里得到了体现，对于 BACKUP_MAJOR 类型的任务，备份文件追加器的备份文件位于图 7.14 中的 major_data 目录中，文件名称为 macro_block_###. ###（第一组###对应于所属任务 ID，第二组###对应子任务 ID）。而 BACKUP_MINOR 类型任务的备份文件则位于图 7.14 中 minor_data 目录下对应于该任务ID 的子目录中，文件名与 BACKUP_MAJOR 类型的任务相同。除了复制宏块之外，ObBack-upCopyPhysicalTask∷backup_physical_block()中还会利用类似的方式复制宏块索引至宏块

⊖ 默认工作线程数根据租户对 CPU 资源的份额算出，不会超过 10（DEFAULT_WORK_THREAD_NUM）。

备份文件配套的索引文件中，例如 BACKUP_MAJOR 类任务中形成的宏块索引文件名是 macro_block_index_###（###是所属任务 ID）。

在 ObBackupCopyPhysicalTask 任务执行完毕后，其后续任务 ObBackupFinishTask 将被接着执行，其作用是收集 ObBackupCopyPhysicalTask 任务执行中的统计信息（例如输出字节数、完成的分区数等），以便向上返回更新备份进度信息。

在执行 BACKUP_MINOR 和 BACKUP_MAJOR 两类任务之间，ObPartGroupBackupTask 任务的执行过程还会调用 ObPartGroupBackupTask：：do_backup_pg_metas()进行分区元数据的备份工作。这里用到了备份文件追加器 ObBackupFileAppender、分区元数据备份读取器 ObPartitionMetaBackupReader 和 I/O 带宽限流器 ObInOutBandwidthThrottle。写入器的目标文件是备份目录下的 meta_file_###文件（###是备份任务 ID），执行元数据备份时会调用其 process 方法，利用 ObPartitionMetaBackupReader 读取出每一个分区的元数据形成内存中的 ObBackupPGMetaInfo 对象，然后利用 ObBackupFileAppender 将该对象序列化后写入元数据备份文件，在写入过程中会通过 I/O 带宽限流器限制 I/O 流量。

I/O 带宽限流器在每一次写入前都会计算当前写入过程的整体 I/O 速率（总字节数与总耗时之比），再与初始化限流器时预设的速率进行比较，如果超过预设速率，则计算出一个能使速率降低的休眠时间，然后休眠至指定的时刻后再进行实际的写入。通过这种方式，I/O带宽限流器就能使得每一个 ObBackupFileAppender 都能保持对于 I/O 带宽比较平稳的占用，让整个集群不至于因为数据备份工作耗尽 I/O 资源。

7.3.4 取消备份

由于 ALTER SYSTEM BACKUP DATABASE 语句的执行并不等待数据备份真正完成，因此在数据备份后台执行期间，用户可以发出 ALTER SYSTEM CANCEL BACKUP 语句来取消备份。

取消备份语句的执行器是 ObBackupManageExecutor，其 execute 方法将通过 RPC 调用 ObRootService：：handle_backup_manage()，在其中会将执行取消备份语句的租户对应的基础备份信息（系统表__all_tenant_backup_info 中 Key 为 "backup_status" 的行）中的状态改为 CANCEL，7.3.3 节中的备份任务调度机制会将这种状态逐级向下传播，最终实现将还未被执行的分区组级备份任务清除的目的。

7.3.5 数据恢复

在拥有了数据备份之后，在需要的时候就可以利用 ALTER SYSTEM RESTORE 语句进行数据的恢复。虽然 OceanBase 的数据备份过程是以整个集群为单位，但数据恢复可以选择针对某个特定的租户或者某个特定的表。本节以前者为例介绍恢复租户的主干过程。

恢复租户的 ALTER SYSTEM RESTORE 语句由 ObRestoreTenantExecutor：：execute() 执行，它将通过 RPC 调用 RootService 的 restore_tenant 方法。从这里开始，恢复的机制和数据备份类似：整个恢复机制由多个线程合作完成，它们之间通过系统表中的恢复任务信息进行相互驱动。

如图 7.19 所示，租户恢复过程可以分为两个阶段：任务生成、任务调度执行。

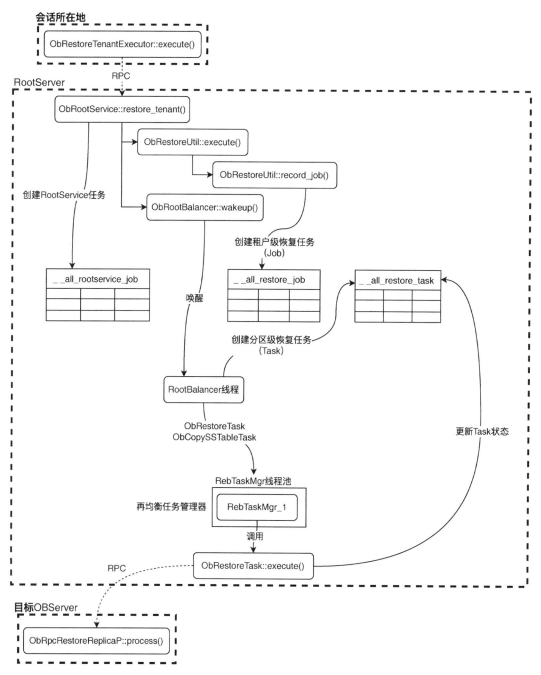

图 7.19　租户恢复的交互过程

（1）任务生成

在 ObRootService：：restore_tenant（）会根据恢复语句传入的被恢复租户 ID、恢复来源的备份数据位置等信息生成恢复租户所需的各种任务，将它们放置在相应的系统表中，以便后续由恢复任务执行机制发现并执行。该方法的主要步骤如下：

1）检查集群版本是否不低于 3.0.0，只有高于该版本的集群才支持恢复租户的功能。

2）检查现有恢复任务防止重复恢复同一个租户：租户恢复的高层任务被存储在系统表 __all_restore_job（见表 7.8）中，每个恢复任务对应一行，restore_tenant 方法会从中读出所有的恢复任务，恢复任务在内存中表现为一个 RestoreJob 对象（为便于叙述和区分，后文将这个级别的恢复任务简称为 Job，也可以看成是租户级任务）。在现有 Job 中检查是否已经存在恢复当前租户的 Job，如果存在则返回正在恢复中的代码（OB_RESTORE_IN_PROGRESS），否则继续后续步骤为当前租户生成 Job。

表 7.8　__all_restore_job 系统表结构

列名	数据类型	允许为空	主键	默认值	用途
gmt_create	timestamp（6）	Y		CURRENT_TIMESTAMP（6）	创建时间
gmt_modified	timestamp（6）	Y		CURRENT_TIMESTAMP（6）	修改时间
job_id	bigint（20）	N	Y	NULL	任务 ID
tenant_name	varchar（64）	N		NULL	被恢复租户的名字
start_time	bigint（20）	N		NULL	开始时间
backup_uri	varchar（2048）	N		NULL	备份的 URI 地址
backup_end_time	bigint（20）	N		NULL	备份结束时间
recycle_end_time	bigint（20）	N		NULL	
level	bigint（20）	N		NULL	级别
status	bigint（20）	N		NULL	任务状态

3）如果不存在针对当前租户的 Job，则为其在系统表 __all_rootservice_job⊖（见表 7.9）中插入一行，将行中 job_type 字段设置为 RESTORE_TENANT，将 job_status 字段设置为 IN-PROGRESS，将 rs_svr_ip 和 rs_svr_ip 字段分别设置为 RootService 所在服务器的 IP 和端口设置，其他字段保持默认值。

表 7.9　__all_rootservice_job 系统表结构

列名	数据类型	允许为空	主键	默认值	用途
gmt_create	timestamp（6）	Y		CURRENT_TIMESTAMP（6）	创建时间
gmt_modified	timestamp（6）	Y		CURRENT_TIMESTAMP（6）	修改时间
job_id	bigint（20）	N	Y	NULL	任务 ID
job_type	varchar（128）	N		NULL	任务类型
job_status	varchar（128）	N		NULL	任务状态
return_code	bigint（20）	Y		NULL	返回代码

⊖　__all_rootservice_job 用于对外提供 RootService 的集群级异步任务状态的查询，其中的内容并不用于这些异步任务的过程控制。

（续）

列名	数据类型	允许为空	主键	默认值	用途
progress	bigint（20）	N		0	任务进度
tenant_id	bigint（20）	Y		NULL	任务涉及的租户 ID
tenant_name	varchar（128）	Y		NULL	任务涉及的租户名
database_id	bigint（20）	Y		NULL	涉及的数据库 ID
database_name	varchar（128）	Y		NULL	涉及的数据库名
table_id	bigint（20）	Y		NULL	涉及的表 ID
table_name	varchar（128）	Y		NULL	涉及的表名
partition_id	bigint（20）	Y		NULL	涉及的分区 ID
svr_ip	varchar（46）	Y		NULL	涉及的服务器 IP
svr_port	bigint（20）	Y		NULL	涉及的服务器端口
unit_id	bigint（20）	Y		NULL	涉及的资源单元 ID
rs_svr_ip	varchar（46）	N		NULL	RootService 的 IP
rs_svr_port	bigint（20）	N		NULL	RootService 的端口
sql_text	longtext	Y		NULL	发起任务的 SQL 文本
extra_info	varchar（512）	Y		NULL	附加信息
resource_pool_id	bigint（20）	Y		NULL	资源池 ID
tablegroup_id	bigint（20）	Y		NULL	表组 ID
tablegroup_name	varchar（128）	Y		NULL	表组名

4）再次在系统表__all_restore_job 中检查针对当前租户的 Job 是否存在，如不存在则为当前租户的恢复工作在该系统表中插入一行，插入行的 status 字段设置为 RESTORE_INIT，level 字段设置为 0，backup_uri 字段设置为租户恢复语句中指定的恢复来源（备份数据的位置），tenant_name 设置为当前租户名。

5）最后调用 RootBalancer 线程的 wakeup 方法将恢复过程转入下一步的任务生成过程。

RootBalancer 线程被唤醒后，将会进入其工作循环 run3 方法中，在其中经过如图 7.20 所示的调用层次进入到 ObRestoreMgr::restore() 中。

ObRestoreMgr::restore() 的责任是根据各个租户级任务的当前状态，向上层传播恢复任务的状态或者向下生成恢复分区所需的任务，其主要过程为：

1）从系统表__all_restore_job 获取所有的租户级任务[○]，根据每一个 Job 的状态做不同处理：

① Job 的状态为 RESTORE_INIT：说明该 Job 刚刚被加入系统中，对其调用 ObRestoreMgr::restore_meta()，该方法的工作包括：

_____

○ 注意 RootBalancer 线程负责处理整个集群中的恢复请求，所以不是获取某个特定租户的 Job。

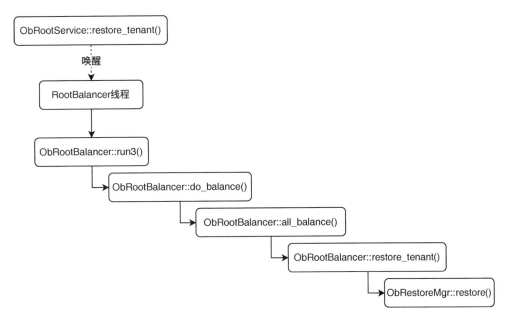

图 7.20　RootBalancer 线程恢复租户的调用过程

a）恢复租户的元数据：在恢复租户中的数据之前，首先需要将租户的元数据恢复，其中包括对租户的资源配置定义，例如资源池、资源单元配置等。ObRestoreMgr：：restore_meta（）会从备份数据中获取租户资源相关的 SQL 语句（CREATE RESOURCE 开头的 SQL 语句）以及租户创建语句（CREATE TENANT），然后通过执行这些语句完成对租户资源定义以及租户本身的恢复。

b）恢复租户内数据库对象的元数据：同样，在恢复租户内的数据之前，也必须先恢复承载这些数据的数据库对象的模式。因此，ObRestoreMgr：：restore_meta（）还会从备份数据中获取该租户名下各种数据库对象的数据定义语句，例如 CREATE DATABASE、CREATE TABLE 等，然后通过执行这些语句完成租户的数据库对象的模式恢复。

c）创建恢复数据的任务：租户内的数据最终都体现为表中的多个分区，因此在表等数据库对象模式被恢复之后，数据的恢复就可以拆分成对一个个分区的恢复工作。因此，ObRestoreMgr：：restore_meta（）将会从备份信息中收集需要恢复的分区信息，为每一个分区创建一个 PartitionRestoreTask 对象，并将它们插入系统表＿＿all_restore_task（见表 7.10）中。每一个 PartitionRestoreTask 对象是一个分区级任务，为与租户级任务（Job）区分，将分区级任务简称为 Task。这里创建的 Task 中状态（status 字段）被初始化为 RESTORE_INIT，租户级任务的 ID（job_id 字段）被设为当前考虑的这个租户级任务的 ID。

表 7.10　＿＿all_restore_task 系统表结构

列名	数据类型	允许为空	主键	默认值	用途
gmt_create	timestamp（6）	Y		CURRENT_TIMESTAMP（6）	创建时间
gmt_modified	timestamp（6）	Y		CURRENT_TIMESTAMP（6）	修改时间
tenant_id	bigint（20）	N	Y	NULL	租户 ID

（续）

列名	数据类型	允许为空	主键	默认值	用途
table_id	bigint（20）	N	Y	NULL	表 ID
partition_id	bigint（20）	N	Y	NULL	分区 ID
backup_table_id	bigint（20）	N		NULL	备份表 ID
index_map	varchar（65536）	Y		NULL	索引映射
start_time	bigint（20）	N		NULL	开始时间
status	bigint（20）	N		NULL	状态
job_id	bigint（20）	N		NULL	所属的 Job 的 ID

d）如果上述操作成功，将租户级任务的状态更新为 RESTORE_DOING，否则更新状态为 RESTORE_FAIL。

② Job 的状态为 RESTORE_DOING：说明这个 Job 已经在进行中，对其调用 ObRestoreMgr∷restore_replica()，该方法的工作包括：

a）更新恢复进度：由于当前的 Job 已经在进行中，那么属于该 Job 的分区级任务（Task）应该已经被加入到系统表__all_restore_task 中。对其中的每个 Task，如果其中涉及的分区上的所有 Paxos 成员已经恢复完成，则将该 Task 标记为 RESTORE_DONE。然后检查所有的 Job，如果一个 Job 的所有的 Task 都已经为 RESTORE_DONE，则将该 Job 的状态更新为 RESTORE_DONE。

b）对于还有未完成 Task 的 Job 生成分区 Leader 的恢复任务：计算该 Job 中状态为 RESTORE_DONE 的 Task 所占比例，用于更新该 Job 在系统表__all_rootservice_job 中的进度（progress 字段）。对每一个未完成的分区，找出其中作为分区 Leader 的副本，为其选择一个目标服务器，然后将这些信息构造成一个 ObRestoreTask 提交给 RebTaskMgr 线程（ObRebalanceTaskMgr）调度执行。

c）对于还有未完成 Task 的 Job 生成分区 Follower 的恢复任务：对该 Job 中的每一个分区，如果其 Leader 已经存在（恢复完成），则选择一台服务器作为该分区下一个 Follower 的所在地，然后将这些信息构造成一个 ObCopySSTableTask 交给 RebTaskMgr 线程（ObRebalanceTaskMgr）调度执行。由于做这一步工作时，分区 Leader 的恢复可能还未完成，因此其 Follower 的恢复任务会在 RootRebalance 线程的下一次循环中产生。并且，每一次循环仅产生一个分区 Follower 的恢复任务。

d）如果上述处理不成功，更新 Job 的状态为 RESTORE_FAIL。

③ Job 的状态为 RESOTRE_DONE：表明该 Job 的执行已经完成，则进行 Job 的完成后的清理工作：首先更新该 Job 的状态为 RESTORE_DONE；删除该 Job 下级的分区级恢复任务（Task）；将该 Job 作为恢复任务历史记载在系统表__all_restore_job_history（和__all_restore_job 的模式完全一样）中；从系统表中删除该 Job。

④ Job 的状态为 RESTORE_FAIL：说明该 Job 的执行中出现了失败，同样需要执行失败后的清理动作：首先更新该 Job 的状态为 RESTORE_FAIL；删除该 Job 下级的 Task；将该

Job 作为恢复任务历史记载在系统表_ _all_restore_job_history 中；从系统表中删除该 Job。

2）尝试更新任务的状态：再次获取所有的 Job，对每个 Job 如果状态是 RESTORE_DONE，则执行 Job 的完成后的清理工作；如果状态是 RESTORE_FAIL，则执行 Job 的失败后的清理工作。

（2）任务调度执行

一旦数据恢复的任务被提交给 RebTaskMgr 线程，与数据备份时的情况一样，RebTaskMgr 线程将根据自身的策略在合适的时机执行这些任务。

当第一阶段生成的恢复任务（ObRestoreTask$^{\ominus}$）被再均衡任务管理器执行时，其 execute 方法将被执行，进而通过 RPC 调用恢复任务目标服务器上的 ObRpcRestoreReplicaP：：process()，同时将恢复任务中的信息作为 RPC 参数传递给被调用方法。ObRpcRestoreReplicaP：：process() 通过图 7.21 所示的调用路径最终将恢复任务提交给分区组迁移器（ObPartGroupMigrator）调度。

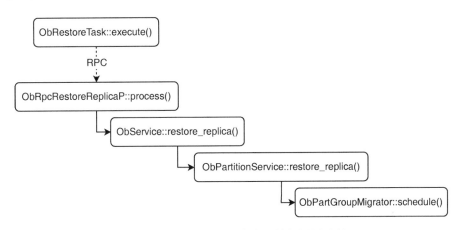

图 7.21　ObRestoreTask 任务的执行调用过程

与 7.3.3 节中的备份任务执行过程类似，从分区组迁移器（ObPartGroupMigrator）开始，恢复任务的调度和执行会多次依赖 OBServer 中由 DagScheduler 线程管理的 DAG 线程池，一个起始的 Dag 任务被提交给 DagScheduler，当它包含的任务被执行时又会形成新的 Dag 任务，以此类推直至到达真正负责物理复制数据的任务。

ObPartGroupMigrator 会将恢复任务包装成一个 ObGroupMigrateDag 实例，其中含有一个表示本批次分区组恢复任务的 ObGroupMigrateExecuteTask 对象（其 task_list_ 中是由 ObReplicaOpArg 任务包装形成 ObPartMigrationTask 列表，这里的 ObReplicaOpArg 任务的类型是 RESTORE_REPLICA_OP），这个 ObGroupMigrateDag 将被提交给 OBServer 上的 DagScheduler 线程调度执行。

当 ObGroupMigrateDag 被某个 DAG 线程执行时，最终将会进入到组迁移执行任务（ObGroupMigrateExecuteTask）所含的 ObPartGroupMigrationTask 的 do_task 方法中，该方法会为 ObGroupMigrateExecuteTask：：task_list_ 属性中携带的每一个任务（ObPartMigrationTask）创

⊖　ObCopySSTableTask 的执行也类似，这里略过。

建一个 ObMigrateCtx，作为执行环境挂在每个任务中。然后对每一个 ObPartMigrationTask 任务，在 DagScheduler 线程中加入一个 ObBaseMigrateDag（任务是 ObMigrateTaskScheduler-Task）。

为了限制恢复操作占用的系统资源，在 ObPartGroupMigrationTask：：do_task（）中采用了与数据备份相同的限流措施：只有在 DagScheduler 线程中待调度的迁移任务（类型为 ObIDag：：DAG_TYPE_MIGRATE）数小于拷贝并发度（由系统配置项 server_data_copy_in_concurrency 控制）时才会调度任务进行执行。

包含 ObMigrateTaskSchedulerTask 任务的 ObBaseMigrateDag 被某个 DAG 线程执行时会进入 ObMigrateTaskSchedulerTask：：process（）中，该方法会在所属的 ObBaseMigrateDag 中加入一个 ObRestoreTailoredPrepareTask。ObRestoreTailoredPrepareTask 被执行时，又会向 ObBaseMigrateDag 中加入一个 ObRestoreTailoredTask 以及一个 ObRestoreTailoredFinishTask，并且后者对前者有依赖关系（即后者要等前者执行完才能执行）。

ObRestoreTailoredTask 任务被执行时将真正实现物理数据恢复的工作，和数据备份时先备份 Minor SSTable 再备份 Major SSTable 的顺序类似，ObRestoreTailoredTask 进行物理数据恢复时也是先恢复 Minor SSTable 然后再恢复 Major SSTable，其过程不再赘述。

7.3.6　逻辑备份

OceanBase-CE 不提供集群级别的逻辑备份功能，但提供了数据的逻辑备份工具 OB-DUMPER 以及逻辑恢复工具 OBLOADER。这两个工具是使用 Java 开发的并行导出/导入工具，支持 SQL 或者 CSV 格式的数据导出/导入，也支持全局的过滤条件。

由于逻辑备份工具已经脱离了 OceanBase 内核的范围，可以视为一种 OceanBase 的客户端，因此本书不再花费篇幅来分析其实现。有关逻辑备份工具的具体介绍，请参见 OB-DUMPER 和 OBLOADER 的官方文档。

7.4　小结

高可用可以说是现代数据库系统能够用于生产环境的门槛，OceanBase 为此也付出了巨大的努力。本章首先对 OceanBase 中实现高可用、高容错等能力的核心机制 Paxos 算法、分布式选举、多副本日志同步等进行了分析，然后介绍防止误删除的对象闪回以及数据备份恢复功能，基本覆盖了 OceanBase 中的主要高可用支撑特性。下面章节将介绍和分析通过多租户对 OceanBase 集群资源进行合理利用的机制。

第 8 章

多租户

OceanBase 数据库采用了单集群多租户设计，天然支持云数据库架构，支持公有云、私有云、混合云等多种部署形式。每个租户（Tenant）大体上可以视作一个数据库"实例"，每一个"实例"管理着自己的数据库、用户，数据库实例之间相互独立，每个数据库实例都感知不到其他实例的存在。总体上来说，租户可以视为各类数据库对象以及物理资源（CPU、内存、外设 I/O 等）的容器。

为了使用同一套物理集群来承载多个租户，租户之间的隔离是最核心的问题。租户虽然是一个逻辑概念，但在集群的运行过程中租户内的操作实际上会共享同一套内存、CPU 等硬件资源，如果不对租户使用的共享资源加以控制，就很容易出现分配不公、相互干扰等问题。为了实现隔离，OceanBase 中将租户作为资源分配的单位，是数据库对象管理和资源管理的基础。OceanBase 在运行过程中会严格遵照租户中对资源的定义，将租户对资源的使用控制在约定的范围内，从而避免某个租户过度挤占共享资源的问题。同时，OceanBase 也不允许跨租户的数据访问，以确保租户使用的资源是逻辑上严格隔离的，防止租户的数据被其他租户窃取。基于 OceanBase 对租户的这种控制，在资源使用方面 OceanBase 表现为租户"独占"其资源配额。

8.1 租户

OceanBase-CE 仅支持 MySQL 模式的租户，租户的所有数据类型、SQL 功能、系统视图等都与 MySQL 数据库保持一致。采用 MySQL 模式的租户可以降低 MySQL 数据库迁移至 OceanBase 所引发的业务系统改造成本，同时使数据库设计人员、开发人员、数据库管理员（DBA）等可复用积累的 MySQL 知识经验。

从租户用途来看，OceanBase 中的租户可以分成系统租户和普通租户两种。

（1）系统租户

系统租户也称为 SYS 租户，是 OceanBase 的系统内置租户。系统租户主要有以下几个功能：

1）系统租户承载了所有租户的元信息存储和管理服务。例如，系统租户下存储了所有普通租户系统表的对象元数据信息和位置信息。

2）系统租户是分布式集群集中式策略的执行者。例如，只有在系统租户下，才可以执行轮转合并、删除或创建普通租户、修改系统配置项、资源负载均衡、自动容灾处理等操作。

3）系统租户负责管理和维护集群资源。例如，系统租户下存储了集群中所有 OBServer 的信息和 Zone 的信息。

系统租户在集群自举过程中创建，系统租户信息和资源的管理都是在 RootService 服务（RS）上完成，RS 位于系统租户下 __all_core_table 表的主副本上。

（2）普通租户

普通租户可以看作是一个数据库实例代名词，其中仅包括用户级别的数据。普通租户由管理员通过系统租户根据业务需要来创建，普通租户具备一个实例所应该具有的所有特性：

1）可以创建自己的用户。

2）可以创建数据库（Database）、表（Table）等各种数据库对象。

3）有自己独立的系统表和系统视图。

4）有自己独立的系统变量。

5）数据库实例所具备的其他特性。

所有用户数据的元数据（Meta Data）都存储在普通租户下，所以每个租户都有自己的名字空间并且彼此隔离不可访问。系统租户管理所有普通租户，系统租户与普通租户之间的层级关系如图 8.1 所示。

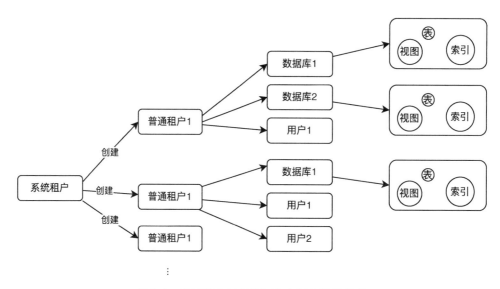

图 8.1　系统租户与普通租户之间的层级关系

8.1.1　租户管理

租户在 OceanBase 中的表达可以从两个不同的层面看待：系统表和内存。

租户信息的持久存储位于系统表_ _all_tenant 中，其结构见第 4 章表 4.7。该系统表位于系统租户中，因此仅有系统租户有权限访问，在系统租户下可以看到所有租户的元数据信息。每个租户在系统表中都有一个唯一的 ID 作为系统中各种操作的租户标识符。

在 OceanBase 运转中会将租户载入内存中，每一个租户在内存中都被表示为一个 ObTenant 对象，其中包括以下主要属性：

1）times_of_workers_：该租户在一个 CPU 分片中能分配的工作线程数量。

2）unit_max_cpu_、unit_min_cpu_：在资源单元中能进行最大/最小 CPU 读取次数。

3）slice_：租户的分片数量，它由限额计算得到。这个值是一个租户在每 10ms 内能得到的 Token 的平均数。

4）acc_min_slice_、acc_max_slice_：累积的最小/最大 CPU 分片数。

5）stopped_：租户是否被停止。

6）use_group_map_：是否使用组映射。

7）req_queue_：租户的任务队列。

8）large_req_queue_：租户的大请求（大查询）队列。

9）recv_hp_rpc_cnt_、recv_mysql_cnt_等：用于租户中各种操作的统计。

10）workers_：是一个列表，其中是该租户拥有的所有工作线程的信息。

11）worker_pool_：空闲的工作线程池。

如图 8.2 所示，OceanBase 在内存中维护了两套有关租户的管理体系。

第一套是由一个 ObMultiTenant 对象表示的多租户环境，它提供了多租户环境对外部的访问接口，如第 3 章 3.4 节所述，外部到来的 SQL 连接的处理线程就是从 ObMultiTenant 维持的线程池中取得。此外，对系统中租户的各种操作（如添加租户、删除租户）也是通过 ObMultiTenant 提供的接口完成。lock_属性是整个 ObMultiTenant 的保护锁，要调整 ObMultiTenant 中管理的信息，首先必须获得这个锁。worker_pool_属性是节点上可以用于租户的工作线程池，tenants_属性中则是所有租户的列表，其中每一个节点都是一个 ObTenant 对象，ObTenant 对象则通过从 ObTenantBase 继承的 id_来记录对应租户的 ID。

第二套租户管理体系则是以一个 ObTenantManager 表示的租户管理器，它管理着当前节点上已经运行过的租户的状态和配置信息。ObTenantManager 的重点是 tenant_map_属性中链接着的 ObTenantInfo 对象，每一个 ObTenantInfo 中存放的是对应租户在该节点上的配置信息以及运行状态，例如 mem_lower_limit_和 mem_upper_limit_是租户使用内存的上下界，disk_used_是租户用过的各种宏块的计数等。

8.1.2 租户操作

OceanBase 中提供了对租户包括增、删、改在内的各种操作，这些操作都由不同的 SQL 语句发起。

（1）创建租户

租户的创建由 CREATE TENANT 语句完成，如第 5 章 5.7.1 节所述，CREATE TENANT 语句经由 ObCmdExecutor∷execute（）的路由会进入 CREATE TENAT 语句的专属执行器 ObCreateTenantExecutor 的 execute 方法中。ObCreateTenantExecutor∷execute（）的执行过程如图 8.3 所示。

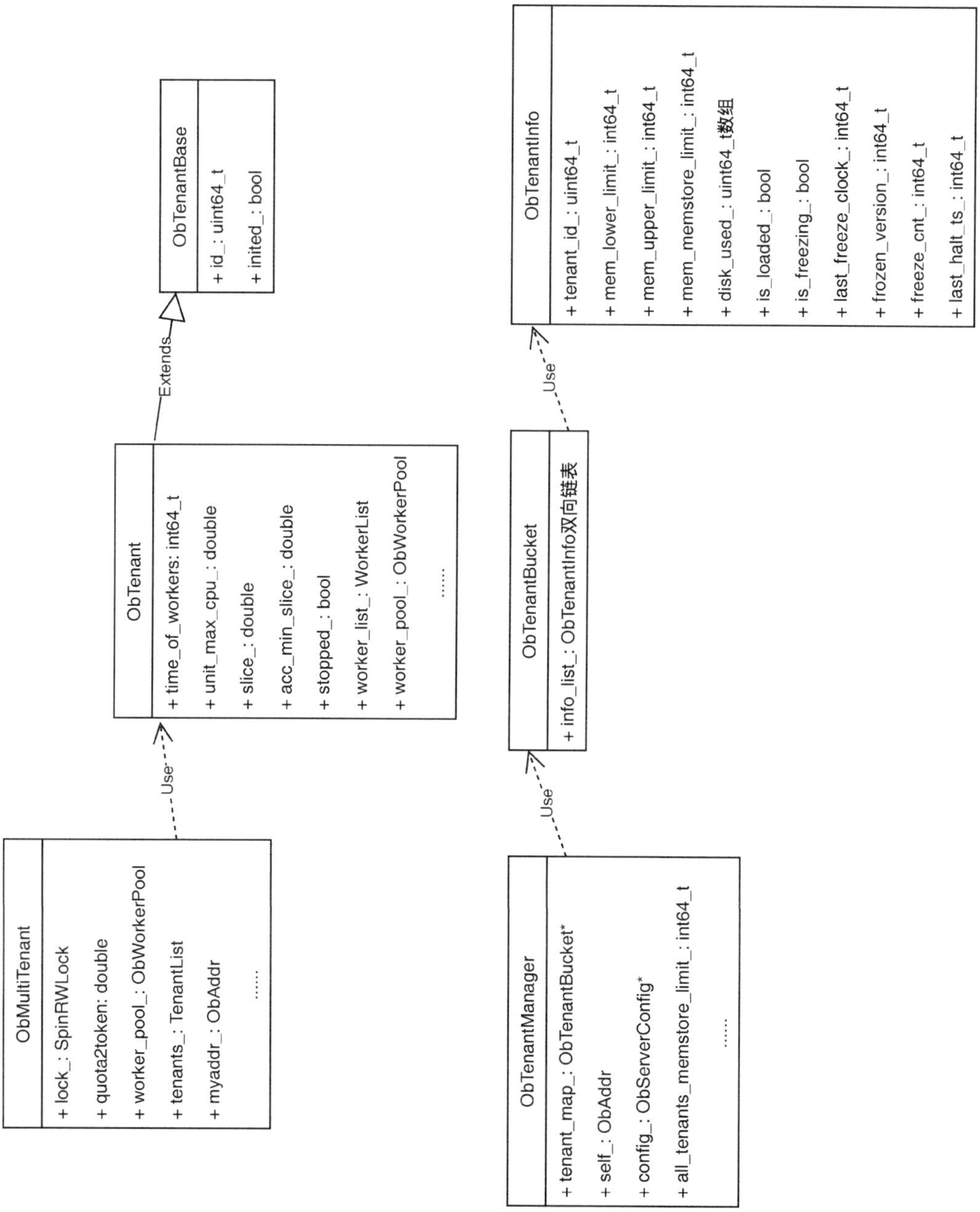

图 8.2 租户的表达和管理

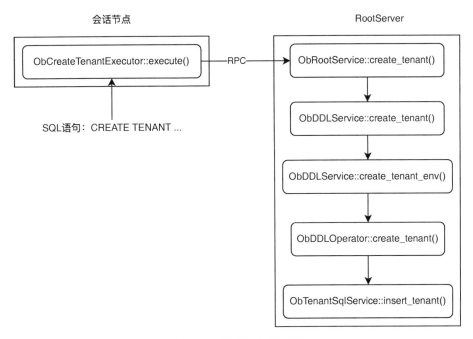

图 8.3 创建租户的流程

由于 CREATE TENANT 语句属于修改系统表信息的 DDL 语句，因此在会话节点接收到该语句后会通过 RPC 机制请求调用 RootService 的 create_tenant 方法，该方法最终会进入 Ob-TenantSqlService::insert_tenant() 中，在这里构造一个将新租户插入到系统表"__all_tenant"中的请求交给 ObTableService 完成插入。

（2）修改租户

租户的修改由 ALTER TENANT 语句完成，和 CREATE TENANT 语句类似，其专属执行器是 ObModifyTenantExecutor，其 execute 方法同样会通过 RPC 请求 RootService 的 modify_tenant 方法，然后由 ObTenantSqlService::alter_tenant() 构造一个在系统表"__all_tenant"中更新租户信息的请求交给 ObTableService 完成更新。

（3）删除租户

租户的修改由 DROP TENANT 语句完成，其大体流程和 CREATE TENANT 语句类似：从专属执行器 ObDropTenantExecutor 的 execute 方法出发，经由 RPC 请求 RootService 的 drop_tenant方法，然后由 ObTableService 完成对系统表"__all_tenant"中该租户信息的操作。

删除租户的流程在 ObDDLService::drop_tenant() 中有一些不同，在这个方法中需要考虑回收站的存在。由于 OceanBase 中的回收站机制，数据库对象被删除（DROP）时默认会进入回收站中而不是立即删除。因此在 ObDDLService::drop_tenant() 中，首先调用 ObD-DLOperator::construct_new_name_for_recyclebin() 为被删除的租户构造一个在回收站中的名字，然后调用 ObDDLOperator::drop_tenant_to_recyclebin() 完成将租户移动到回收站的动作。

（4）闪回租户

被删除到回收站的租户可以通过 FLASHBACK TENANT 语句恢复，该语句的专属执行器是

ObFlashBackTenantExecutor，其执行过程同样会经过 RPC 请求到达 RootService 的 flashback_tenant
方法。该方法调用与 ObDDLOperator∷ drop_tenant_to_recyclebin（）相对应的 ObDDLOperator∷
flashback_tenant_from_recyclebin（），将指定的租户从回收站中移出。

ObDDLOperator∷ flashback_tenant_from_recyclebin（）的主要过程如下：

1）依据指定的租户名称在回收站中找出对应的回收站对象。

2）从找到的回收站对象构造新的租户对象。

3）将指定租户对应的回收站对象从回收站中删除。

4）调用 ObTenantSqlService∷ alter_tenant（）重新将构造的租户对象插入系统表 _ _all_
tenant 中。

8.2　资源隔离

多租户最大的作用就是进行资源隔离，在建立租户时会对租户能够
使用的资源量进行限定（限额），系统运行中将会按照这些限额去监控
租户对资源的使用，并且通过将各租户的活动限制在其资源范围内来实现租户活动之间的
隔离。

8.2.1　租户资源定义

在 OceanBase 中，使用资源单元（Resource Unit）、资源池（Resource Pool）和资源单元
配置（Resource Unit Config）三个概念，对各租户的可用资源进行定义。

（1）资源单元（Resource Unit）

资源单元是一个容器。实际上，副本是存储在资源单元之中的，所以资源单元是副本的
容器。每个资源单元描述了位于一个节点上的一组计算和存储资源，可以视为一个轻量级虚
拟机，包括若干 CPU、内存、磁盘资源等。资源单元是为租户分配资源的最小单位，一个
租户在同一个节点上最多有一个资源单元。资源单元也不能跨节点，每个资源单元一定会被
放置在资源足以容纳它的节点上。同时资源单元也是集群负载均衡的一个基本单位，当集群
内的节点下线前，其上的资源单元必须迁移到其他节点上，如果集群内其他节点的资源不足
以容纳这些资源单元，会导致节点下线无法成功。

（2）资源池（Resource Pool）

资源池是资源单元的集合，一个资源池由具有相同资源单元配置（Resource Unit
Config）的若干个资源单元组成。一个资源池只能属于一个租户，一个租户可以拥有若干个
资源池，这些资源池的集合描述了这个租户所能使用的所有资源。资源池中会定义资源池属
于哪些 Zone 以及在每个 Zone 上的资源单元数量，OceanBase 系统会在 Zone 内根据负载为每
个资源单元选择一个节点放置，受制于一个节点最多承载一个租户的一个资源单元，因此资
源池定义的每 Zone 单元数不能超过 Zone 中的节点数。

（3）资源单元配置（Resource Unit Config）

资源单元配置是对资源单元中所拥有资源的描述，包含资源单元所属的资源池信息、使
用资源的租户信息、资源单元的配置信息（如 CPU 核数和内存资源）等。修改资源单元配
置可以动态调整资源单元的计算资源，进而调整对应租户的资源。

通过资源单元配置、资源单元、资源池这三种容器为租户分配资源的典型过程如下：

1）创建资源单元配置：资源分配的第一步必须明确资源分配的最小单位的规格，即通过 CREATE RESOURCE UNIT 语句声明一种资源单元的配置，例如下面的语句创建的资源单元配置 uc1 可以使用的 CPU 核数在 4~5 之间、内存用量在 32~36G 之间：

```
CREATE RESOURCE UNIT uc1 MAX_CPU 5, MIN_CPU 4, MAX_MEMORY '36G', MIN_MEMO-
RY '32G';
```

在 CREATE RESOURCE UNIT 的语法上，资源单元配置中可以指定 CPU、内存、每秒 I/O 数、磁盘空间、会话数这五种资源的下限和上限。但是，目前 OceanBase 仅实现了对于租户的 CPU 和内存两种的控制，每秒 I/O 数、磁盘空间、会话数这三种资源暂时还没有得到控制。

2）创建资源池：第二步是基于已经定义好的资源单元配置创建资源池，在创建资源池的 CREATE RESOURCE POOL 语句中就可以指定资源池中采用何种配置来建立资源单元以及资源单元的数量，例如下面的语句创建的资源池在 zone1 和 zone2 中各有两个规格为 uc1 的资源单元：

```
CREATE RESOURCE POOL rp1 UNIT 'uc1', UNIT_NUM 2, ZONE_LIST ('zone1',
'zone2');
```

3）将资源池分配给租户：通过 CREATE TENANT 语句中的 RESOURCE_POOL_LIST 子句为租户指定使用的若干个资源池，这样租户通过资源池就能获得资源单元。不过，每一个资源池只能够分配给一个租户。例如下面的语句创建的租户 tt 就拥有两个资源池 pool1 和 pool2，那么 pool1 和 pool2 就不能再指派给其他租户了：

```
CREATE TENANT tt resource_pool_list = ('pool1','pool2');
```

8.2.2 资源管理和操作

资源单元配置等资源相关容器的管理和操作都依赖于资源单元管理器（ObUnitManager），该管理器属于 RootService 的一部分，其结构如图 8.4 所示。

从图 8.4 中可以看到，资源管理相关的对象全都被串联在 ObUnitManager 中：

1）资源单元配置被表示为 ObUnitConfig 对象，其中各属性对应于 CREATE RESOURCE UNIT 语句中各个关键字所指定的资源额度。

2）资源池被表示为 ObResourcePool 对象，其中 unit_count_ 属性表明每个 Zone 中设置的资源单元数，unit_config_id_ 属性表明资源池中资源单元的规格，zone_list_ 属性指向的数组中列出了资源池属于哪些 Zone，tenant_id_ 属性则是资源池所绑定的租户 ID。由于资源池被创建时不需要指定租户，因此资源单元管理器中收集的资源池是正在被使用的资源池。

3）资源单元被表示为 ObUnit 对象，其属性表明了资源单元位于哪个节点上（server_）、在哪个 Zone 中（zone_）以及状态如何（status_），从这些属性可以看出，资源单元是资源单元配置在具体某个节点上的实例化表现。

同时，在资源单元管理器中还组织了多个 Hash 映射表来辅助对各类资源对象的查找：

1）id_config_map_ 和 name_config_map_：分别以资源单元配置的 ID 和名称作为 Hash 键，其中的表项则是 ObUnitConfig 对象。

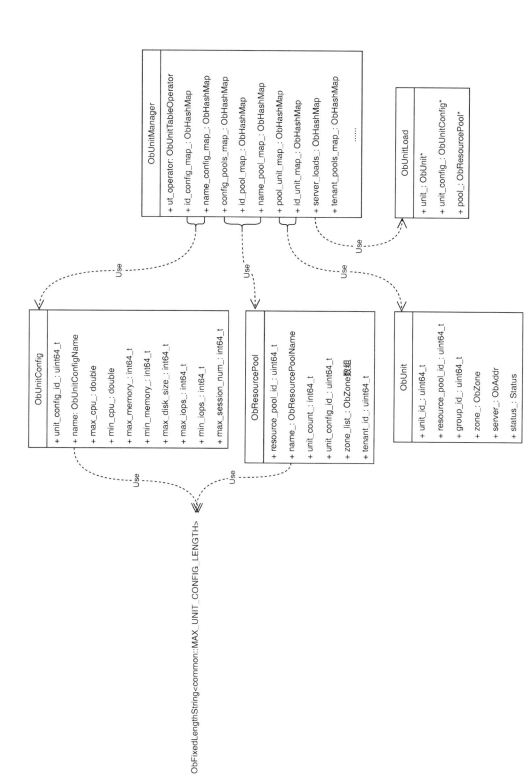

图 8.4　资源单元管理器

2）config_pool_map_：是以资源单元配置的 ID 为 Hash 键的 Hash 表，通过这个表可以得到所有使用了指定资源单元配置的资源池对象（ObResourcePool 对象数组）。

3）id_pool_map_和 name_pool_map_：分别以资源池的 ID 和名称作为 Hash 键，其中的表项则是 ObResourcePool 对象。

4）pool_unit_map_：以资源池的 ID 为 Hash 键，通过这个表可以找到指定资源池中产生的所有资源单元（ObUnit 对象数组）。

5）id_unit_map_：以资源单元的 ID 为 Hash 键，表中的项是相应的 ObUnit 对象。

6）tenant_pools_map_：通过租户 ID 可以获得属于该租户的所有资源池（ObResourcePool 对象数组）。

资源单元管理器实际上扮演了一个资源相关信息的缓存的角色，从资源单元管理器的内部结构可以发现，租户的资源管理和隔离其实是一种"软性"的措施，即只需要列举出各个租户在各个节点上能够使用的资源范围并且及时监控租户对资源的实际用量，那么就能在执行租户操作时及时发现资源不足的情况并加以限制。因此资源隔离的重点就是管理好租户的资源限额以及监控资源使用。

基于所管理的各种资源定义，资源单元管理器同时也提供了对租户资源限额的各种操作。下面先对资源分配容器的操作进行分析。

（1）创建资源单元配置

和其他命令语句一样，CREATE RESOURCE UNIT 语句的专属执行器是 ObCreateResource-UnitExecutor，其 execute 方法会将这个操作通过 RPC 发送给 RootService 的 create_resource_unit 方法。该方法最终将使用 ObUnitManager：：inner_create_unit_config() 来完成资源单元配置的创建：

1）首先为新的资源单元配置获得一个新的 ID，资源单元配置的 ID 由两部分组成：①高 24 位是租户 ID；②低 40 位是当前最大资源单元配置 ID 加 1。

2）向系统表__all_unit_config（结构见表 8.1）中写入新资源单元配置的元组。

3）在 ObUnitManager 的 id_config_map_、name_config_map_中插入关于新资源单元配置的项。

表 8.1　__all_unit_config 系统表结构

列名	数据类型	允许为空	主键	默认值	用途
gmt_create	timestamp（6）	Y		CURRENT_TIMESTAMP（6）	创建时间
gmt_modified	timestamp（6）	Y		CURRENT_TIMESTAMP（6）	修改时间
unit_config_id	bigint（20）	N	Y		资源单元配置 ID
name	varchar（128）	N			配置名称
max_cpu	double	N			最大 CPU 核数
min_cpu	double	N			最小 CPU 核数
max_memory	bigint（20）	N			最大内存
min_memory	bigint（20）	N			最小内存

（续）

列名	数据类型	允许为空	主键	默认值	用途
max_iops	bigint（20）	N			每秒最大 I/O
min_iops	bigint（20）	N			每秒最小 I/O
max_disk_size	bigint（20）	N			最大磁盘空间
max_session_num	bigint（20）	N			最大会话数

完成上述有关系统表的操作之后，还会调用 ObRootService 的 submit_reload_unit_manager_task 方法提交重载资源单元管理器的任务以便刷新内存中的资源相关的信息。该方法会向 RootService 中的任务队列中提交一个 ObReloadUnitManagerTask 任务，该任务被执行时会清空 ObUnitManager 中所有的缓存信息，等待需要时重新从系统表中读入。

（2）创建资源池

CREATE RESOURCE POOL 语句的专属执行器是 ObCreateResourcePoolExecutor，其 execute 方法将通过 RPC 调用 RootService 的 create_resource_pool 方法，最终进入 ObUnitManager::inner_create_resource_pool()中完成对系统表__all_resource_pool 的写入（结构见表8.2）以及 ObUnitManager 中相关 Hash 映射的填充。完成系统表操作之后，CREATE RESOURCE POOL 语句的执行过程也会调用 ObRootService 的 submit_reload_unit_manager_task 方法完成 ObUnitManager 的刷新。完成系统表操作之后，创建资源池的过程最后会调用 allocate_pool_units 方法来完成对资源单元的创建（包括对表8.3所示的系统表__all_unit 的修改）。

表 8.2　__all_resource_pool 系统表结构

列名	数据类型	允许为空	主键	默认值	用途
gmt_create	timestamp（6）	Y		CURRENT_TIMESTAMP（6）	创建时间
gmt_modified	timestamp（6）	Y		CURRENT_TIMESTAMP（6）	修改时间
resource_pool_id	bigint（20）	N	Y		资源池 ID
name	varchar（128）	N			资源池名称
unit_count	bigint（20）	N			资源单元数
unit_config_id	bigint（20）	N			资源单元配置 ID
zone_list	varchar（8192）	N			所属 Zone 列表
tenant_id	bigint（20）	N			所属租户 ID
replica_type	bigint（20）	N		0	副本类型
is_tenant_sys_pool	tinyint（4）	N		0	是否租户的系统资源池

表 8.3　__all_unit 系统表结构

列名	数据类型	允许为空	主键	默认值	用途
gmt_create	timestamp（6）	Y		CURRENT_TIMESTAMP（6）	创建时间
gmt_modified	timestamp（6）	Y		CURRENT_TIMESTAMP（6）	修改时间

（续）

列名	数据类型	允许为空	主键	默认值	用途
unit_id	bigint（20）	N	Y		资源单元 ID
resource_pool_id	bigint（20）	N			资源池 ID
group_id	bigint（20）	N			
zone	varchar（128）	N			所在的 Zone
svr_ip	varchar（46）	N			节点 IP
svr_port	bigint（20）	N			节点端口号
migrate_from_svr_ip	varchar（46）	N			从哪里迁移而来（IP）
migrate_from_svr_port	bigint（20）	N			从哪里迁移而来（端口）
manual_migrate	tinyint（4）	Y		0	是否手动迁移
status	varchar（128）	N		ACTIVE	状态
replica_type	bigint（20）	N		0	副本类型

（3）创建租户

在创建租户时，首先会为创建租户所需的资源单元等环境，这部分工作分为三块：

1）在 ObUnitManager：：distrubte_for_unit_intersect（）中将资源单元分布到整个集群中，确保一个资源单元仅落在一个 OBServer 节点上。

2）如果租户的分区已经创建完，说明集群是在重复创建该租户，这种情况下将利用 ObUnitManager：：grant_pools_for_standby（）将资源池授予后备集群，在该方法中不需要使用 RPC 机制来请求修改资源单元，直接修改系统表即可。

3）如果租户的分区还未创建，说明集群是第一次创建该租户，此时会调用 ObUnitManager：：grant_pools（）将资源池授予给创建的租户，具体包括：

① 调用 check_pool_intersect 方法检查这些资源池是否可能产生交叉：即要求指定给租户的资源池所属的 Zone 之间不能有交叉，如果出现交叉会导致 CREATE TENANT 语句出错。

② 调用 check_server_enough 方法检查节点是不是足够：通过服务器管理器 ObServerManager 获得一个 Zone 中活跃节点的数量，如果活跃机器的数量低于资源单元数目，就说明机器不够，创建租户的过程将会报错。

③ change_pool_owner 更改资源池的拥有者：将资源池的拥有者更改为新建的租户，即更新指定资源池的__all_resource_pool 表行的 tenant_id 值。

（4）租户资源的变更

租户的资源变更通过调整租户下各资源的三要素即可完成，可以分别单独调整资源池的配置、ZONE_LIST 和 UNIT_NUM 来进行租户资源的变更。除此之外，还支持对资源池进行 Split 或 Merge 两个特殊的变更操作。

修改资源池的资源配置即直接调整资源单元配置的 CPU 或 Memory 等的值，进而直接影响租户在该资源池上的资源规格和服务能力。修改资源单元配置的操作通过 ALTER RESOURCE UNIT 语句实现，例如下面的语句将资源单元配置 uc1 的最大 CPU 核数和最小内存分别改为 6 和 36G：

```
ALTER RESOURCE UNIT uc1 MAX_CPU 6, MIN_MEMORY '36G';
```

ALTER RESOURCE UNIT 语句的实现会经由其专属执行器 ObAlterResourceUnitExecutor 出发，经由 RootService 的 alter_resource_unit 方法，最终进入 ObUnitManager：：alter_unit_config（）。在其中完成对集群内存资源是否能满足新配置要求的检查之后，完成对系统表的更新。

调整资源单元配置之后，正在使用该配置的资源池及其中所包含的资源单元都会感知到这种资源的变化。另一种改变资源分配的方案是通过 ALTER RESOURCE POOL 语句调整资源池。

1）第一种用法是切换的资源单元配置，例如下面的语句将资源池 rp1 的资源单元配置改为 uc2：

```
ALTER RESOURCE POOL rp1 UNIT 'uc2';
```

2）第二种用法是更改资源池的 UNIT_NUM，通过调整资源单元的数量来提高或降低该租户在对应 Zone 上的服务能力。例如下面的 ALTER RESOURCE POOL 语句将资源池 rp1 的单元数从 2 改成 4。

```
CREATE RESOURCE POOL rp1 UNIT 'uc1', UNIT_NUM 2, ZONE_LIST ('zone1','zone2');
ALTER RESOURCE POOL rp1 UNIT_NUM 4;
```

3）第三种用法是调整资源池的 ZONE_LIST，从而调整租户数据在 Zone 维度的服务范围。例如下面的语句向资源池 pool1 的 ZONE_LIST 中增加了 z3 和 z4。

```
CREATE RESOURCE POOL pool1 UNIT_NUM=3, UNIT='uc1', ZONE_LIST=('z1','z2');
ALTER RESOURCE POOL pool1 ZONE_LIST=('z1','z2','z3','z4');
```

4）最后一种用法是分裂或者合并资源池，例如下面的语句分别将一个资源池分裂成两个资源池以及将两个资源池合并成一个。

```
-- 资源池分裂 --
CREATE RESOURCE POOL pool1 UNIT='uc0', UNIT_NUM=1, ZONE_LIST=('z1','z2');
ALTER RESOURCE POOL pool1 SPLIT INTO ('pool1A','pool1B') ON ('z1','z2');
ALTER RESOURCE POOL pool1A UNIT='uc1';
ALTER RESOURCE POOL pool1B UNIT='uc2';


-- 合并资源池 --
CREATE RESOURCE POOL pool1 UNIT='uc0', UNIT_NUM=1, ZONE_LIST=('z1');
CREATE RESOURCE POOL pool2 UNIT='uc0', UNIT_NUM=1, ZONE_LIST=('z2');
ALTER RESOURCE POOL MERGE ('pool1','pool2') INTO ('pool0');
```

ALTER RESOURCE POOL 语句的前三种形式都以 ObAlterResourcePoolExecutor 为专属执行器，最终通过 ObUnitManager：：alter_resource_pool（）完成对 __all_resource_pool 系统表中属于被修改资源池的行的更新。

　　分裂资源池和合并资源池有不同于前三种形式的专属执行器，分别是 ObSplitResource-PoolExecutor 和 ObMergeResourcePoolExecutor，它们最终会分别导向 ObUnitManager 的 split_resource_pool 方法和 merge_resource_pool 方法。

　　对于分裂资源池的操作，OceanBase 的实现是先增加分裂后的新资源池，然后将属于资源池的资源单元重新分配位置（由于资源池变多，还需要增加部分资源单元），最后删除被分裂的旧资源池。

　　合并资源池的实现略有不同，OceanBase 会留下被合并资源池中的第一个资源池，将它更改为合并后的资源池，然后同理合并资源池中的资源单元，最后删除其他的旧资源池。

8.2.3　资源隔离

　　对于多租户的数据库系统，为了确保租户间不出现资源争抢保障业务稳定运行，需要对租户间的资源进行隔离。

　　所谓资源隔离，直观上是指每个租户对资源的占用都遵守由资源单元配置、资源池、资源单元构成的资源定义，如果租户操作对于资源的需求超出其资源定义则通过重用自身已有资源或者中止操作来避免抢占其他租户的资源。

　　从普通用户的角度看到的隔离效果如下：

　　1）内存完全隔离。一个租户在某个节点上可能会使用的内存主要包括：

　　① SQL 执行过程中各种操作符执行所使用的内存。

　　② Block Cache 和 Row Cache。

　　③ MemTable。

　　2）CPU 通过用户态调度实现隔离。一个租户能使用的 CPU 资源是由资源单元配置决定的，不过 OceanBase 目前允许租户 CPU 超卖。

　　3）事务相关的数据结构是分离的。具体包括。

　　① 一个租户的行锁挂起，不会影响到其他租户。

　　② 一个租户的事务挂起，不会影响到其他租户。

　　③ 一个租户的回放出问题，不会影响到其他租户。

　　4）Clog 是共享的。一个 OBServer 上的不同租户共享 Clog 文件，这个设计主要是为了让事务的组提交能有更好的效果。

　　为了实现对 CPU 和内存资源的隔离和控制，首先需要有可用资源总量的信息。

　　（1）OBServer 的可用 CPU

　　OBServer 在启动时会探测物理机或容器的在线 CPU 个数（核数），如果觉得 OBServer 探测得不准确（例如，在容器化环境里），也可以通过 cpu_count 配置项来指定。

　　CPU 的探测过程位于多租户环境的初始化过程（即 ObServer∷init_multi_tenant 方法，见第 3 章 3.3 节）中，CPU 的探测依赖于系统调用 sysconf，通过向 sysconf 传递_SC_NPROC-ESSORS_ONLN 参数就会让 sysconf 返回节点上可用的 CPU 数。在完成 CPU 探测后，init_multi_tenant 方法会进一步检查系统配置项 cpu_count 的值是否有效（大于零），如果有效则会用 cpu_count 的值取代探测值作为可用 CPU 数。

　　OceanBase 并不会将所有可用的 CPU 都留给普通租户使用，在其中会预留一定数量的 CPU 给 OBServer 的各种后台线程使用，这个预留 CPU 数由系统配置项 cpu_reserved 控制，其默认值为 2。因此，一个 OBServer 节点上实际可用的 CPU 数就是上述两者的差值。

（2）OBServer 的可用内存

OBServer 在启动时同样会探测物理机或容器的内存，内存的探测过程位于对 OBServer 的预设置值的初始化过程（即 ObServer：：init_pre_setting 方法）中，探测的过程如下：

1）利用系统调用 sysconf 获取节点的物理内存总量，物理内存总量的计算分为两部分：①用_SC_PAGE_SIZE 调用 sysconf 得到物理内存页面的大小；②用_SC_PHYS_PAGES 调用 sysconf 得到物理页面总数。将以上两者相乘就可以得到物理内存总量。

2）用物理内存总量乘以 OBServer 在其中可用的占比得到 OBServer 的可用内存量，该占比由系统配置项 memory_limit_percentage 控制，默认值为 80，即 OBServer 可以使用物理内存总量的 80%。

与 CPU 数类似，OBServer 也会预留一部分内存，预留内存又分为两块：

1）预留内存：这部分预留内存被用于 KVCache，其预留大小取 KVCache 被清洗（称为 Wash 动作）的阈值与 KVCache 空间大小（前述的 OBServer 可用内存量乘以 KVCACHE_FACTOR，后者默认值为 0.1）之间的较小者。

2）紧急预留内存：这一部分内存被预留给紧急情况，即当节点上其他可用内存都由于某些原因被耗尽的情况下，系统级用户仍能够利用这部分紧急预留内存完成一些管理和维护操作，紧急预留内存的大小由系统配置项 memory_reserved 控制，默认值为 500MB。

与预留 CPU 数不同，预留内存量并没有被直接从 OBServer 可用的内存总量中减除，而是单独记录下来用于租户内部内存替换之用。

（3）查看可用资源

通过 oceanbase.__all_virtual_server_stat 虚拟表可以查看每个 OBServer 的可用资源以及已用资源情况，其表结构如表 8.4 所示。__all_virtual_server_stat 中的信息来自资源单元管理器 ObUnitManager、服务器管理器 ObServerManager 和 Leader 协调器 ObLeaderCoordinator，表 8.4 中"来源"列中指示了相应的信息来自何处。

表 8.4 __all_virtual_server_stat 虚拟表结构

列名	数据类型	用途	来源
svr_ip	varchar（46）	服务器的 IP	ObServerManager
svr_port	bigint（20）	服务器的端口号	ObServerManager
zone	varchar（128）	所属的 Zone	ObServerManager
cpu_total	double	可用的 CPU 总数	ObServerManager
cpu_assigned	double	已分配的 CPU 数	ObServerManager
cpu_assigned_percent	bigint（20）	已分配 CPU 占比	前两个列值的比值
mem_total	bigint（20）	可用的内存总量	ObServerManager
mem_assigned	bigint（20）	已分配的内存量	ObServerManager
mem_assigned_percent	bigint（20）	已分配内存占比	前两个列值的比值
disk_total	bigint（20）	可用的磁盘总量	ObServerManager

（续）

列名	数据类型	用途	来源
disk_assigned	bigint（20）	已分配磁盘量	ObServerManager
disk_assigned_percent	bigint（20）	已分配磁盘占比	前两个列值的比值
unit_num	bigint（20）	资源单元数	ObUnitManager
migrating_unit_num	bigint（20）	迁移中的资源单元数	ObUnitManager
merged_version	bigint（20）	合并版本	ObServerManager
leader_count	bigint（20）		ObLeaderCoordinator
load	double		ObUnitManager
cpu_weight	double	CPU 权重	ObUnitManager
memory_weight	double	内存权重	ObUnitManager
disk_weight	double	磁盘权重	ObUnitManager
id	bigint（20）	服务器的 ID	ObServerManager
inner_port	bigint（20）	SQL 的监听端口	ObServerManager
build_version	varchar（256）	编译版本	ObServerManager
register_time	bigint（20）	注册时间	ObServerManager
last_heartbeat_time	bigint（20）	最后一次心跳时间	ObServerManager
block_migrate_in_time	bigint（20）	块迁移到服务器的时间	ObServerManager
start_service_time	bigint（20）	服务启动时间	ObServerManager
last_offline_time	bigint（20）	上一次离线时间	ObServerManager
stop_time	bigint（20）	停止时间	ObServerManager
force_stop_heartbeat	bigint（20）	是否强制停止心跳	ObServerManager
admin_status	varchar（64）	管理状态	ObServerManager
heartbeat_status	varchar（64）	心跳状态	ObServerManager
with_rootserver	bigint（20）		ObServerManager
with_partition	bigint（20）		ObServerManager
mem_in_use	bigint（20）	使用中的内存量	ObServerManager
disk_in_use	bigint（20）	使用中的磁盘量	ObServerManager
clock_deviation	bigint（20）	时钟偏移	ObServerManager
heartbeat_latency	bigint（20）	心跳延迟	ObServerManager
clock_sync_status	varchar（64）	时钟同步状态	ObServerManager
cpu_capacity	double	CPU 总数	ObServerManager
cpu_max_assigned	double	CPU 最大可分配量	ObUnitManager

（续）

列名	数据类型	用途	来源
mem_capacity	bigint（20）	内存总量	ObServerManager
mem_max_assigned	bigint（20）	内存最大可分配量	ObUnitManager
ssl_key_expired_time	bigint（20）	SSL 密钥过期时间	ObServerManager

如果一个 OBServer 上放置的所有资源单元的 MAX_CPU 的值加起来超过这个 OBServer 的可用 CPU 总数，则表示该 OBServer 上的 CPU 是超卖的。同理，如果所有资源单元的 MAX_MEMORY 加起来超过该 OBServer 可以分配的内存量，则表示该 OBServer 上的内存是超卖的。

OBServer 资源超卖的比例受系统配置项 resource_hard_limit 的控制，假设 resource_hard_limit 值为 200，那就意味着实际通过资源单元许诺给所有租户的资源总额是 OBServer 上可用资源的两倍，即 16 个 CPU 可以超卖成 32 个，16GB 的内存可以超卖成 32GB。

超卖是通过牺牲稳定性来获取更高的资源利用率的方案，是否要开启超卖需要根据应用特性和应用的 SLA 要求仔细评估。例如，一个比较适合的场景就是业务的研发测试环境。

8.2.4　资源使用控制

对租户使用资源的控制都在租户操作时进行。目前，OceanBase 只能以 OBServer 节点为单位来控制租户对 CPU 和内存两种资源的使用，即控制每个租户在每个节点上对资源使用的量不超过其资源单元中设置的限额，即便一个租户在某个节点上的资源用量很低，也无法把其尚未用到的额度用来让该租户在其他节点上使用超过限制额度的资源。

（1）CPU 资源控制

OBServer 上对租户使用 CPU 资源的控制采用类似授予时间片的方式，系统在每一轮次结束后会重新分配时间片（租户拿到的时间片在 OceanBase 中被称为 Token），租户所获得的 Token 会被换算成该租户所能够同时启动的活跃工作线程数。这样，在操作系统调度公平的假定下，通过租户们的活跃工作线程数比例就实现了租户们对 CPU 资源的分配。而那些不在活跃工作线程之列的线程则处于等待状态，直到下一轮次 Token 分配时如果其所属租户获得了更多的 Token，则它们会被唤醒。

Token 在内部被表示为一个整数，它大致可以理解为在一段时间里一个租户能够使用 CPU 的时长是多少。而对于一个节点来说，可以根据其拥有的可用 CPU 数计算出其拥有的 Token 总数，一个租户所分配到的 Token 值与一个节点所拥有的 Token 总数之间的比例关系就决定了一个租户在给定时间段（即下面的 MultiTenant 重新计算分配 Token 的时间周期）中能使用 CPU 的时长。

在多租户环境的主线程 MultiTenant 中会每隔 10ms（由 ObMultiTenant∷TIME_SLICE_PERIOD 定义）重新计算并分配 Token，然后调用每个租户的 ObTenant∷timeup() 来更新租户对 Token 的使用情况。

重新计算 Token 并且向租户分配 Token 的工作都由 ObTokenCalcer 的 calculate 方法实现，该方法中会将节点可用 CPU 数量乘以限额并发度（由系统配置项 cpu_quota_concurrency 控制，默认值为 4）得到节点可用的 Token 数，然后用 prep_tenants 和 calc_tenants 两个方法将它们分配给需要的租户。

ObTokenCalcer：：prep_tenants( ) 用于准备还需要使用 Token 运行的租户，为它们设置好最小最大 Token 以及建议的本轮次 Token 数。该方法会遍历所有的租户，分为两类租户进行处理。

对于非虚拟且未被停止的租户，首先为其设置最小和最大 Token 的初值（分别是租户的资源单元中最小和最大 CPU 数与限额并发度的乘积），建议的 Token 数初始化为 0；然后调整每个租户的最小和最大 Token 数。调整的目的是因为租户消耗 Token 时是以整数 1 为单位，但由于需要考虑公平性等因素会使得租户分配到的 Token 中有小数部分。当把租户的 Token 数转换为活跃工作线程数（消耗整数部分）时，剩余的小数部分不能简单丢弃（所有租户都丢弃属于对资源的浪费），这些小数部分会按照来源（最小和最大 Token）分别累积到租户信息中，这里的调整过程就是为了处理这两个累积的部分。对于从最小 Token 的小数累积处理方法又分为两种：①对于小数部分累积超过 1 且有任务要执行（各个任务队列长度不为 0）的租户，如果节点总 Token 数还有富余（大于 0），则从累积部分转移一个整数 1 给租户的最小 Token 数，剩余的部分保留在累积数中；②对于其他情况则在累积数继续累加上此次获得的最小 Token 初值。对于从最大 Token 的小数累积处理也类似，但不需要考虑租户是否有任务需要做，只要累积数超过 1 就将累积得到的整数部分作为租户这一轮的最大 Token 数，剩余部分继续留在累积数中。

对于虚拟租户，直接将它们的建议 Token 数（sug_token_cnt 属性）设置为最小值（即租户资源定义中最小 CPU 数与限额并发度的乘积）和 1 之间的较大者。

ObTokenCalcer：：calc_tenants( ) 用于计算需要使用 Token 的各租户本轮次能分配到多少 Token 数，分为三个步骤完成：

1）收集租户信息并且计算出每个租户的权重，权重的计算公式如下：

$$weight = significance * load * BH$$

其中，significance 是租户的重要性；load 是租户的负载，是租户的等待计数与最大 Token 数之间的较小者，所谓等待计数是指当租户因为 Token 数不足而进入等待状态后的时长；BH 目前是定值 1。

2）通过若干次迭代确定租户的 Token 数。每一次迭代由 ObTokenCalcer：：adjust_tenants( ) 实现，它首先会为每一个还未完成分配的租户设定一个目标 Token 数，这个 Token 数是根据租户的权重在总权重中的占比按比例从节点的总 Token 数中分得。然后再检查每一个租户，根据其 Token 数判断其是否已经完成 Token 分配：如果租户的 Token 数等于一个参考值则将其设为已完成，参考值则根据节点剩余 Token 总数来确定：如果已超支则参考值为租户的最小 Token 数，否则为租户的最大 Token 数。

3）在完成前两步的迭代后，如果还有租户未能完成分配，则会采用圆整（Round）的方法来确定这些租户的 Token 数。

完成 Token 分配之后，ObMultiTenant：：run1( ) 会逐一调用每个租户的 timeup 方法来根据租户的 Token 数调整租户能使用的活跃工作线程数限制。其中会包括下面的工作：

1）无参数的 check_worker_count 方法检查当前租户下所有的活跃工作线程，如果发现不足则补足差额部分，租户应该分配的活跃工作线程数是其 Token 数的整数部分，并且由于线程池的容量原因不一定能够满额分配。

2）update_token_usage 方法更新 Token 的用量：计算出租户的活跃时间与上一次更新以来流逝的时长之间的比例，这个比例实际算出了在一个时间周期内该租户中操作的频繁程度。

3）calibrate_worker_count 方法校准活跃工作线程数量，为长期等待无法执行的大查询工作线程留出运行的机会：如果当前距离上一次校准已经过去了超过 CALIBRATE_WORKER_INTERVAL 毫秒（总共 30s），则从活跃工作线程数中给处于等待的大查询工作线程留出份额，即将活跃工作线程数设置为减去等待中的大查询工作线程数之后的值。

4）handle_retry_req 方法优先处理重试的请求，即之前因为 Token 不足没能执行的请求。

5）ObTenant：：calibrate_token_count 方法校准租户的 Token 数，这也是这部分最重要的一步，如果从上一次校准以来过去的时间超过 CALIBRATE_TOKEN_INTERVAL 微秒，就执行下面流程：

① 首先统计活跃工作线程和等待工作线程。

② 如果建议 Token 数大于实际分配数，则将建议 Token 数设置成为租户被分配的 Token 数。

③ 如果等待工作线程超过活跃工作线程的一半，则将建议 Token 数和已分配数-1 之间的较大值设为租户的已分配 Token 数。

在租户的工作线程（一个 ObThWorker 对象）中，其 worker 方法是该工作线程的主函数，worker 方法是一个循环，其主要过程如图 8.5 所示。

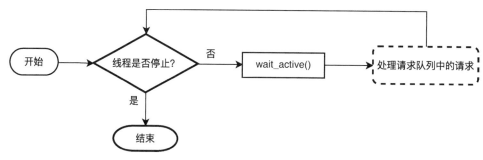

图 8.5　ObThWorker 的核心工作循环过程

OceanBase 限制租户活跃工作线程数的控制点就位于 ObThWorker 的 wait_active 方法中，如果该线程状态为活跃（ObThWorker：：active_属性值为真）则该方法会很快退出，这样图 8.5 中位于 wait_active 方法后面对查询请求的处理就得以执行；而如果该线程不活跃（单参数的 ObTenant：：check_worker_count 方法会把线程的 active_属性设置为 false），则该方法会将当前线程转为等待 ObThWorker：：active_属性值发生变化，这样线程就进入了一种休眠等待状态，而无参数的 ObTenant：：check_worker_count 方法中有一个处理多余空闲线程的逻辑：若某个线程保持不活跃状态超过一定时间（由常量 PRESERVE_INACTIVE_WORKER_TIME 定义，值为 10s）后，这个线程会被还回全局空闲线程池（ObMultiTenant：：worker_pool_）中，从而限制租户对 CPU 资源的消耗。

（2）内存资源控制

内存是个刚性的资源，也就是内存一旦被占用了，很难保证能快速收回，所以内存是不适合超卖的。因此，对于内存资源的控制只需要保障每个租户的操作不要超额使用内存即可，也就是说在租户的操作申请内存时对该租户的剩余可用内存量做好检查，如果申请的空间超过了剩余空间，则报告内存不足。

在租户下进行的操作如果要申请内存，都会通过该租户的内存分配器完成，租户的内存分配器是一个 ObTenantCtxAllocator 对象。使用租户的内存分配器分配内存时，首先会通过其 resource_handle_属性（ObTenantResourceMgrHandle 对象）获取租户内存管理器（ObTenantMemoryMgr 对象），在其分配内存片的 alloc_chunk 方法中就有检查剩余内存是否足够满足分配的过程。值得注意的是，如果出现租户内存不足的情况，alloc_chunk 方法并不是简单地放弃分配，而是尝试从块缓存所在的 KVCache 中腾出足够的空间来满足此次的内存分配需要。即使 KVCache 清空也满足不了需求，alloc_chunk 仍会返回相应的标志让上层调用者稍后重试（也许其他工作线程稍后会释放内存）。

8.3　资源自动均衡

资源单元是 OceanBase 内用户资源在 OBServer 上的容器（或虚拟机），它是 OceanBase 作为多租户分布式数据库架构的重要概念。RootService 需要对资源单元进行管理，并通过把资源单元在多个 OBServer 间调度，对全集群的资源进行有效利用，从而达到集群中资源的均衡。

8.3.1　自动均衡概述

在系统运行过程中，当资源单元出现变化（包括创建新的资源单元以及服务器上资源使用不均衡时）导致需要进行系统资源均衡时，需要考虑资源占用率。当系统中有多种资源需要进行均衡时，仅使用其中一种资源的占用率去进行均衡不可能准确，也很难达到较好的均衡效果。为此，OceanBase 在多种资源（CPU 资源和内存资源）均衡和分配时，使用了如下的资源占用评估方法，即为参与分配和均衡的每种资源分配一个权重，作为计算 OBServer 总的资源占用率时该资源所占的百分比，每种资源使用得越多，其权重就越高。

创建一个新的资源单元时，需要为该资源单元选择一个 OBServer 宿主机，分配宿主机所采用的方法是：先根据上面多资源占用率的计算规则，计算出每一个 OBServer 的资源占用率，然后选取资源占用率最小的那台 OBServer，作为新建资源单元的宿主机。

资源单元均衡是通过在 OBServer 间迁移资源单元的方式使得各 OBServer 的资源占用率相差尽量小，使用上述多种资源占用率的算法，可以计算出每台 OBServer 的资源占用率，并尝试不断迁移资源单元，使得迁移资源单元完成后各 OBServer 之间的资源占用率比迁移资源单元前更小，即完成了资源单元的均衡。

例如，某集群中总的 CPU 资源为 50 个 CPU，资源单元共占用 20 个 CPU，则 CPU 总的占用率为 40%。该集群中总的内存资源为 1000GB，资源单元共占用内存资源 100GB，则内存占用率为 10%，集群中没有其他资源参与均衡。归一化后，CPU 和内存资源的权重分配为 80% 和 20%，各 OBServer 根据该权重计算各自的资源占用率，然后再通过迁移降低各 OBServer 之间的资源占用率差值。

OceanBase 通过以下的配置项控制资源单元的均衡：

（1）enable_rebalance

该配置项为负载均衡的总开关，用于控制资源单元的均衡和分区副本均衡的开关。当

enable_rebalance 的值为 False 时,资源单元均衡和分区副本均衡均关闭;当 enable_rebalance 的值为 True 时,资源单元均衡需参考配置项 resource_soft_limit 的配置。

(2) resource_soft_limit

该配置项为资源单元均衡的开关。当 enable_rebalance 的值为 True 时,资源单元的均衡是否开启需要参考该配置项的设置。

当 enable_rebalance 的值为 True 且 resource_soft_limit 的值小于 100 时,资源单元均衡开启;当 enable_rebalance 的值为 True 且 resource_soft_limit 的值大于等于 100 时,资源单元均衡关闭。

(3) server_balance_cpu_mem_tolerance_percent

该配置项为触发资源单元均衡的阈值,当某些 OBServer 的资源单元负载与平均负载的差值超过 server_balance_cpu_mem_tolerance_percent 设置的值时,开始调度均衡,直到所有 OBServer 的资源单元的负载与平均负载的差值都小于配置项 server_balance_cpu_mem_tolerance_percent 的值。

(4) enable_sys_unit_standalone

如果这个配置项被设置为 True,则表示让系统租户的资源单元独占节点,这种情况下放有系统租户资源单元的节点上就仅有这一个资源单元。

8.3.2 自动均衡的发起

资源单元的自动均衡由 RootBalance 线程发起,该线程由 ObRootBalancer 实现,ObRootBalancer 实际上负责多种集群级均衡措施的实施。RootBalance 线程开始运行后,会进入到 ObRootBalancer 的 do_balance 方法中,该方法本质上是一个循环,在每一次循环中都尝试对整个集群进行均衡,在成功或者连续失败两次后会进行一段休眠。

OceanBase 的自动均衡机制采用异步的方式运行,由均衡器和任务管理两部分共同组成。前者包括 ObRootBalancer 及下辖的多种均衡器(ObServerBalancer 等),它们的任务是发现系统中需要均衡的需求,规划好均衡的方式,把均衡动作包装成任务提交给任务管理器就可以继续后续的工作。而任务管理器负责以异步的方式执行均衡动作,原则上均衡器无须了解均衡任务的实际执行情况,因此均衡器和任务管理器之间不存在相互等待关系。

ObRootBalancer 本身并不维护任何状态,其作用是维持好主循环,在合适的时机调动下辖的各个均衡器来安排均衡任务。

负责执行均衡任务的任务管理器由一个 ObRebalanceTaskMgr 实例担任,它同时也被链接在 ObRootBalancer 实例的 task_mgr_ 属性中。任务管理器中包括以下主要属性:

1) queues_:是 ObRebalanceTaskQueue 类型的数组,数组的每一个元素都是一个任务队列,这些队列在 queues_ 中按照任务优先级从高到低排列,目前仅实现了两种优先级的任务:高优先级任务和低优先级任务,queues_[0] 表示高优先级队列,queues_[1] 表示低优先级队列。

2) high_task_queue_:访问高优先级队列的"快捷方式",即指向 queues_[0] 的指针。

3) low_task_queue_:指向低优先级队列(queues_[1])的指针。

4) task_executor_:真正的再均衡任务执行器,它是一个 ObRebalanceTaskExecutor 实例。

5) tenant_stat_:是一个映射(ObTenantTaskStatMap),用于检索租户的任务状态。

6) server_stat_:也是一个映射(ObServerTaskStatMap),用于检索服务器的任务状态。

如图 8.6 所示,再均衡任务可以承担分区复制或者迁移任务,这些任务被均衡器通过任

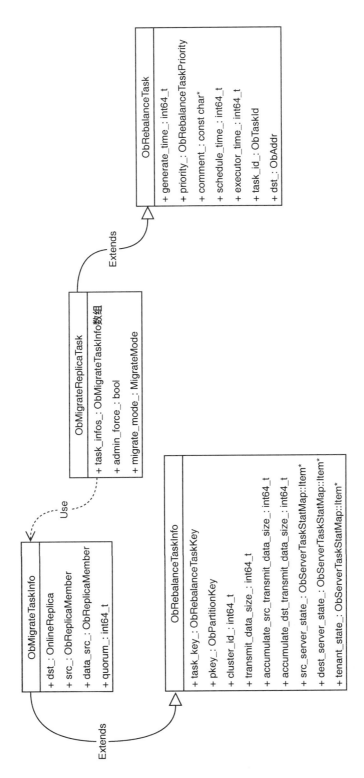

图 8.6　再均衡任务的结构

务管理器的 add_task 方法加入到两种任务队列中，然后由再均衡任务执行器择机执行。任务管理器对再均衡任务的调度会提供下面的保证：

1）对正在执行的任务数进行限制：

① 集群中同时被执行的任务数不超过系统配置项 migrate_concurrency 设置的数字。

② 对任何 OBServer，同时进行的数据迁入任务数不超过系统配置项 server_data_copy_in_concurrency 规定的值，同时进行的数据迁出任务数不超过系统配置项 server_data_copy_out_concurrency 定义的值。

③ 任何分区仅有一个任务（复制或迁移）在执行中。

2）复制任务具有更高的优先级，如果有复制任务存在则不需要调度迁移任务。

3）对任何分区都仅存一个复制任务和一个迁移任务。

8.3.3　再均衡任务的构建与分发

ObRootBalancer::do_balance() 中每一次循环的核心是 ObRootBalancer::all_balance()，该方法内的调用过程如图 8.7 所示。每一次的均衡尝试主要可以分成两大阶段：①处理紧急的资源单元迁移需求，让服务器之间的资源均衡；②进行非紧急的负载均衡。

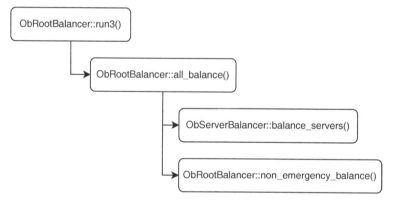

图 8.7　资源均衡的总体调用层次

如图 8.7 所示，第一个阶段由 ObServerBalancer::balance_servers() 实现，它主要处理由于节点掉线等原因造成的资源单元迁移需求，其工作过程如下：

1）调用 ObServerBalancer::distribute_for_unit_intersect() 解决资源单元过于集中的问题。由于 OceanBase 现在的资源定义方式允许同一个租户的两个资源池都包含同一个 Zone，但资源布置的原则是"同一租户在同一节点上仅能有一个资源单元"，因此需要通过资源单元分布的操作避免违背这一原则。在该方法中，会逐一处理每一租户，然后逐个考虑其资源单元，如果其所在服务器和前面已检查的某个资源单元相同，说明违背了"同一个租户在同一个节点上只能有一个资源单元"的原则，则需要对它进行重新放置（迁移）：

① 首先获得可以用来安放该单元的候选服务器，即从完整的服务器列表中剔除：a）已经放置了同一个租户的资源单元的服务器；b）不具备迁入当前考虑的资源单元条件（资源不够）的服务器；c）如果启用了 enable_sys_unit_standalone，放有系统租户资源单元的服务器也要排除。

② 然后在同一个 Zone 的候选服务器中为当前考虑的资源单元选择一个服务器（ObUnitManager 的 choose_server_for_unit 方法）：

a）构建所有候选服务器的资源状况。由于资源单元中的实时资源信息是被维持在各服务器上，RootService 方面维持的资源状况是各服务器通过心跳定期报告的，因此两者之间可能会有不一致，在收集候选服务器状态时，采用了两者中的较大值。

b）选择服务器：调用单元放置策略（ObUnitPlacementDPStrategy）的 choose_server 方法完成选择，单元放置策略是资源单元管理器的一部分。

③ 最后调用 ObUnitManager：：migrate_unit（）完成资源单元的迁移，其过程见下文中关于手工迁移语句的分析。

2）调用 ObServerBalancer：：distribute＿for＿server＿status＿change（）对服务器状态改变（包括集群整体的扩容缩容，如删除服务器缩容、增加服务器扩容等）造成的可能的负载不均进行处理：

① 首先为系统租户和非系统租户分别进行资源单元重分布，针对每个租户都会检查其每一个资源单元，如果该单元是活跃的则尝试解决可能存在的被阻塞的迁移，例如单元 X 被从节点 A 迁移到节点 B，但由于 B 实际资源不足导致迁移被阻塞，则会先后尝试两种解决方法：若 A 中能容纳 X，则取消迁移，将 X 移回 A（类似下文 ALTER SYSTEM CANCEL MIGRATE UNIT 语句的实现）；若 A 中也无法容纳 X，则找一个合适的节点 C 将 X 移入。

② 最后以资源池为单位进行资源单元分布，其过程类似于上述以租户为单位的重分布。

3）在系统配置项 enable_sys_unit_standalone（让系统租户的资源单元独占节点）被设置为 True 时，调用 ObServerBalancer：：distribute_for_standalone_sys_unit（）确保系统租户的每一个资源单元都独占一个节点，如果不是这样，采用和上述挑选目标服务器类似的方法来选择一个服务器将需要迁移的资源单元移入，不过挑选目的服务器的标准不一样：选中的目标服务器上不能有任何资源单元。

资源均衡的第二个阶段由 ObRootBalancer：：non＿emergency＿balance（）实现，因为 OceanBase 中租户间的资源是相互隔离的，所以该方法会以租户为单位调用 ObRootBalancer：：tenant＿balance（）完成每个租户内的资源均衡，实际的均衡工作由 ObRootBalancer：：multiple＿zone＿deployment＿tenant＿balance（）完成，整个均衡工作分为七个步骤。

（1）检查是否能进行均衡

第一步工作是检查当前条件是否能进行均衡或恢复，能够进行均衡或者恢复的首要条件是启用了自动补副本特性（由系统配置项 enable_rereplication 控制）或者启用了再均衡特性（由系统配置项 enable_rebalance 控制）。

剩下的事情就取决于任务管理器中属于当前租户的低优先级任务数，如果低优先级任务数为 0，则自动补副本特性是否开启将决定是否能进行恢复。但进行再均衡需要满足的条件更多：①低优先级任务数为 0；②再均衡特性启用；③低优先级任务总数（所有的租户）低于 8192（由常量 QUEUE_LOW_TASK_CNT 定义）。

这么做是出于 OceanBase 对于再均衡任务调度的设计原则：

1）所有任务中优先级最高的是重建任务（ObRebuildReplicaTask），在需要调度新任务执行时总是会先看看高优先级的队列中有没有重建任务需要执行。

2）在有高优先级任务存在时，系统中可以产生低优先级任务，但是低优先级任务并不会抢占高优先级任务（例如重建任务）的执行机会，这可以帮助提升任务执行的并发度。

3）复制和迁移是低优先级任务，需要等待前一批任务结束才能继续下一批任务，不过任务和任务之间可能会有依赖。

4）对于低优先级任务，其总数（上文的 QUEUE_LOW_TASK_CNT 常量）也被限制，防止多个租户在同一时间进行均衡而产生太多任务。

（2）剔除永久掉线的副本

这一步的目的是检查集群中已经永久掉线的副本，然后根据需要安排移除副本的任务。这一步也为后续补充副本的工作做好准备。

检查掉线副本的工作由两层循环构成，外层循环针对当前租户的每一个分区，内存循环则针对当前分区的每一个副本，因此当前租户下所有有记录（位于 ObRereplication∷tenant_stat_ 属性中）的副本都会被检查到。

被认定为永久掉线的副本需要同时满足以下条件：

1）副本处于服务状态。

2）通过副本类型检查器（ObReplicaTypeCheck）确定该副本是一个 Paxos 副本。

3）副本所属的分区中不是所有的副本都处于物理恢复状态。

4）副本所在的服务器处于永久离线状态。

即便副本已经永久掉线，也不一定能够立刻安排移除副本任务，有两种不能立刻移除的情况：

1）将副本从所属分区的成员中删除后会导致分区的 Leader 发生变化。

2）将该副本从所在服务器上删除的任务处于"黑名单"中。

黑名单是负载均衡机制中为了防止由于某些原因导致任务反复失败浪费系统资源而引入的，一种典型的场景是：某个节点的磁盘满了，那么向其中迁入的任务会失败，但过段时间磁盘中数据被删除一些后迁入任务就能成功。黑名单的总开关由系统配置项 balance_blacklist_failure_threshold 控制，它的值被配置为 0 表示禁用黑名单，而非零值表示副本迁移等均衡任务连续失败次数的阈值。副本迁移等均衡任务连续失败次数超过该阈值后，将被放入黑名单。但进入黑名单的任务并不是永久停留在其中，在经过系统配置项 balance_blacklist_retry_interval 设置的时间之后，黑名单中的任务会被重试。

能被删除的副本将被包装成 ObRemoveMemberTask 任务（任务的注释是 REMOVE_PER-MANENT_OFFLINE_REPLICA）提交给任务管理器。

去除永久掉线副本之后，还有另外一部分需要移除的副本是那些需要被重建的副本（即先移除，然后由补副本机制补充回来），这类需要被重建的副本需要满足的条件是：成为所属分区成员副本至今超过 5min。这类副本将被包装成注释为 REMOVE_ONLY_IN_MEMBER_LIST_REPLICA 的 ObRemoveMemberTask 任务提交给任务管理器。

（3）Locality 验证

接下来的工作是一些与分区 Locality 相关的检查和修正，Locality 的概念确实与位置相关，分区的 Locality 来自其所属表的 Locality，即 CREATE/ALTER TABLE 语句中由 LOCALITY 选项指定的字符串。这一步骤的工作绝大部分是为了解决由于分区的 Locality 定义发生变化导致的潜在资源不平衡问题。实际上，更改 Locality 的 DDL 只是调整了元数据中的 LOCALITY 字符串，实际由于 Locality 变更导致的分区、资源变化都由后续的自动均衡机制解决。

1）修正 Quorum（多数派）。第一项工作是尝试修正 Quorum，Quorum 的概念来自 Paxos 机制中的多数派，也就是对分区的修改需要得到多数副本的确认才能完成。在实际实现中，多数派需要有一个具体的数字，因此 OceanBase 中每个分区都有一个 Quorum 值（Partition::quorum_字段）。

在以下两种情况发生时需要尝试修正 Quorum：

① Locality 没有变化：分区当前的 Quorum 值不等于 Paxos 所要求的多数派数量，这种情况下会尝试逐渐调整分区的 Quorum 值，使之趋向于目标值。

② Locality 发生改变：逐渐调整分区的 Quorum 值，然后会被分区成员变更的动作所满足。

在这个过程中，修正过程将针对当前租户的每一个分区进行尝试：如果这一轮均衡中产生的任务数已经超过了 16384（ONCE_ADD_TASK_CNT），则不考虑修正这个分区的 Quorum。否则尝试修正 Quorum，能修正 Quorum 的情况包括：表的 Locality 不变但分区的 Quorum 值不匹配 Paxos 要求的副本数，如果前者比后者大则新的 Quorum 值比现有值减一，否则新的 Quorum 值比现有值加一。在确定了需要进行 Quorum 修正并算出了新的 Quorum 值后，将修正任务包装成一个 ObModifyQuorumTask 任务提交给任务管理器。

2）副本类型变换。第二项工作是尝试对分区的一些副本做类型变换，使得分区能够具有足够的冗余来容忍单节点的损失灾害。在分区的副本中，存在五种类型：全功能副本、备份副本、日志副本、只读副本、增量副本，只有前三种属于 Paxos 组成员。如果一个 Zone 中的所有资源单元都被填有非 Paxos 副本类型，但没有 Paxos 类型的副本，则需要挑选其中的部分副本变换副本类型使得该分区的容错能力得到保证。

副本类型变换的尝试同样是针对每一个分区单独进行：首先找出符合分区 Locality 定义的增加副本任务，如果其目标副本类型是 Paxos 副本，则说明当前分区至少缺少一个 Paxos 副本。但不一定真的要通过补充副本的方式来解决这一问题，如果分区有很多非 Paxos 副本，那么可以考虑从中选取一个改变类型作为补充。如果确实如此，则将这个增加副本的任务更改为变换副本类型的任务。

3）删除冗余。最后一项工作是尝试删除冗余的成员。对于每一个分区，如果其上没有增加副本任务和变换副本类型的任务，就可以尝试进行冗余删除。会在该分区上待执行的任务中，选一个任务对应的副本作为删除冗余的目标：如果被删除的副本是分区的 Leader，则会首先处理好 Leader 切换操作，然后从所有相关任务进行选择。选择任务的标准是：如果有 MEMBER_CHANGE 的任务，则选其第一个；否则选最后一个 REMOVE_NON_PAXOS_REPLICA 任务。

（4）灾难恢复

这个阶段的工作是补充或者重构副本，这些工作从某种程度上来说属于灾难恢复，即将因灾损失的副本补充完整。补充副本和重构副本的工作具有相同的优先级，因此其中如果出现某个任务的失败也不会阻塞整个灾难恢复操作。

灾难恢复的第一步是尝试进行迁移那些节点不再活跃但依然还在分区的 Paxos 副本组中的副本。有些副本可能在迁移之前就已经损毁了，因此在副本信息数组中没有相应的副本信息，这种情况下是无法通过第一步来迁移所有副本的。

第二步是复制足够多的副本以解决副本不足的问题，补充副本的基本逻辑是：①基于表组分布增加 Paxos 副本；②按同样的逻辑增加只做日志副本；③随机增加只读副本。

（5）资源单元迁移操作的状态

这个阶段将会检查资源单元的迁移工作是否结束，其目的是确保在迁移的源头服务器上没有副本存在。判断的过程分两步：

首先针对每一个副本做判断：如果副本的服务器与副本的资源单元的服务器不一致且副本处于服务中或者副本是唯一副本，则将该资源单元的外部副本数加一，否则将资源单元的内部副本数加一。

完成对资源单元的情况统计后，再次针对所有的资源单元进行检查，如果某个资源单元的外部副本数为 0，那么在资源单元管理器中将该单元标记为迁移完成，即修改系统表_ _all_unit 中该资源单元的 migrate_from 值。

（6）拷贝类型对齐

所谓的类型对齐是指将同一个分区组的成员（副本）协调到相同类型的资源单元中，这种再均衡任务也属于一种复制任务。类型对齐按照以下步骤进行：

1）分区组的第一个分区被当作模板（称为主分区），首先解决主分区的对齐：

① 确保类型为 REPLICA_TYPE_LOGONLY 的副本被存放在仅作日志的资源单元中。

② 在主分区已经对齐的情况下，解决剩余分区的对齐。

2）解决分区组中其他成员的对齐：

① 对分区组中的每个副本，检查在对齐过程中目的地 OBServer 是否能偶尔进行迁移，如果不行，则尝试回迁。

② 逐类型解决对齐，不做回迁。

如果完成对齐后剩余的任务数变为 0，则通过资源单元管理器取消资源单元的迁移。

（7）启动资源单元中的负载均衡

每一轮次负载均衡的最后一步是开始资源单元中的负载均衡，这部分工作也分为两个阶段。

第一阶段（ObPartitionBalancer∷partition_balance()）是分区组内的均衡工作，其核心目标是让属于同一个表组但不同分区组的副本尽可能均匀地散布在所有的资源单元上。这个阶段会遵照两类原则进行均衡：①分区组内部均衡，即让分区组中的副本尽可能分布在所有的资源单元上；②表组内部均衡，即让表组内的副本也尽可能均匀地分布在所有的资源单元上。具体的分布调整工作采用将某个副本迁移到负载较小（分布的副本数较少）的资源单元上来实现。

第二阶段（ObUnitBalancer∷unit_load_balance_v2()）是在分区组均衡的基础之上，根据副本所在地的资源单元负载，通过迁移分区组来均衡资源单元上的负载均衡。

资源单元的均衡工作是以 Zone 为单位进行的，判断一个 Zone 需要被均衡的标准是：如果该 Zone 中有一个资源单元的负载偏离均值过多，则说明该 Zone 需要被均衡。为了实现这种判断，均衡过程首先会找出所有资源单元中负载最重和最轻的单元，同时计算出资源单元负载的均值。通过检查最重负载是否高于平均负载太多以及检查最轻负载是否低于平均负载太多，就能决定该 Zone 是否需要被均衡。高出或者低于平均负载的阈值由系统配置项 balancer_tolerance_percentage 控制。

若一个 Zone 被判定为需要被均衡，则通过将最重负载的单元中的一个副本迁移到最轻负载单元中的方式进行负载的均衡，当然这种迁移工作也是作为均衡任务提交给任务管理器择机执行。如果一个副本的迁移依然不能解决问题，在下一轮次的均衡（下次调用 ObRootBalancer 的 all_balance 方法时）中会继续进行类似的迁移，直至该 Zone 内达到均衡为止。

8.3.4 手动迁移

除了上述资源单元的自动均衡以外，OceanBase 还支持资源单元的手动迁移，即数据库管理员可以通过 SQL 指令对资源单元进行手动迁移，具体迁移语句如下。

```
ALTER SYSTEM MIGRATE UNIT $unit_id DESTINATION '$server';
```

其中：

$unit_id：填写待迁移的资源单元的 ID，可通过 oceanbase.gv$unit 视图查询。

$server：填写将资源单元迁入的目标 OBServer 地址，格式为"IP 地址：端口号"。例如，10.10.10.1：2882。

处于迁移中的资源单元，也可以手动取消该资源单元的迁移，具体语句如下。

```
ALTER SYSTEM CANCEL MIGRATE UNIT $unit_id;
```

ALTER SYSTEM MIGRATE UNIT 和 ALTER SYSTEM CANCEL MIGRATE UNIT 两种语句的专属执行器都是 ObMigrateUnitExecutor，并同过其参数中 ObAdminMigrateUnitArg 对象的 is_cancel 属性值区分两种语句的语义。在 RootService 端由 admin_migrate_unit 方法为这两种语句提供实现。

对于迁移资源单元的操作，首先判断当前的环境是否能够完成迁移：

1）被迁移的资源单元必须是活跃的。

2）目标服务器必须是活跃的、正在服务中且并不处于迁移阻塞中。

3）目标服务器具有足够的资源容纳迁移过去的资源单元。

4）租户的模式信息必须至少有三个以上的 Paxos 副本。

在确认可以进行资源单元的迁移之后，将会调用资源单元管理器的 migrate_unit 方法实施迁移：

1）通过 RPC 机制通知目标服务器上的节点级均衡器（ObTenantNodeBalancer）有资源单元迁入，节点级均衡器会使用其 notify_create_tenant 方法来响应该通知，在其中会完成目标服务器上迁入资源单元的建立（主要是内存分配器的一些设置）以及在多租户环境中更新所属租户的资源单元信息。

2）migrate_unit 方法会一直阻塞等待目标服务器上的节点级均衡器完成响应，然后才将迁移资源单元的任务信息插入__all_rootservice_job 表中用于对外显示迁移的信息。

3）在系统表__all_unit 中完成资源单元的元数据更新，即将被迁移资源单元的所在服务器更新为目标服务器。

4）唤醒 RootBalance 进行全局的资源均衡检查及调整。

5）对完成迁移的资源单元的负载信息进行调整。

6）最后将完成迁移的资源单元信息记录在资源单元管理器的迁移单元列表中。

对于取消迁移的资源单元的操作，migrate_unit 方法会调用 cancel_migrate_unit 方法对指定资源单元前一次迁移动作进行逆操作，即将该单元逆向迁移回上一次迁移的来源服务器上：

1）如果资源单元的来源服务器无效，说明该资源单元没有进行过迁移，不需要做取消动作。

2）如果发生过迁移，则更新该单元的系统表信息，将之前的来源服务器和当前服务器进行对调，将该单元之前的迁移信息从迁移单元列表中去除，更换成此次逆向迁移的信息。

3）在系统表__all_rootservice_job 中将上次迁移的任务状态更改为取消。

在完成取消迁移操作之后，migrate_unit 方法还会调用 ObRebalanceTaskMgr：：clear_task（）清空其任务队列，删除已经进入队列的迁移任务以避免无谓的迁移。虽然这可能会造成无关任务的误删除，但是这些被误删的任务在下一个自动均衡周期中还会重新产生，因此不会对自动均衡机制的整体正确性和及时性造成影响。

8.4　小结

OceanBase 多租户环境为上层的业务提供了良好的资源隔离，使得利用一套 OceanBase 集群服务多套应用时不再会出现某方对集群资源无止境地侵占，进一步提升了系统的持续服务能力。不过，就 OceanBase 社区版来说，其多租户环境提供的资源隔离主要考虑了 CPU 和内存，而 IOPS、存储空间、会话数等资源的隔离和管控暂时还未被开放出来，用户在实际使用中可结合其他第三方工具实施这些方面的限额。

第 9 章

安全管理

数据库中存放的数据是企业和组织的重要资产，它们面临着日益严峻的安全威胁。为了保护数据，数据库系统需要提供各类保护数据安全的特性，用以防止非授权使用数据库，保护数据库的文件和数据。

OceanBase 的安全体系主要包括身份鉴别、访问控制和安全审计。

9.1　身份鉴别

身份标识与鉴别功能用于对登录数据库访问数据的用户进行身份验证，确认该用户是否能够与某一个数据库用户进行关联。OceanBase-CE 支持 MySQL 模式的身份鉴别功能。

9.1.1　鉴别方式

在 MySQL 模式的身份鉴别机制中，一个用户由用户名标识，然后用口令来鉴别用户身份。在用户登录时，OBServer 还会根据用户提供的用户名、发起登录请求的主机、访问的目标数据库以及用户提供的口令来控制用户是否可以登录。

为了防止恶意的口令攻击，OceanBase 的管理者可以根据需要设置口令的复杂度函数，对用户设置的口令加以检验，通过提高用户的口令复杂度来提升数据库的安全性。口令复杂度设置属于租户级设置，创建用户或修改用户口令时会根据系统变量的配置对口令进行校验，未通过校验则会报错。口令复杂度设置涉及的系统变量如表 9.1 所示。

表 9.1　口令复杂度相关变量

变量名	功能	使用说明
validate_password_check_user_name	控制口令是否可以和用户名相同	当值为 on 时，表示口令可以和用户名相同，默认为 on
validate_password_length	设置口令的最小长度	默认为 0
validate_password_mixed_case_count	设置口令至少包含的大写字母和小写字母个数	默认为 0

（续）

变量名	功能	使用说明
validate_password_number_count	设置口令至少包含的数字个数	默认为 0
validate_password_special_char_count	口令至少包含的特殊字符个数	默认为 0
validate_password_policy	设置口令检查策略	LOW 策略仅包含口令长度检测；MEDIUM 策略包括口令长度、大小写字母个数、数字个数、特殊字符个数、用户名口令相同等检测。

从 2.2.76 版本开始，OceanBase 中还可以控制一个口令的过期时间，即一个口令从设置好开始多长时间内是有效的，口令过期时间由系统变量 default_password_lifetime 控制，其默认值为 0 表示口令永不过期。

OceanBase 会锁定多次登录失败的用户，主要目的在于防止恶意的口令攻击。系统变量 connection_control_failed_connections_threshold 可以被用来指定错误登录尝试次数的阀值（设置为 0 表示不锁定），当某个用户连续错误登录超过这个次数时，该用户将被锁定一段时间，锁定的时长参考下面的两个参数设置。

1）connection_control_min_connection_delay：指定了超过错误登录次数阀值之后的第一次锁定的时长。之后的第二次错误登录的锁定时长为 min（connection_control_min_connection_delay+1000，1000 * trunc（connection_control_min_connection_delay/1000，0））。再往后每次错误登录的锁定时长都在原来的基础上再加 1000ms。

2）connection_control_max_connection_delay：指定由于错误登录导致锁定的最大时长，即锁定时长达到这个最大值之后就不再增长。

9.1.2 身份认证全过程

根据第 3 章 3.5.4 节，当用户连接请求到来时，OBServer 端会由 ObReqProcessor 来处理连接请求。实际上，真正负责处理连接请求的是 ObReqProcessor 的子类 ObMPConnect。而在 ObMPConnect 的 process 方法中会最终调用 load_privilege_info 方法来完成对用户身份的鉴别工作，其调用流程如图 9.1 所示。

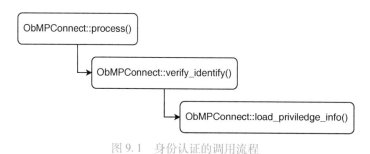

图 9.1 身份认证的调用流程

ObMPConnect：：load_privilege_info（）中主要完成以下校验工作：

1）通过当前的 ObMPConnect 对象调用 OMPKHandshakeResponse：：get_auth_response（）来获得用户提供的口令。

2）利用连接中带有的置乱字符串加密系统中存储的用户口令，并结果与连接中提供的口令进行比较，如果不同则表示口令不匹配，导致登录失败。

3）调用 ObSchemaGetterGuard∷check_user_access（）检查用户的访问权限，这个阶段将会检查用户、来源主机、目标数据库是否匹配集群中对于用户访问限制定义。

4）如果连接请求能够通过用户的访问限制检查，OceanBase 还会尝试对用户进行锁定解除，即如果请求登录的用户之前已经被锁定且当前已经超过了锁定时长，那么就可以解除其锁定。

5）检查请求登录的用户口令是否过期。

6）如果以上都通过，则身份认证完成，后续还会进行会话的建立工作。

9.2　访问控制

OceanBase 通过用户所拥有的权限来控制用户对数据的访问，即只有具有相应权限的用户才能执行权限所允许的操作。OceanBase 的访问控制采用了与 MySQL 相同的访问控制模型。

在 OceanBase 的访问控制模型里定义了三种级别的权限：

1）管理权限：可以影响整个租户的权限，例如修改系统设置、访问所有的表等权限。

2）数据库权限：可以影响某个特定数据库下所有对象的权限，例如在对应数据库下创建删除表、访问表等权限。

3）对象权限：可以影响某个特定对象的权限，例如访问一个特定的表、视图或索引的权限。

用户通过被授予（Grant）权限来获得对数据库中数据操作的许可，因此整个访问控制机制的关键点在于：建立用户、为用户授权、在用户执行操作时进行权限检查，下面就将针对这些关键点分析其实现。

9.2.1　用户

用户是访问控制模型中的主体，也是系统中各种权限的受体。用户是各类数据库外部操作进入数据库内部的载体和身份表征，只有系统中存在用户，访问控制机制才能发挥其作用和价值。

用户在 OceanBase 中被视为一种核心的元数据，它们被保存在系统表__all_user 中（见表 9.2）。可以看到，每个用户对应于__all_user 系统表中的一行，其中有很多名称以 priv_开头的列用于记录该用户是否拥有相应的权限，当用户被授予或者收回某个权限时仅需要更改对应的列值（0 或 1）即可。

表 9.2　__all_user 系统表结构

列名	数据类型	允许为空	主键	默认值	用途
gmt_create	timestamp（6）	Y		CURRENT_TIMESTAMP（6）	创建时间
gmt_modified	timestamp（6）	Y		CURRENT_TIMESTAMP（6）	修改时间

（续）

列名	数据类型	允许为空	主键	默认值	用途
tenant_id	bigint（20）	N	Y		租户 ID
user_id	bigint（20）	N	Y		用户 ID
user_name	varchar（128）	N		NULL	用户名
host	varchar（128）	N		%	社区版未用
passwd	varchar（128）	N		NULL	口令
info	varchar（4096）	N		NULL	用户描述
priv_alter	bigint（20）	N		0	
priv_create	bigint（20）	N		0	
priv_delete	bigint（20）	N		0	
priv_drop	bigint（20）	N		0	
priv_grant_option	bigint（20）	N		0	
priv_insert	bigint（20）	N		0	用户可能拥有的
priv_update	bigint（20）	N		0	各种权限
priv_select	bigint（20）	N		0	
priv_index	bigint（20）	N		0	
priv_create_view	bigint（20）	N		0	
priv_show_view	bigint（20）	N		0	
priv_show_db	bigint（20）	N		0	
priv_create_user	bigint（20）	N		0	
priv_super	bigint（20）	N		0	
priv_process	bigint（20）	N		0	
priv_create_synonym	bigint（20）	N		0	
priv_file	bigint（20）	N		0	
priv_alter_tenant	bigint（20）	N		0	
priv_alter_system	bigint（20）	N		0	
priv_create_resource_pool	bigint（20）	N		0	
priv_create_resource_unit	bigint（20）	N		0	
is_locked	bigint（20）	N		NULL	是否锁定
ssl_type	bigint（20）	N			
ssl_cipher	varchar（1024）	N			连接加密信息
x509_issuer	varchar（1024）	N			
x509_subject	varchar（1024）	N			
type	bigint（20）	Y		0	社区版未用
profile_id	bigint（20）	N		−1	社区版未用

（续）

列名	数据类型	允许为空	主键	默认值	用途
password_last_changed	timestamp（6）	Y		NULL	上次修改口令时间
max_connections	bigint（20）	N		0	社区版未用
max_user_connections	bigint（20）	N		0	

用户的创建、修改和删除分别可以通过 CREATE USER、ALTER USER 和 DROP USER 三种语句完成。很明显，这三种语句的内部实现都是围绕着对__all_user 系统表元组的修改展开。

（1）创建用户

CREATE USER 语句的执行器是 ObCreateUserExecutor，其后的调用过程如图 9.2 所示。

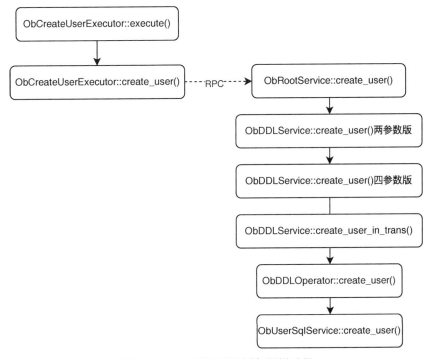

图 9.2　CREATE USER 语句调用过程

由于 OceanBase 的 CREATE USER 语法中支持用一条语句创建多个用户，ObCreateUser-Executor 侧主要负责完成将多个被创建用户的信息拆解出来放入一个 ObCreateUserArg，随后作为 RPC 请求的参数传递给 RootService。

RootServcie 侧会在 ObDDLService:: create_user()（四参数版）中先对要创建的用户进行存在性检查，根据 CREATE USER 中是否含有 IF NOT EXIST 选项来判定创建用户时是否能容忍该用户已存在的情况。最终，RootService 侧会通过 ObUserSqlService:: create_user()向__all_user 中写入新创建用户的行。

（2）修改用户

ALTER USER 语句仅能修改用户口令或者对用户加解锁，由于这两种修改操作不能在

263

同一个 ALTER USER 语句中完成，因此它们有各自不同的执行器：

1）修改口令的 ALTER USER 语句由 ObAlterUserProfileExecutor 负责执行。

2）对用户加解锁的 ALTER USER 语句由 ObLockUserExecutor 负责执行。

这两个执行器都会和 ObCreateUserExecutor 一样将操作请求通过 RPC 发给 RootService，最终由 ObUserSqlService 的 alter_user 方法和 lock_user 方法完成对系统表中口令字段（passwd）和锁定状态字段（is_locked）的更新。

（3）删除用户

DROP USER 语句仅有一种形式，在其中可以同时指定多个要被删除的用户，该语句的执行器是 ObDropUserExecutor。相应地，在 RootService 端会由 ObUserSqlService 的 drop_user 方法从__all_user 中删除这些用户的系统表行。

需要注意的是，在 OceanBase 中由于租户的存在，数据库对象（表、视图等）是归属于各个租户的，甚至可以认为"用户"也是属于租户的一种特殊数据库对象。因此，在 OceanBase 中，"删除用户"的动作仅指删除用户信息本身，并不包括级联删除与用户有关的数据库对象。当然，这种行为并非是因为"租户"的引入而产生，而是来自和 MySQL 的兼容性考虑，MySQL 中用户和用户拥有的数据库对象之间是相互独立的。

此外，上述三种语句除了完成对用户的操作之外，还需要在 OceanBase 中留下操作的"痕迹"，因此这三种语句在完成对系统表__all_user 的操作之后，还会分别在系统表__all_user_history 和__all_ddl_operation（见表 9.3）中插入有关此次修改的记录。

表 9.3　__all_ddl_operation 系统表结构

列名	数据类型	允许为空	主键	默认值	用途
gmt_create	timestamp（6）	Y		CURRENT_TIMESTAMP（6）	创建时间
gmt_modified	timestamp（6）	Y		CURRENT_TIMESTAMP（6）	修改时间
schema_version	bigint（20）	N	Y		对应的模式版本
tenant_id	bigint（20）	N		NULL	租户 ID
user_id	bigint（20）	N		NULL	用户 ID
database_id	bigint（20）	N		NULL	所属的数据库 ID
database_name	varchar（128）	N		NULL	所属的数据库名
tablegroup_id	bigint（20）	N		NULL	所属的表组 ID
table_id	bigint（20）	N		NULL	所属的表 ID
table_name	varchar（128）	N		NULL	所属的表名
operation_type	bigint（20）	N		NULL	操作类型
ddl_stmt_str	longtext	N		NULL	DDL 语句的原始语句
exec_tenant_id	bigint（20）	N		NULL	执行者的租户 ID

系统表__all_user_history 中保存了对用户每一次修改操作（包括创建用户）的记录。准确来说，对用户的创建和修改都会在__all_user_history 中产生一个新行，其结构和该用户在

＿＿all_user 中最新版本的行（CREATE USER 插入的行或者 ALTER USER 更新的行）几乎完全一样，只是多了一个 schema_version 列值用于记录此次修改对应的模式版本号，而用户的删除不会在＿＿all_user_history 中产生新行，但是会导致该用户在＿＿all_user_history 中最近一次操作所对应的行中的 is_deleted 列值被更新为真。

系统表＿＿all_ddl_operation 不仅记录用户操作，还会记录系统中发生的所有 DDL 操作的信息。对于每一个 DDL 语句的执行，都会在其中插入一行用于记录这次 DDL 操作。用户操作的三种语句在＿＿all_ddl_operation 中的行中仅记录租户 ID、用户 ID、操作类型（OB_DDL_CREATE_USER、OB_DDL_ALTER_USER、OB_DDL_LOCK_USER、OB_DDL_DROP_USER）、模式版本号、原始 DDL 语句字符串以及执行者的租户 ID，其他列值都默认取空值。这些与历史操作有关的系统表（各种 XXX_history 以及＿＿all_ddl_operation）会被用来构建多版本的模式服务。

9.2.2 授予及撤销权限

用户只有在被授予了一些权限之后才能在数据库内进行相应的操作，因此在创建用户之后需要为它们进行授权。这些动作最初是由系统内建的初始用户 root 完成的，root 是一个具有超级权限的用户，它拥有包括创建用户在内的所有权限。在通过 root 创建的用户被授予了权限和转授选项后，它们自身也能被用来创建更多的用户，最终在每个租户内就形成了一棵以 root 用户为单根的用户树。

由于 OceanBase-CE 中目前没有角色的概念（与 MySQL 5.6 兼容），所以 OceanBase 中的访问控制模型属于经典的自主访问控制模型（Discretionary Access Control，DAC），即 Ocean-Base 中的权限是被直接授予用户的，在为用户授予权限时还可以允许用户将获得的权限转授，这样就在用户之间形成了一种权限的传播链。

（1）权限授予

授予用户权限的工作由 GRANT 语句完成，该语句包括四部分：

1）授予对象：被授予权限的用户，可以在一个 GRANT 语句中同时为多个用户授权，当然这些用户从这条语句获得的权限完全一样。此外，OceanBase 的 GRANT 语句拥有与 MySQL 类似的语义，即当被授权用户不存在时会自动创建该用户并完成授权。

2）被授予的权限：可用的权限列表见表 9.4。

表 9.4 GRANT 语句中可用的权限

权限名	权限含义
ALL［PRIVILEGES］	除 GRANT OPTION 之外的所有权限，PRIVILEGES 可省略
ALTER	ALTER TABLE 的权限
CREATE	CREATE TABLE 的权限
CREATE USER	CREATE/ALTER/DROP USER、REVOKE ALL PRIVILEGES 的权限
DELETE	DELETE 的权限
DROP	DROP TABLE 的权限

(续)

权限名	权限含义
INSERT	INSERT 的权限
UPDATE	UPDATE 的权限
SELECT	SELECT 的权限
INDEX	CREATE/DROP INDEX 的权限
CREATE VIEW	CREATE/DROP VIEW 的权限
SHOW VIEW	SHOW CREATE VIEW 的权限
SHOW DATABASES	SHOW DATABASES 的权限
SUPER	超级用户的权限
PROCESS	用户连接数据库的权限
FILE	使用文件的权限
ALTER TENANT	修改当前租户的权限
ALTER SYSTEM	修改系统配置项的权限
CREATE RESOURCE UNIT	创建资源单元配置的权限
CREATE RESOURCE POOL	创建资源池的权限
GRANT OPTION	转授权限的权限

3）授权的客体：指明被授予的权限能影响的范围，在 OceanBase 内部也将这一概念称为权限级别（Privilege Level），其支持以下权限级别：

① 全局级：适用于所有的数据库及其下属的数据库对象，使用"GRANT ... ON *.*"授予全局权限。

② 数据库级：适用于一个给定数据库中的所有目标，使用"GRANT ... ON db_name.*"授予 db_name 所指数据库中的权限。

③ 表级：表权限适用于一个给定表中的所有列，使用"GRANT ... ON database_name.table_name"授予 database_name.table_name 所指表中权限。也可以用"*"代替 table_name，表示授予 database_name 所指数据库中的所有表的权限。

4）转授选项：这个选项决定通过这条 GRANT 语句获得权限的用户能否将在此获得的权限转授给他人，转授选项可以通过两种途径指定：①使用 GRANT 语句中的 WITH GRANT OPTION 子句；②将表 9.4 中的 GRANT OPTION 权限写在被授予权限的列表中。

GRANT 语句的执行器由 ObGrantExecutor 实现，其执行过程与 CREATE USER 等类似：从 ObGrantExecutor::execute() 出发，通过 RPC 调用 ObRootService::grant()，最终由 ObUserSqlService 或 ObPrivSqlService 的某个以"grant_"开头的方法将授权信息记入系统表中。

之所以在 RootService 端中会有多个以"grant_"开头的方法，是因为授权信息有三种不同的级别，并且三种不同级别的授权信息分别需要记入三个不同的系统表：

1）全局级别：全局级别的授权信息被记录在系统表__all_user 中，例如将 SHOW DA-TABASES 权限在全局级别授予给用户 u1，会在 u1 的__all_user 表行中将 priv_show_db 列值更新为 1。由于全局级别的权限授予需要更新系统表__all_user，因此 RootService 端最终实施该修改的是 ObUserSqlService :: grant_revoke_user( )。

2）数据库级别：数据库级别的授权信息被记录在系统表__all_database_privilege（见表 9.5）中，可以看到其中仅包含了在数据库及表级别有效的权限。对于数据库级别的授权，RootServic 端最终的实施方法是 ObPrivSqlService :: grant_database( )。

表 9.5　__all_database_privilege 系统表结构

列名	数据类型	允许为空	主键	默认值	用途
gmt_create	timestamp（6）	Y		CURRENT_TIMESTAMP（6）	创建时间
gmt_modified	timestamp（6）	Y		CURRENT_TIMESTAMP（6）	修改时间
tenant_id	bigint（20）	N	Y	NULL	租户 ID
user_id	bigint（20）	N	Y	NULL	用户 ID
database_name	varchar（128）	N	Y	NULL	数据库名
priv_alter	bigint（20）	N		0	
priv_create	bigint（20）	N		0	
priv_delete	bigint（20）	N		0	
priv_drop	bigint（20）	N		0	
priv_grant_option	bigint（20）	N		0	用户可能拥有的各种数据库级别权限
priv_insert	bigint（20）	N		0	
priv_update	bigint（20）	N		0	
priv_select	bigint（20）	N		0	
priv_index	bigint（20）	N		0	
priv_create_view	bigint（20）	N		0	
priv_show_view	bigint（20）	N		0	

3）表级别：表级别的授权信息被记录在系统表__all_table_privilege 中，其模式仅比__all_database_privilege 多出一个 table_name 列。对于表级别的授权，RootServic 端最终的实施方法是 ObPrivSqlService :: grant_table( )。

此外，对于表级别的权限授予，授权语句在完成系统表的修改之后，还需要在系统表__all_tenant_objauth（见表 9.6）中插入表级权限授予关系，这样才能了解一个用户的权限被传播给了哪些其他用户。其中，objtype 是数据库对象的类型，可以是表（值为 1）、视图（值为 8）等。

表 9.6　__all_tenant_objauth 系统表结构

列名	数据类型	允许为空	主键	默认值	用途
gmt_create	timestamp（6）	Y		CURRENT_TIMESTAMP（6）	创建时间
gmt_modified	timestamp（6）	Y		CURRENT_TIMESTAMP（6）	修改时间

（续）

列名	数据类型	允许为空	主键	默认值	用途
tenant_id	bigint（20）	N	Y	NULL	租户 ID
obj_id	bigint（20）	N	Y	NULL	对象 ID
objtype	bigint（20）	N	Y	NULL	对象类型
col_id	bigint（20）	N	Y	NULL	列 ID
grantor_id	bigint（20）	N	Y	NULL	授予者 ID
grantee_id	bigint（20）	N	Y	NULL	被授权者 ID
priv_id	bigint（20）	N	Y	NULL	权限 ID
priv_option	bigint（20）	N		NULL	转授选项

最后，和用户的各种操作一样，授权语句还要相应地在对应的历史记录表（＿＿all_user_history、＿＿all_database_privilege_history、＿＿all_table_privilege_history、＿＿all_tenant_objauth_history）和 DDL 操作日志表（＿＿all_ddl_operation）中记下此次操作的内容以及操作语句。

（2）撤销权限

如果需要撤销用户已经拥有的权限，则需要使用 REVOKE 语句。REVOKE 语句的语法与 GRANT 语句大致相同，仅需将动词 GRANT 替换成 REVOKE 以及将 TO 改为 FROM，且不支持 WITH GRANT OPTION 子句。此外，OceanBase-CE 的 REVOKE 语句不会执行级联撤销动作，即如果用户 u1 将权限 X 转授给了用户 u2，用 REVOKE 撤销用户 u1 的权限 X 后，用户 u2 仍然拥有权限 X。因此，REVOKE 语句的执行过程只需要消除指定用户在指定级别上的权限，即只需要操纵＿＿all_user、＿＿all_database_privilege、＿＿all_table_privilege 三张系统表中的一个就可以。

REVOKE 语句的执行器是 ObRevokeExecutor，其实际执行路径根据撤销权限的级别（影响范围）有三条：

1）全局撤销：调用路径为 ObRevokeExecutor：：execute（）→ObRevokeExecutor：：revoke_user（）→ObRootService：：revoke_user（）→ObUserSqlService：：grant_revoke_user（），在其中会完成对指定用户的＿＿all_user 系统表行进行更新以便将被撤销权限的列值改为 0，最后同样还要插入＿＿all_user_history 以及＿＿all_ddl_operation 两个系统表行来记录撤销权限的动作；

2）数据库级别撤销：调用路径为 ObRevokeExecutor：：execute（）→ObRevokeExecutor：：revoke_database（）→ObRootService：：revoke_database（）→ObPrivSqlService：：revoke_database（）→ObPrivSqlService：：grant_database（），最终对指定用户的＿＿all_database_privilege 系统表行进行更新以便将被撤销权限的列值改为 0，最后同样还要插入＿＿all_database_privilege_history 以及＿＿all_ddl_operation 两个系统表行来记录撤销权限的动作。

3）表级别撤销：调用路径为 ObRevokeExecutor：：execute（）→ObRevokeExecutor：：revoke_table（）→ObRootService：：revoke_table（）→ObPrivSqlService：：revoke_table（）→ObPrivSqlService：：grant_table（），最终对指定用户的＿＿all_table_privilege 系统表行进行更新以便将被撤销权限的列值改为 0，最后除了插入＿＿all_table_privilege_history 以及＿＿all_ddl_operation 两个系统表行来记录撤销权限的动作之外，表级别撤销还会删除 __all_tenant_objauth_history 表中的授权关系行。

9.2.3　访问权限检查

访问控制中最为关键的环节就是对用户的操作进行权限检查，每一种操作都需要具备相应的权限集合才能完成执行，如果执行操作的用户缺少权限集合中的某些权限，操作的执行过程会报告权限不足的错误。

OceanBase 中对访问权限的检查会在两种时机执行：

1）语义分析器（Resolver）中进行语义分析时。

2）产生物理计划时。

但不管是执行什么操作，权限检查工作都会落到 ObPrivilegeCheck 的 check_privilege 方法肩上。

check_privilege 方法接收两个参数：①SQL 语句 basic_stmt；②SQL 语句需要的权限集合 stmt_need_privs。

check_privilege 方法实际上需要做三件事情：①收集 SQL 语句所需的权限集合；②获得用户所拥有的权限集合；③比对用户的权限集合是否包含 SQL 语句所需的权限集合并做出是否许可操作的决定。

第一步工作的核心由 ObPrivilegeCheck∷get_stmt_need_privs（）和 ObPrivilegeCheck∷one_level_stmt_need_priv（）两个核心方法组成，前者是一个自递归函数，它从传入的 SQL 语句顶层出发，对每一层用后者收集该层所需的权限，然后对下级的子查询等继续调用其自身，最终达到收集整个 SQL 语句所需全部权限的目的。

值得一提的是，ObPrivilegeCheck∷one_level_stmt_need_priv（）中对当前层次的语句进行权限收集时针对不同类型的语句采用了不同的收集例程，这些例程被组织在 ObPrivilegeCheck∷priv_check_funcs_中。priv_check_funcs_是一个静态的 ObGetStmtNeedPrivsFunc 数组，每一种语句类型在其中都有一个元素（ObGetStmtNeedPrivsFunc），该元素是一个函数指针。priv_check_funcs_中元素与语句类型、权限收集函数之间的关系定义在 src/sql/resolver/ob_stmt_type.h 中。例如，SELECT 语句对应的权限收集函数 get_dml_stmt_need_privs 位于该数组的第二个元素（第一个元素没有实际意义），CREATE USER 语句对应的权限收集函数 get_create_user_privs 位于第 58 个元素。

以 get_create_user_privs 为例，它实际上还服务于 ALTER USER、DROP USER、RENAME USER 语句，该方法中对所有这些语句类型都会反馈需要全局级别的 OB_PRIV_CREATE_USER 权限（即 GRANT 语句中的 CREATE USER 权限）。

第二步工作很简单，直接取到会话信息（ObSQLSessionInfo）中的会话权限信息（ObSessionPrivInfo）即可。

第三步工作依赖于 ObSchemaGetterGuard 的 check_priv 方法，该方法中会按照权限级别检查传入的会话权限信息以及语句所需权限集合之间的关系：

1）全局级别：调用 ObSchemaGetterGuard 的 check_user_priv 方法，检查会话权限信息中全局级别权限集合 user_priv_set_是否完全包含语句所需权限集合，如果不包含则返回代码 OB_ERR_NO_PRIVILEGE。

2）数据库级别：调用 ObSchemaGetterGuard 的 check_db_priv 方法，首先根据会话权限信息中的用户 ID、租户 ID 以及语句所需权限集合中的数据库名等信息从系统表_ _all_database_privilege中取得当前用户拥有的所有数据库级别权限，然后检查这些权限是否能完全覆盖语句所需的权限集合，如果不包含则返回代码 OB_ERR_NO_DB_PRIVILEGE。

3）表级别：调用 ObSchemaGetterGuard 的 check_single_table_priv 方法，首先根据会话权限信息中的用户 ID、租户 ID 以及语句所需权限集合中的数据库名、表名等信息从系统表_ _all_database_privilege 中取得当前用户拥有的所有表级别权限，然后检查这些权限是否能完全覆盖语句所需的权限集合，如果不包含则返回代码 OB_ERR_NO_TABLE_PRIVILEGE。

只有权限检查过程返回成功代码（OB_SUCCESS）才表示权限检查通过，否则会报告"Access denied；you need（at least one of）the CREATE USER privilege（s）for this operation"这样的错误。

9.3 安全审计

除了身份认证、访问控制等事前的防护手段之外，OceanBase 还提供了一些审计手段用于事后进行安全问题分析。OceanBase 可以对数据库用户的行为进行审计，确保用户的操作都会被记录。

gv$partition_audit 视图（见表 9.7）提供了分区级别的统计信息，用于分区的性能统计以及分区上操作的审计信息。

表 9.7　gv $ partition_audit 视图结构

列名	数据类型	说明
svr_ip	varchar（46）	服务器 IP
svr_port	bigint（20）	服务器端口
tenant_id	bigint（20）	租户 ID
table_id	bigint（20）	表 ID
partition_id	bigint（20）	分区 ID
partition_status	bigint（20）	分区状态
base_row_count	bigint（20）	基线数据行数，暂不可用
insert_row_count	bigint（20）	在表或分区上插入的行数
delete_row_count	bigint（20）	在表或分区上删除的行数
update_row_count	bigint（20）	在表或分区上更新的行数
query_row_count	bigint（20）	在表或分区上查询的行数，暂不可用
insert_sql_count	bigint（20）	在表或分区上执行的插入 SQL 的次数
delete_sql_count	bigint（20）	在表或分区上执行的删除 SQL 的次数
update_sql_count	bigint（20）	在表或分区上执行的更新 SQL 的次数
query_sql_count	bigint（20）	在表或分区上执行的查询 SQL 的次数

（续）

列名	数据类型	说明
trans_count	bigint （20）	在表或分区上执行的事务数
sql_count	bigint （20）	在表或分区上执行的 SQL 总数
rollback_insert_row_count	bigint （20）	在表或分区上回滚的插入行数，暂不可用
rollback_delete_row_count	bigint （20）	在表或分区上回滚的插入行数，暂不可用
rollback_update_row_count	bigint （20）	在表或分区上回滚的插入行数，暂不可用
rollback_insert_sql_count	bigint （20）	在表或分区上回滚的插入 SQL 数，暂不可用
rollback_delete_sql_count	bigint （20）	在表或分区上回滚的删除 SQL 数，暂不可用
rollback_update_sql_count	bigint （20）	在表或分区上回滚的更新 SQL 数，暂不可用
rollback_trans_count	bigint （20）	在表或分区上回滚的事务总数，暂不可用
rollback_sql_count	bigint （20）	在表或分区上回滚的 SQL 总数，暂不可用

gv\$partition_audit 中的信息来源于各节点上分区事务上下文管理器（ObPartitionTransCtxMgr）中收集的信息，事务执行过程中会将每个分区的审计信息收集在一个 ObPartitionAuditInfoCache 对象中，在事务结束时通过图 9.3 所示的过程更新到分区事务上下文管理器中相对应的 ObPartitionAuditInfo 对象中。

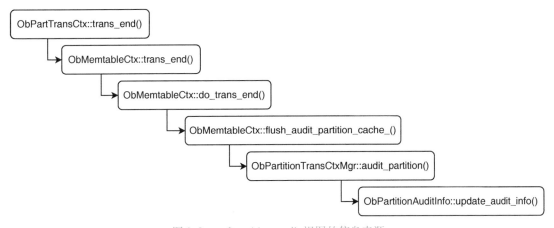

图 9.3　gv\$partition_audit 视图的信息来源

gv\$session_event 视图（见表 9.8）用于展示集群内所有 OBServer 的会话级别等待事件。

表 9.8　gv \$ session_event 视图结构

列名	数据类型	说明
SID	bigint （20）	会话的 ID
CON_ID	bigint （20）	租户 ID
SVR_IP	varchar （46）	服务器的 IP 地址
SVR_PORT	bigint （20）	服务器的端口号

（续）

列名	数据类型	说明
EVENT_ID	bigint （20）	等待事件的 ID
EVENT	varchar （64）	等待事件的描述
WAIT_CLASS_ID	bigint （20）	等待事件所属类型的 ID
WAIT_CLASS#	bigint （20）	等待事件所属类型的下标
WAIT_CLASS	varchar （64）	等待事件所属类型的名称
TOTAL_WAITS	bigint （20）	等待事件的总等待次数
TOTAL_TIMEOUTS	bigint （20）	等待事件的总等待超时次数
TIME_WAITED	double	等待事件的总等待时间，单位为 10ms
MAX_WAIT	double	等待事件的最大等待时间，单位为百分之一秒
AVERAGE_WAIT	double	等待事件的平均等待时间，单位为百分之一秒
TIME_WAITED_MICRO	bigint （20）	等待事件的总等待时间，单位为 μs

gv＄session_event 视图中的信息来自各节点的会话缓存（ObDISessionCache），每一个会话都在其中缓存了一个 ObDISessionCollect 对象，其中的 base_value_属性（ObDiagnoseSessionInfo 对象）中就收集了相应会话的等待信息。

gv＄sql_audit 视图（见表 9.9）用于展示所有 OBServer 上每一次 SQL 请求的来源、执行状态等统计信息。该视图是按照租户拆分的，除了系统租户，其他租户不能跨租户查询。

表 9.9　gv＄sql_audit 视图结构

列名	数据类型	说明
SVR_IP	varchar （46）	服务器的 IP
SVR_PORT	bigint （20）	服务器的端口号
REQUEST_ID	bigint （20）	请求的 ID
TRACE_ID	varchar （128）	语句的 trace_id
SID	bigint （20） unsigned	会话 ID
CLIENT_IP	varchar （46）	发送语句的客户端 IP
CLIENT_PORT	bigint （20）	发送语句的客户端端口号
TENANT_ID	bigint （20）	发送语句的租户 ID
TENANT_NAME	varchar （64）	发送语句的租户名称
EFFECTIVE_TENANT_ID	bigint （20）	有效租户 ID
USER_ID	bigint （20）	发送语句的用户 ID
USER_NAME	varchar （64）	发送语句的用户名
USER_CLIENT_IP	varchar （46）	发送语句的客户端 IP

（续）

列名	数据类型	说明
DB_ID	bigint（20）unsigned	数据库 ID
DB_NAME	varchar（128）	数据库名
SQL_ID	varchar（32）	SQL 的 ID
QUERY_SQL	longtext	查询语句字符串
PLAN_ID	bigint（20）	执行计划的 ID
AFFECTED_ROWS	bigint（20）	语句影响的行数
RETURN_ROWS	bigint（20）	语句返回的行数
PARTITION_CNT	bigint（20）	语句涉及的分区数
RET_CODE	bigint（20）	执行结果返回代码

gv\$sql_audit 视图中的信息来自各节点请求管理器（ObMySQLRequestManager）中收集的请求信息，每一次请求都在请求管理器中记录一个 ObMySQLRequestRecord 对象，其 data_ 属性（ObAuditRecordData 对象）中记录了相应请求的各种统计信息，它们一一对应于 gv\$sql_audit 视图中的各列。

gv\$system_event 视图（见表 9.10）展示集群所有租户级别的等待事件。

表 9.10　gv\$system_event 视图结构

列名	数据类型	说明
CON_ID	bigint（20）	租户 ID
SVR_IP	varchar（46）	信息所在的服务器的 IP
SVR_PORT	bigint（20）	信息所在的服务器的端口号
EVENT_ID	bigint（20）	等待事件的 ID
EVENT	varchar（64）	等待事件的描述
WAIT_CLASS_ID	bigint（20）	等待事件所属类别的 ID
WAIT_CLASS#	bigint（20）	等待事件所属类别的下标
WAIT_CLASS	varchar（64）	等待事件所属类别
TOTAL_WAITS	bigint（20）	该等待事件的总等待次数
TOTAL_TIMEOUTS	bigint（20）	该等待事件的总超时次数
TIME_WAITED	double	该等待事件的总等待时间，单位为 10ms
AVERAGE_WAIT	double	该等待事件的平均等待时间，单位为 10ms
TIME_WAITED_MICRO	bigint（20）	该等待事件的总等待时间，单位为 μs

gv\$system_event 视图中的信息来自全局租户缓存（ObDIGlobalTenantCache），每一个租

户都在其中缓存了一个 ObDiagnoseTenantInfo 对象，其中就收集了相应租户的等待信息。

9.4 小结

OceanBase 社区版只为使用者提供了最基础的安全防护特性，这些特性对于 OceanBase 要面对的复杂网络环境来说是远远不够的，还需要通过物理防护、网络防护等其他外部安全措施加以保护。尽管 OceanBase 的侧重点还是在于成为一个高性能、高可靠的分布式 HTAP 数据库系统，其社区也正在努力增强其安全特性，也非常欢迎读者们加入其中。